中国气象事业十五年风云华章

——《国务院关于加快气象事业发展的若干意见》（2006年）实施回顾

中国气象局

气象出版社
China Meteorological Press

图书在版编目（CIP）数据

中国气象事业十五年风云华章 ：《国务院关于加快气象事业发展的若干意见》（2006年）实施回顾 / 中国气象局编著. -- 北京 : 气象出版社, 2023.8
ISBN 978-7-5029-8015-3

Ⅰ. ①中… Ⅱ. ①中… Ⅲ. ①气象－工作概况－中国 Ⅳ. ①P468.2

中国国家版本馆CIP数据核字(2023)第144066号

ZHONGGUO QIXIANG SHIYE SHIWU NIAN FENGYUN HUAZHANG

中国气象事业十五年风云华章

出版发行：气象出版社
地　　址：北京市海淀区中关村南大街 46 号　　**邮政编码**：100081
电　　话：010-68407112（总编室）　010-68408042（发行部）
网　　址：http://www.qxcbs.com　　**E-mail**：qxcbs@cma.gov.cn
责任编辑：张盼娟　蔺学东　　**终　　审**：张　斌
责任校对：张硕杰　　**责任技编**：赵相宁
封面设计：艺点设计
印　　刷：中煤（北京）印务有限公司
开　　本：787 mm×1092 mm　1/16　　**印　　张**：20.5
字　　数：331 千字
版　　次：2023 年 8 月第 1 版　　**印　　次**：2023 年 8 月第 1 次印刷
定　　价：60.00 元

编　委　会

贡　献　者

（按姓氏笔画排序）

于　丹	王　喆	王镇铭	方　勇	石雪峰
吕丽莉	任　旻	刘　涛	刘东君	孙　锐
孙治贵	李　萍	肖　芳	吴　猛	张　洁
张　阔	张田川	张恩超	张继文	张鸿雁
张滨冰	陈敏艳	周春雨	郑世林	赵均壮
郝伊一	修天阳	钱　鑫	郭　晋	郭文刚
谈　媛	康　为	温　煦	廖向花	魏　东

序

2006年，国务院印发《关于加快气象事业发展的若干意见》（国发〔2006〕3号，以下简称国务院三号文件），提出了到2020年加快气象事业发展的指导思想、奋斗目标、主要任务和政策举措。这是“十一五”到“十三五”期间，指导中国气象事业又好又快发展的纲领性文件。中国气象局分别于2011年和2021年开展了两个阶段奋斗目标时间节点的全面系统评估工作，总结了国务院三号文件贯彻实施取得的成效，评估了奋斗目标实现和任务落实情况，同时分析了气象现代化面临的主要问题和挑战，提出了下一步加快推动气象事业发展的思路。上述评估凸显了国务院三号文件发挥引领和推动气象事业发展的至关重要作用。

国务院三号文件实施的15年间，国务院办公厅先后4次出台政策文件，进一步推进气象工作。中央编办、国家发展改革委、科技部、财政部、自然资源部、水利部、农业农村部、应急管理部等有关部门在项目资金、机构设置、政策支持、合作联动等方面支持相关任务落实。各省（区、市）人民政府结合当地实际，出台贯彻国务院三号文件的实施意见，落实相关政策措施和能力建设项目。全国广大气象干部职工努力拼搏、接续奋斗，推动气象事业发展取得了历史性突破。气象现代化体系基本建成，建成了无缝隙智能化的气象预报预测系统和布局较适当、功能较完善的综合气象观测系统；建立了比较完善的“党委领导、政府主导、部门联动、社会参与”的气象防灾减灾机制和多部门共享共用的国家突发事件预警信息发布系统。气象整体实力接近世界先进水平，气象卫星体系、中国特色气象防灾减灾体系建设等方面达到世界领先水平。气象科技创新由跟跑为主转向跟跑并跑并存，气象发展体制机制充满生机活力。气象发展为促进国家发展进步、保障改善民生、防灾减灾救灾等作出了重要贡献。

当前，我国已开启全面建设社会主义现代化国家新征程。2019年，习近平总书记专门对气象工作作出了重要指示，指出气象工作关系生命安全、生产发展、生活富裕、生态良好，要求发扬优良传统，加快科技创新，做到监测精密、预报精准、服务精细，推动气象事业高质量发展，提高气象服务保障能力，发挥气象防灾减灾第一道防线作用，努力为实现中华民族伟大复兴的中国梦作出新的更大的贡献！2022 年，国务院出台《气象高质量发展纲要（2022—2035 年）》（国发〔2022〕11 号，以下简称《纲要》），召开全国气象高质量发展工作会议，明确了新时代新阶段气象事业高质量发展的奋斗目标和主要任务及重大举措。

气象是科技型、基础性、先导性的社会公益事业，必须适度超前建设。这就要求我们要以党的二十大精神为指引，以总书记对气象工作的重要指示为遵循，以贯彻落实《纲要》为抓手，牢固树立“气象大服务观”，毫不动摇地抓紧气象服务这个立业之本，推动科技能力现代化、社会服务现代化“两手发力、两翼齐飞”，坚持改革开放，持续输出发展新动力和新活力，着力实现气象现代化建设新突破，以气象现代化服务保障中国式现代化。

本书包括中国气象局和全国 31 个省（区、市）、5 个计划单列市气象局贯彻落实国务院三号文件情况的评估报告，以及贯彻落实国务院三号文件大事记和 2006—2020 年全国气象事业发展的三个五年规划，以期为气象部门广大干部职工、相关部门和行业人员及社会公众提供参考，为气象事业发展历程研究提供史学资料，为发扬优良传统、推动新时代气象高质量发展提供决策依据。

2023 年 7 月

目 录

国务院关于加快气象事业发展的若干意见
（国发〔2006〕3号）

2006年1月12日，国务院印发了《国务院关于加快气象事业发展的若干意见》，并发出通知，要求各地区各部门结合实际认真贯彻执行。

《国务院关于加快气象事业发展的若干意见》（公开版）全文如下。

各省、自治区、直辖市人民政府，国务院各部委、各直属机构：

气象事业是科技型、基础性社会公益事业。改革开放以来，我国气象事业取得了长足发展，初步建立了天气、气候业务和科研体系，提高了气象监测、预报、预测和服务水平，在防灾减灾、经济建设、社会发展和国防建设中发挥了重要作用。但是，气象事业发展中还存在综合气象观测体系尚未形成，科技自主创新能力不强，预报预测水平亟待提高，气象灾害预警发布体系不完善等突出问题。为进一步加快气象事业发展，更好地为国民经济和社会发展服务，现提出以下意见：

一、充分认识加快气象事业发展的重要性和紧迫性

（一）加快气象事业发展是应对突发灾害事件、保障人民生命财产安全的迫切需要。我国是世界上受气象灾害影响最严重的国家之一，气象灾害种类多、强度大、频率高，严重威胁人民生命财产安全，给国家和社会造成巨大损失。据统计，我国每年因各种气象灾害造成的农作物受灾面积达5000万公顷，受台风、暴雨（雪）、干旱、沙尘暴、雷电、冰雹、霜冻和大雾等重大气象灾害影响的人口达4亿人次，造成的经济损失相当于国内生产总值的1%～3%。提供准确及时的气象预报警报服务，提高全社会防御灾害事件的能力和水平，最大程度地保护人民生命财产的安全，对经济发展和社会进步具有很强的现实意义。

（二）加快气象事业发展是应对全球气候变化、保障国家安全的迫切需要。20世纪90年代以来，全球气候变化导致的水资源短缺、大面积干旱、海平面上升、冰川退缩、土地荒漠化、粮食产量波动、流行病传播等，对粮食、能源、水资源、生态环境和公共卫生安全等构成严重威胁，是人类社会面临的共同问题。加强气候变化监测、预估、影响和对策研究，为国家制定应对气候变化对策提供科学和技术支撑，适应和减缓气候变化对人类社会的影响，对国家安全具有重要的基础性作用。

（三）加快气象事业发展是应对我国资源压力、保障可持续发展的迫切需要。气候资源是一种清洁可再生资源。我国横跨5个气候带，气候资源丰富多样，风能、太阳能、农业与生态气候资源、空中云水资源等具有巨大的开发潜力，将其转化为现实生产力有着巨大的经济、环保和生态价值。开展气候资源变化分析，评估气候资源的承载能力，合理开发、科学利用和有效保护气候资源，对促进经济社会可持续发展具有重要的作用。

二、加快气象事业发展的指导思想和奋斗目标

（四）指导思想。以邓小平理论和"三个代表"重要思想为指导，全面贯彻落实科学发展观，坚持公共气象的发展方向，按照一流装备、一流技术、一流人才、一流台站的要求，进一步强化观测基础，提高预报预测水平，加快科技创新，建设具有世界先进水平的气象现代化体系，提升气象事业对经济社会发展、国家安全和可持续发展的保障与支撑能力，为构建社会主义和谐社会，全面建设小康社会提供一流的气象服务。

（五）奋斗目标。到2010年，初步建成结构合理、布局适当、功能齐备的综合气象观测系统、气象预报预测系统、公共气象服务系统和科技支撑保障系统，使气象整体实力达到20世纪末世界先进水平；到2020年，建成结构完善、功能先进的气象现代化体系，使气象整体实力接近同期世界先进水平，若干领域达到世界领先水平。

三、加强气象基础保障能力建设

（六）加快综合气象观测系统建设。综合气象观测系统是国家重要的公共基

础设施，是气象和地球相关学科业务与科研的重要基础。要大力加强气候观测系统、气象卫星系统和天气雷达、雷电监测网、农村和重点林区及海域气象站网等基础设施建设，将其纳入经济社会发展规划，保证其稳定可靠运行，不断提高综合气象观测能力和水平。国务院气象主管机构要会同有关部门加强统筹规划，做到统一布局、共同建设。各省、自治区、直辖市要重点加强中小尺度区域气象观测系统建设，提高区域灾害性天气的监测能力。

（七）推进气象信息共享平台建设。气象信息系统是国家基础信息系统的重要组成部分。要加强国家气象信息共享平台建设，把北京高性能计算机应用中心建设成国内领先、国际先进的计算机系统和网络中心，建设全国统一的气象通信和信息存储、分发系统，充分发挥气象信息网络资源优势，实现观测数据共享。国务院气象主管机构负责气象观测数据的共享工作，有关部门要充分利用气象信息平台，积极提供和共享大气、水文、海洋、环境、生态等方面的数据信息。

（八）完善气象预报预测系统。以提高天气、气候预报预测准确率为核心，不断完善气象预报预测业务系统，努力提高预报预测水平。加快预报预测精细化进程，加强短时临近天气预报系统建设，做好灾害性、关键性、转折性重大天气预报警报和旱涝趋势气候预测。国务院有关部门要重点支持气象预报预测系统建设，科研院所和大专院校要加大气象灾害发生机理、预测和防御等科学技术研究，为提高天气预报和气候预测能力提供科技支撑。

（九）建立气象灾害预警应急体系。高度重视气象灾害防御工作，坚持避害与趋利并举，建立各级政府组织协调、各部门分工负责的气象灾害应急响应机制，构建气象灾害预警应急系统，最大限度地减少重大气象灾害造成的损失。有关部门要重点强化气象灾害预报功能，切实加强气象灾害的监测、调查和影响评估的能力建设，增强对农林业病虫害、地质灾害、沙尘暴灾害、森林草原火灾等自然灾害和有毒有害气体及核泄漏扩散、区域环境污染、生态破坏等突发公共事件的气象预警和应急保障能力。

（十）健全公共气象服务体系。地方各级政府要把公共气象服务系统纳入政府公共服务体系建设的范畴，进一步强化气象公共服务职能，加快现代化进程。通过改善服务手段、拓宽服务领域、增加服务产品、提高服务质量，不断满足人民群众对气象信息的迫切需求，特别是要加强海洋以及农村、社区、企业的气象服务。拓展气象信息发布渠道，引导有关媒体、网络和通信运行企业积极配合气象主管机构做好气象信息的播发工作，以气象警报、广播、电视、报刊、互联网、手机短信息等多种形式及时发布气象灾害预报警报信息，扩大气象信息的公众覆盖面，建立畅通的气象信息服务渠道，提高公共气象服务的时效性。

四、发挥气象综合保障作用

（十一）积极开展应对气候变化研究。要深入开展气候变化对经济、社会、国防和能源、水资源、生态环境等的影响评估和应对措施研究，认真组织气候变化监测、分析、预估、评价和信息发布工作。坚持以促进可持续发展为出发点，以科学技术进步为依托，不断提高适应与减缓气候变化的能力。要充分发挥专家在应对气候变化工作中的重要作用，加大对气候变化规律，特别是气候变暖机理的研究，为我国制定应对气候变化对策提供科学依据。

（十二）强化农业气象服务工作。粮食产量、品质和种植结构与天气、气候条件密切相关。要依靠科学，加强天气、气候和气候变化对我国粮食安全的影响研究及应对工作。充分利用有利的气候条件，指导农业生产，科学调整种植结构，提高农产品产量和质量，为发展高产、优质、高效、生态、安全农业服务，确保粮食安全和农业可持续发展。要建立粮食安全气象预警系统，进一步完善农业气象灾害预警、评估和粮食产量预报业务，开展农作物重大病虫害发生趋势预报，减轻气象灾害对农业生产造成的损失，努力为建设社会主义新农村提供气象保障。

（十三）做好交通和空间气象保障。发展公路、铁路、海洋、内河航运等专业气象监测网和灾害预警系统，为运输、渔业、旅行等安全和海洋资源开发、应急救援提供气象保障与实时服务。加强航空气象业务体系建设，积极推进北京航空气象中心建设，提高机场终端区探测和监控预报的能力，加强航空器探测资料的收集和使用，提升航空气象服务的国际竞争力。加快空间天气监测预警网络建设，发展空间天气预警预报业务，提高空间天气灾害监测和空间环境变化预警能力。

（十四）加强城市和公共卫生气象监测。建立城市气象灾害监测预警系统，加密气象观测站点，实现气象灾害的动态监测，及时发布城市气象灾害信息，扩大预警信息覆盖面。建立气象与卫生、环保等部门的合作机制，积极开展天气、气候和气候变化对疾病发生规律、病理影响机理的综合研究，建立气象环境变化对疾病发生发展影响的业务服务系统，为突发公共卫生事件、环境事件等应急处置提供气象保障服务。

五、科学合理开发利用气候资源

（十五）做好气候资源的普查和规划利用工作。要认真做好气候资源的普查工作，对重点地区进行区域高分辨率普查，形成完整的气候资源数据库。在全国气候资源普查的基础上，重新进行气候资源区划。要根据各地特点，积极开展生态气象监测，开展生态环境状况的气象评估，为制订生态气候资源开发利用和保护规划提供依据。

（十六）加强人工影响天气工作。要按照建立统一协调的指挥和作业体系、建设性能优良的设备设施的要求，编制“十一五”全国和地方人工影响天气发展规划，有组织、有计划地开展人工影响天气工作。城市供水和工农业用水紧缺地区的水源地及其上游地区，要积极开展人工增雨作业，加大作业力度。建立应对扑灭大规模森林草原火灾、严重空气污染、城市高温天气等事件的人工影响天气应急作业机制。健全作业安全生产责任制，完善作业规范和操作规程。

（十七）做好风能、太阳能开发利用的气象服务。气象主管机构要负责组建太阳辐射、风力强度监测网，在全国范围内开展风能、太阳能资源的多层次普查和可利用资源的评估，为制订和修订风能、太阳能资源开发利用规划提供科学依据，为大型风电场和太阳能电站勘察、选址提供技术支持，为风电场、太阳能电站的建设、运行、调度提供实时气象监测和预报服务。

（十八）开展气候可行性论证工作。各级气象主管机构要依法组织对城市规划编制、重大基础设施建设、大型工程建设、重大区域性经济开发项目进行气候可行性论证，避免和减少重要设施遭受气象灾害和气候变化的影响，或对城市气候资源造成破坏而导致局部地区气象环境恶化，确保项目建设与生态、环境保护相协调。

六、推进气象工作的法制、体制和机制建设

（十九）健全气象法规与标准体系。加快气象灾害防御、气候资源开发等法

律法规建设，完善配套规章。坚持依法行政，加强气象执法监督，保护好气象设施及探测环境，依法管理和规范气象灾害监测预警、人工影响天气、雷电灾害防护、气候资源开发利用、气象信息发布等活动，严格禁止非法从事气象探测活动。加强气象法律法规和科学知识的宣传教育工作，提高全社会气象法律意识，普及气象知识。建立健全以综合探测、气象仪器设备和气象服务技术为重点的气象标准体系，加强气象业务工作的标准化、规范化管理。

（二十）加强统筹规划与管理。要按照合理布局、有效利用的原则，统筹编制和实施重要气象设施的建设与布局规划，推进气象资源的合理配置、高效利用和信息的有效共享，避免重复建设，充分发挥国家投资的总体效益。要进一步改进行业管理，通过建立协调机制，将各部门自建的气象探测设施纳入国家气象观测网络的总体布局，由气象主管机构实行统一监督、指导。

（二十一）加快气象科技创新。按照职责明确、评价科学、开放有序、管理规范的原则，不断深化气象科技体制改革，构建气象科技创新体系，增强自主创新能力。加强气象开放实验室、科研机构基础设施、野外科学试验基地、气象科技基础条件平台等科技设施建设。加强气象观测、气象灾害监测预警预报、气候变化应对、人工影响天气、大气成分分析、气象资源利用等领域的基础研究和应用研究，重点研发具有自主知识产权的数值天气预报模式和气候系统模式。在实施国家重大科技计划中重视气象领域的科学研究，给予气象科研稳定的投入支持。在国家重大气象工程建设中，设立气象科技研发专项资金，切实加大对气象领域高新技术研究、开发的支持力度，加快气象科技成果的应用和推广。

（二十二）加大财政投入力度。各级财政要切实加大对气象事业的投入力度，积极创造条件支持气象事业发展。坚持气象部门和地方政府双重领导、以气象部门为主的管理体制，建立健全稳定增长的财政投入机制，把增强气象能力建设纳入各级财政预算。切实加大对重大气象工程、气象科学基础研究和技术开发项目建设运行的投入力度，特别是要保证气象卫星研制、开发和运行的经费。按有关规定做好气象部门职工的医疗、养老、失业等社会保障工作。

（二十三）加强气象国际交流与合作。积极参加气候系统及其相关领域国际组织的有关业务计划，发起和参与全球性、区域性气象科学、资源环境等领域的国际合作计划，广泛开展多边、双边气象科技合作与交流。积极参加与气候变化相关的各项国际活动，全力维护国家权益。根据我国的实际需要，积极引进、消化、吸收国外的先进技术和管理经验，提升我国气象工作的整体水平。

（二十四）抓好气象人才队伍建设。转换用人机制，积极推行以聘用制度和岗位管理制度为主要内容的人事制度改革。制定气象人才培养规划，加大气象人才培养和引进的投入力度，形成不同层次、满足不同需求的气象人才梯队。加强气象人才教育培训体系建设，提高教育培训能力，开展全方位、多层次的气象科技教育，提高气象工作者的整体素质。

各地区、各有关部门要高度重视气象工作，将气象事业纳入国民经济和社会发展规划及科技发展规划，并进一步细化加快气象事业发展的目标和要求，抓紧制定和落实各项具体措施，统筹安排，加强协作，促进气象事业全面、协调、可持续发展。

国务院

二〇〇六年一月十二日

贯彻落实 2006 年国务院三号文件评估报告*

中国气象局

2006 年 1 月,《国务院关于加快气象事业发展的若干意见》(国发〔2006〕3 号,以下简称国务院三号文件)印发,明确了到 2020 年气象事业发展的指导思想、奋斗目标和主要任务,为中国气象事业又好又快发展指明了方向。为总结国务院三号文件贯彻实施取得的成效,分析气象事业发展的不足与短板,系统谋划推动气象强国建设的举措,在深入分析 2006—2020 年全国各级气象部门贯彻落实国务院三号文件情况的基础上,形成本评估报告。

一、总体评价

15 年来,党中央、国务院高度重视气象工作,中央领导同志多次对气象工作作出重要指示批示。15 年来,历年的中央一号文件对气象工作作出新部署,国务院先后 4 次出台政策文件推动气象事业发展。15 年来,各级党委政府和各有关部门深入贯彻落实国务院三号文件,出台了一系列重大举措,实施了一系列重大工程,解决了一系列重大问题。15 年来,全国广大气象干部职工全面贯彻落实国务院三号文件,努力拼搏、接续奋斗,推动气象事业发展取得了历史性突破。

气象服务国家、服务人民成效显著。15 年来,全国气象部门始终坚持以人民为中心的发展思想,紧紧围绕国家发展和人民需求,建成了适应需求、保障有力、效益突出的中国特色气象服务体系。建立了比较完善的"党委领导、政府主导、部门联动、社会参与"的气象防灾减灾机制和多部门共享共用的国家突发事件预警信息发布系统,气象预警信息公众覆盖率达 93%,气象灾害造成的经济损失占 GDP 比例由 2005 年的 1.13%下降到 2020 年的 0.36%,气象防灾减灾第一道防

* 数据截至 2020 年年底。

线作用充分发挥。主动服务和融入“一带一路”建设、乡村振兴、区域协调发展等国家重大战略和交通、农业、水利、海洋、能源、旅游等国民经济各行各业，主动服务和融入三峡工程、川藏铁路等国家重点工程建设和中国APEC峰会、庆祝中华人民共和国成立70周年大会等重大活动保障。构建了覆盖多领域的生态文明气象保障服务体系，打造了应对气候变化、气候资源保护利用、气候可行性论证、大气污染防治、生态修复与保护等服务品牌，建立了世界上规模最大的现代化人工影响天气作业体系，人工增雨覆盖500多万平方公里*，防雹保护达到50多万平方公里。气象服务的经济社会效益显著提升，投入产出比达到1∶50，公众满意度达到92分，人民群众对气象服务的获得感显著增强。

气象基础能力总体接近世界先进水平。15年来，全国气象部门始终坚持气象现代化建设不动摇，瞄准世界先进水平，建成了无缝隙智能化的气象预报预测系统和布局适当、功能较完善的综合气象观测系统。建立了从区域到全球、从天气到气候等较为完整的数值预报业务体系，自主研发的全球中期数值天气预报系统北半球可用预报时效达到7.8天，接近同期世界先进水平。24小时台风路径预报误差由2005年的118公里**减少到65公里。强对流天气预警时间提前到38分钟，暴雨预警准确率提高到89%。气象观测总体能力接近世界先进水平。6.3万余个地面气象观测站覆盖全国所有乡镇。224部新一代天气雷达组成严密的气象灾害监测网，探测性能达到世界先进水平。2006年以来成功发射12颗风云气象卫星，气象卫星体系建设达到世界领先水平，为全球118个国家、国内约2600家用户提供服务。生态、环境、农业、海洋、交通、旅游等专业气象监测网逐步建立。多项气象观测装备技术达到同期世界先进水平。气象信息系统集约化发展，高性能计算机峰值计算能力达到每秒9800万亿次浮点运算。气象数据率先向国内外开放共享，中国气象数据网累计用户突破34万人，海外注册用户来自70多个国家，年访问量约1.7亿人次，年数据服务量达到112 TB。

气象科技创新由跟跑为主转向跟跑并跑并存。15年来，始终坚持科技创新驱动和人才优先发展，紧跟国家科技发展步伐和世界气象科技发展趋势，建立了

---

* 1平方公里=1平方千米。

** 1公里=1千米。

基本适应气象现代化发展需求、支撑有力的国家气象科技创新体系。关乎"卡脖子"问题的核心关键技术攻关持续推进，雷达、卫星、数值预报等技术取得重大突破。数值预报完成了从引进消化吸收到自主研发的重大转变，我国成为少数能够自主研发全球模式的国家之一。建设了一批高水平的气象科研院所、国家重点实验室、部门重点实验室、野外科学试验基地和新型研发机构。气象科研投入和产出持续增长，2006—2020 年，全国科技经费累计投入 87.47 亿元，气象科技成果获国家级科技奖励 12 项、省部级科技奖励 807 项。形成了以大气科学为主体、多种专业有机融合的气象人才队伍。全国气象职工本科以上比例达 86%，比 2005 年增加 58 个百分点。现有两院院士 9 人，正高级职称专家千余人，入选国家人才工程 40 人次。气象科学家叶笃正、秦大河、曾庆存先后获得国际气象领域最高奖，叶笃正、曾庆存获国家最高科学技术奖。

气象发展体制机制充满生机活力。15 年来，全国气象部门始终坚持深化改革开放，建立了更加完备、更为开放的气象发展保障体系，气象事业逐渐从部门走向社会、从国内走向全球。双重领导、以部门为主的领导管理体制和双重计划财务体制不断完善并显示出巨大的制度优势，促进国家和地方气象事业协调发展。协同推进"放管服"改革和气象行政审批制度改革，全面完成国务院部署的防雷减灾体制改革任务，深入推进气象服务体制、业务技术体制、管理体制等改革，为气象事业高质量发展注入强大动力。形成较为完备的气象法律法规体系、气象规划体系和气象标准体系，气象科学管理水平显著提高。省部合作、部门合作、局校合作、局企合作不断深化，形成了全方位、宽领域、深层次的国内开放合作格局。中国气象局与 160 多个国家和地区开展了气象科技合作交流，为广大发展中国家提供气象科技援助，100 多位中国专家在世界气象组织（WMO）、政府间气候变化专门委员会（IPCC）等国际组织中任职，中国气象的全球影响力和话语权显著提升。

从评估情况看，国务院三号文件对引领和推动气象事业的发展发挥了至关重要的作用。国务院三号文件提出的奋斗目标如期实现，主要任务顺利完成，各项措施也得到了较好落实，推动气象事业取得了重要成就（表 1）。气象现代化体系基本建成，气象整体实力接近世界先进水平，气象卫星体系、中国特色气象防灾减灾体系建设等方面达到世界领先水平，为促进国家发展进步、保障改善民生、防灾减灾救灾等作出了重要贡献。当前，我国已开启全面建设社会主义现代化国家新征程，为深入贯彻落实习近平总书记关于气象工作的重要指示精神，建设满足国家发展更高要求、保障更加有力的气象现代化，需要编制气象高质量发展纲要，明确未来15年气象事业发展的奋斗目标和重要任务，引领气象事业高质量发展。

表1　气象事业发展主要指标进展情况表

序号	指　标		2005年	2020年	变化情况
1	气象站网站间距		23公里	12公里	提升超1倍
2	气象雷达站数量		64部	224部	提升2.5倍
3	雷达观测覆盖度		9%	29%	提升超2倍
4	气象卫星观测能力	气象卫星在轨数量	5颗	7颗	增加2颗
		最高空间分辨率	1公里	250米	提升3倍
		最高时间分辨率	30分钟(区域) 12小时(全球)	5分钟(区域) 6小时(全球)	提升5倍(区域) 提升1倍(全球)
		在轨载荷种类	3类	21类	提升6倍
5	气象预报精细度	空间分辨率	60公里	5公里	提升11倍
		时间分辨率	12小时	3小时	提升3倍
6	气象预报准确率		70%	84%	提升14个百分点
7	台风预报准确率(24小时路径预报误差)		118公里	65公里	提升近1倍
8	强对流天气预警提前量		10分钟	38分钟	提升28分钟
9	气候预测准确率		63%	69%	提升6个百分点
10	全球数值天气预报水平	可用预报时效	5.8天	7.8天	提升2天
		水平分辨率	60公里	25公里	提升1.4倍
11	高性能计算机浮点运算峰值		21.6 TFlops	9800 TFlops	提升近453倍
12	年共享数据服务量		2.37 TB	112 TB	提升46倍
13	全国公众气象服务满意度		79分	92分	提升13分
14	全国气象预警信息公众覆盖率		63%	93%	提升30个百分点
15	人工影响天气作业面积		258万平方公里	502万平方公里	提升近1倍
16	气象科学知识普及率		58%	80%	提升22个百分点
17	气象人才队伍本科以上比例		28%	86%	提升58个百分点
18	气象标准数量(国标和行标)		44项	795项	提升17倍

二、任务落实情况

（一）加强气象基础保障能力建设

1. 布局适当、运行可靠的综合气象观测系统基本建成

地面观测站网布局合理。在中央和地方共同支持下，观测站网取得历史性发展。截至2020年年底，全国累计建成63984个地面自动气象观测站，实现全国乡镇全覆盖，平均站间距由2005年的23公里缩小到12公里，北京、浙江、安徽、重庆等省（市）平均站间距小于7公里。新增24个国家气候观象台开展气候系统多圈层观测。地面气象观测实现自动化，数据传输时效从1小时提升至1分钟。

高空观测能力持续增强。实现了全国120个高空气象观测站新型探空仪升级换型，测量精度、稳定性、环境适应性进一步提升。全球定位系统气象观测站（GNSS/MET）由2005年的78个增长到1060个。地方气象部门根据气象防灾减灾需求投资建设了激光雷达、微波辐射计、云雷达、风廓线雷达等多种类型的地基垂直遥感探测设备，有效提升了高空气象观测的时空分辨率。

天气雷达监测能力不断提升。依靠中央和地方投资大力推进新一代天气雷达建设，数量由2005年的64部增长到224部，中部、东部省份（不含东三省）陆地区域平均有效覆盖面积分别由18%、26%增长到68%、73%，在定量估测降水、强对流天气临近预报等方面发挥了重要作用。地方气象部门投资布设结构轻便、易于车载和复杂地理状况下架设的X波段天气雷达，上海、福建、广东和河北雄安新区先后开展了相控阵雷达建设和应用试点，发展气象雷达精细化观测和快速扫描技术，不断提升中小尺度区域灾害性天气的监测能力。

气象卫星综合性能国际先进。2006年以来成功发射5颗极轨气象卫星、7颗静止气象卫星，实现了卫星技术升级换代。极轨气象卫星实现了上、下午星组网和黎明时段观测，有效提高和改进全球数值天气预报精度和时效。静止气象卫星实现了多星在轨、统筹运行、互为备份、适时加密，在重点区域可实现分钟级连续观测，最高水平分辨率250米，有力提升了台风、强对流等灾害性天气连续动态监测和跟踪能力。我国是唯一同时拥有上午、下午、晨昏三条轨道气象组网观测能力、全球首个实现在静止轨道上三维大气立体监测的国家，风云气象卫星成为世界气象组织全球业务应用卫星序列重要支柱之一。成功发射全球二氧化碳监测科学实验卫星，填补了我国全球二氧化碳监测能力的空白，有效提升我国在国际气候变化方面的话语权。全国卫星遥感综合应用体系基本建成，31 个省级遥感应用机构实现实体化运行，为气象服务地方经济建设和"一带一路"提供重要支撑。

专业气象观测共建成网。面向服务农业等各行业防灾减灾的需求，中央和地方共同投资，建成 653 个农业气象观测站、70 个农业气象试验站和 2488 个自动土壤水分观测点，提升了农业气象观测能力。建成 345 个酸雨观测站点、29 个沙尘暴观测站点、261 个大气成分观测站点，强化了生态气象监测。建成 499 个雷电观测站，云地闪的观测范围基本覆盖全国。与交通部门合作建成了覆盖全国主要高速公路的交通气象专业监测网络，江苏在全省高速沿线建成交通气象监测站 300 余套，平均站间距 10～15 公里。建成了 43 个浮标气象站、71 个海上平台、411 个海岛站的海洋观测站网，构成了以沿岸海域为主的海洋气象观测系统。

稳定可靠运行能力不断提升。综合气象观测系统保持高水平运行，地面、高空、雷达和卫星等观测业务可用性保持在 99%以上。顺利完成全国地面气象观测自动化改革，观测频次较人工观测提高 4～8 倍，数据量较人工观测大幅提升，多温雨传感器、天气现象视频智能观测仪等新技术新装备投入业务应用，自动化观测能力和水平进一步提升。综合气象观测业务运行信息化平台投入运行，覆盖站网管理、运行监控、质量控制、产品加工、维护维修、供应储备、计量检定和观测质量体系等全业务链条，促进了观测业务系统集约整合。

2. 气象信息共享平台建设持续推进

国家气象信息基础能力不断增强。高性能计算机浮点运算峰值能力从 2005 年的 21.6 TFlops 大幅提升至 9800 TFlops，在世界主要气象机构中居第 5 位。国家级气象基础设施云平台计算能力达到 800 TFlops，存储能力 80 PB，为气象业务提供了信息基础资源支撑。建成国家-省数据环境统一的全国综合信息共享系统，实现了实时、历史数据一体化存储管理，2020 年年底升级为气象大数据云平台。国-省网络带宽实现百倍提速，国家-省级链路达到 400～800 Mbps，市县直连省级云节点链路 10～50 Mbps，主要观测资料到达业务人员桌面时效（>90%到达时间）8 分钟。

气象数据共享走在各行业前列。建成国家气象科学数据中心，共享数据量超过 400 TB，为国内 2000 余所高校和科研机构提供数据服务，支持国家重点基础研究发展计划(973 计划)、国家高技术研究发展计划(863 计划)、自然科学基金等重点科研项目 8700 余项,数据访问、综合服务量等多项指标在 20 个国家级科学数据中心中排名第一。与水利、自然资源、生态环境、交通运输、民航、军队等实现双向数据交换共享,年收集部门外数据 7.9 TB;为自然资源、民航、生态环境、交通运输及军队等 11 个部委提供气象数据服务保障,数据年服务总量近 839.7 TB。2020 年,中国气象数据网累计访问量超过 6 亿人次,年访问量超过 1.7 亿人次,年数据服务量达到 112 TB。完善气象大数据政策体系和气象数据安全管理体系,实现气象大数据的有效治理,防范数据流失、降低安全风险,促进数据有序共享和高效应用。

3. 无缝隙、精细化的气象预报预测系统逐步完善

数值预报模式基本实现自主可控。基本形成了从短临、中短期、次季节、季节到年际,从区域高分辨率到全球的确定性与集合预报相结合的完整数值预报业务体系。中国数值预报全球模式分辨率由 2005 年的 60 公里精细到 25 公里,可用预报天数由 2005 年的 5.8 天延长到 7.8 天;区域模式分辨率由 2006 年的 30 公里精细到 3 公里。气候全球模式分辨率达 45 公里。

气象预报预测业务系统不断完善。初步建立了从零时刻到月季年,从中国区域到全球,涵盖基本气象要素、灾害性天气和气候事件及其影响预报、风险预警等较为完整的无缝隙气象预报预测业务体系。气象实况和预报实现了从站点、落区到格点、数字跨越,使我国成为继美国、德国、英国等之后能够提供较为完整的数字化网格预报的国家。智能网格预报产品中国区域陆地空间分辨率达到 5 公里、海洋 10 公里、全球 10 公里;时间分辨率 0～24 小时逐小时间隔、逐小时更新,1～10 天 3 小时间隔、逐 12 小时更新。2020 年 24 小时气象预报准确率 84%,较 2005 年提升了 14 个百分点;暴雨预警准确率达到 89%,强对流天气预警时间提前至 38 分钟;台风 24 小时路径预报平均误差 65 公里,小于日本的 79 公里、美国的 74 公里(图 1)。

气象影响预报与风险预警实现突破。发展多行业领域融合的气象影响预报与风险预警业务,气象与水利、自然资源、生态环境、应急管理等部门联合发布中小河流洪水、山洪和地质灾害气象风险预警、重污染天气预报和空气污染气象条件预报、森林草原火险气象等级预报等预报预警信息,促进气象灾害防御工作重点由应急防御、灾后救助和恢复为主向灾前风险防范转变。

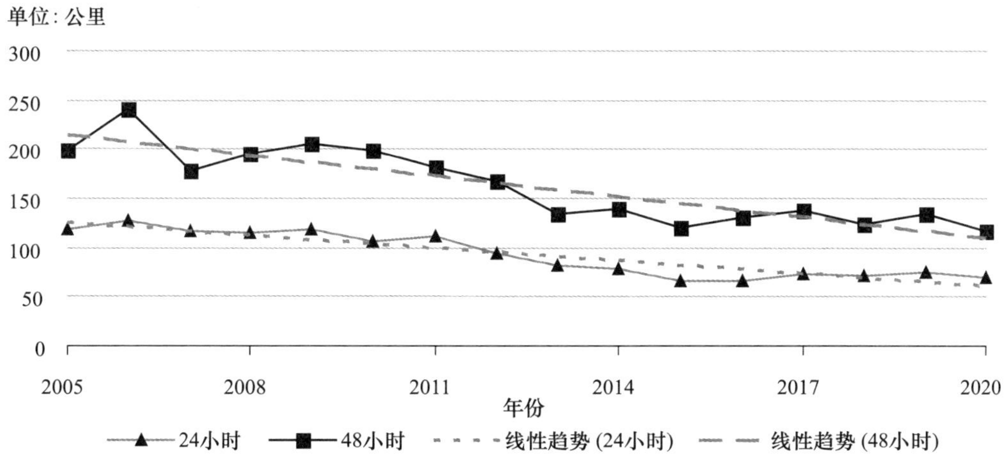

图 1 2005—2020 年中央气象台西北太平洋和南海台风路径预报误差

4. 气象预警和应急保障能力显著提升

气象灾害监测预报预警能力切实增强。形成“海-陆-空-天”四位一体的气象灾害监测基础站网，发展了精细到乡镇的气象预报系统和灾害性天气短时临近预报系统，台风、暴雨(雪)、寒潮、大风(沙尘暴)、干旱、强对流天气等气象灾害预报预警准确性和时效性不断提升，中国气象手机客户端、气象信息决策支持系统等在国务院有关部门应用，气象防灾减灾第一道防线作用有力发挥，为国家重大战略实施、经济社会发展、人民群众生产生活提供了有力的气象服务保障，有效减轻了气象灾害造成的人员伤亡和经济损失(图 2)。

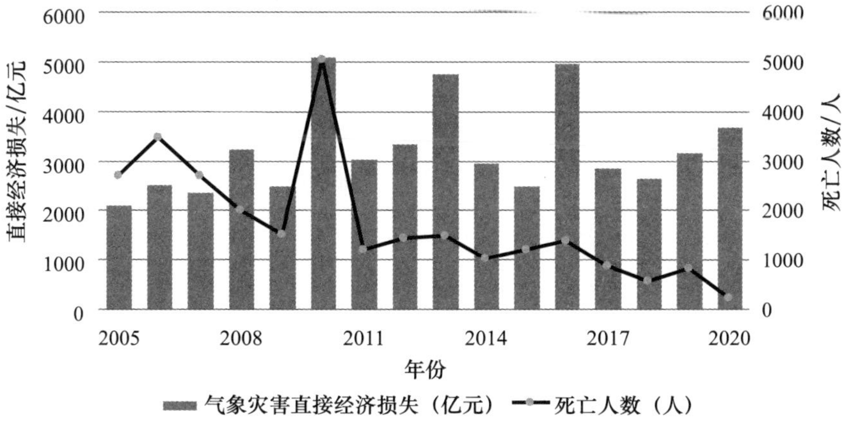

图 2 2005—2020 年全国气象灾害直接经济损失及因灾死亡人数

突发事件预警信息发布系统集约有效运行。成立国家预警信息发布中心，承担国家突发事件预警信息发布系统建设和运行，实现外交、公安、自然资源、生态环境、交通运输、水利、农业农村、卫生健康、应急管理等 26 个部门预警信息的集中、统一发布，突发事件预警信息发布系统成为我国多灾种预警信息汇集与发布的权威平台。面向各级政府领导、应急联动部门、应急责任人和社会媒体，实现预警信息分级、分类、分区域、分受众的精准发布。建立健全气象预警信息气象部门自己发、其他部门同步转、社会媒体协同播的机制。不断拓展预警信息发布渠道，通过广播、电视、网络、显示屏、大喇叭等多种渠道和国省市县四级预警新媒体矩阵，有效解决预警信息发布“最后一公里”问题，气象预警信息公众覆盖率达到 93%，较 2005 年(约 63%)有了极大提高。

气象灾害应急响应机制逐步健全。国务院先后出台《气象灾害防御条例》《国家气象灾害应急预案》《国家气象灾害防御规划(2009—2020 年)》等系列指导性文件，推动气象灾害防御法规体系不断健全。气象防灾减灾救灾组织和应急体系更加完备，建立了由 30 个部门组成的国家气象灾害预警服务部际联络员制度，气象与应急管理、水利、自然资源、交通运输、农业农村、能源电力等部门间信息共享和沟通协作便捷高效。31 个省级气象部门与政府各部门建立了有效的气象灾害信息共享机制，实现防御规划到县、组织机构到乡、应急预案到村、预警信息到户、灾害防御责任到人。基层防灾减灾能力不断夯实，2.8 万个乡(镇)将气象灾害防御纳入政府综合防灾减灾体系，15.47 万个村(屯)制定气象灾害应急行动计划，建立 60.6 万名的基层气象信息员队伍。

气象防灾减灾和重大活动保障成效显著。充分发挥气象防灾减灾第一道防线作用，成功防御台风、干旱、暴雨(雪)、寒潮、大风(沙尘暴)、强对流等灾害性天气过程，特别是在超强台风“桑美”“莫兰蒂”“利奇马”以及 2008 年南方低温雨雪冰冻灾害、2010 年西南地区罕见秋冬春特大干旱、2020 年长江淮河太湖流域性洪水等过程中，准确预报、及时服务，为地震、森林火灾等各类重大突发事件提供了及时有效的应急救灾气象保障。圆满完成 2010 年上海世博会、2014 年中国 APEC 峰会、庆祝中华人民共和国成立 70 周年大会等重大活动气象保障服务任务。同时，有力推进三峡工程、国产大飞机试飞、川藏铁路等重大工程气象保障服务。

5. 中国特色公共气象服务体系不断健全

气象公共服务职能得到强化。坚持政府在公共气象服务发展中的主导作用，气象部门与地方各级政府通过签订省部合作、市厅合作协议等，共同推进地方公共气象服务体系建设。建立政府购买公共气象服务新机制，全国 155 个市、675 个县将公共气象服务和气象防灾减灾相关工作纳入政府购买公共服务目录。全国 21 个省(区、市)将气象防灾减灾和公共服务权责清单纳入地方政府权责清单。

气象服务供给能力显著增强。及时主动向各级党委、政府提供决策服务产品，为国家防灾减灾救灾、重大战略制定实施、重大社会活动保障等提供了重要决策支撑。围绕人民群众“衣食住行游商康”等多元化需求，应用大数据、人工智能、云计算、物联网、移动互联等信息技术，建立气象服务用户反馈互动机制和基于位置的精细化气象服务体系，智慧气象服务水平不断提升。服务领域逐步拓展到工业、农业、林业、商业、能源、水利、交通、环保、海洋、旅游等上百个行业。服务产品更加多元化、精细化，形成标准化的公共气象服务产品库，不同时效的百余种公共气象服务产品覆盖人民群众生活的多个领域。

气象服务覆盖面和满意度不断提升。发布渠道不断拓展，由手机短信、电话、电视和网站等传统气象服务逐渐转向微信、微博、手机客户端等新媒体气象服务。打造“中国天气”服务品牌，服务覆盖人群超 9.6 亿，公众获取气象服务信息更加便捷、高效。根据国家统计局全国公众气象服务评价调查结果，公众气象服务满意度逐年提高，2020 年超过 92 分(图 3)。

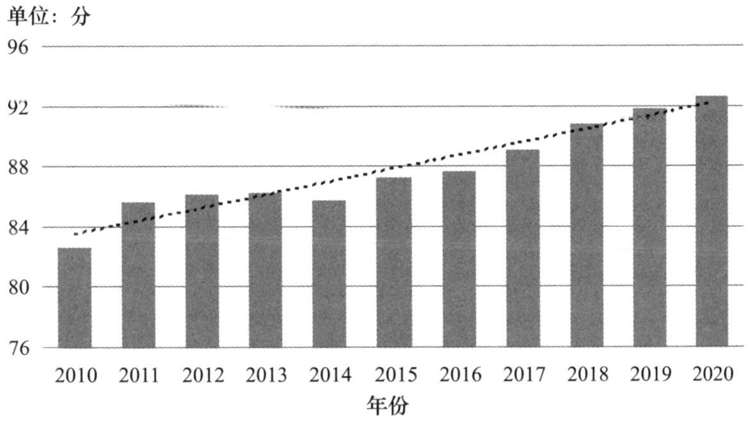

图 3　2010—2020 年全国公众气象服务满意度

(二)发挥气象综合保障作用

1. 应对气候变化科技支撑作用更加显著

有序推进气候变化科技基础性工作。在国家发展改革委的支持下，加强温室气体监测评估，构建大气本底站、中国气象局温室气体及碳中和监测评估中心以及省级分中心组成的气候变化监测体系。加强气候变化对农业、水资源、生态系统、粮食安全等的风险综合分析评估技术研究，自主研发全球高分辨率气候系统模式，强化气候变化监测与数据支撑能力建设，气候事件和气候灾害预估能力进一步增强。气候变化影响评估不断深入，相继发布4轮气候变化国家评估报告、2轮区域气候变化评估报告和3轮中国气候与生态环境演变评估报告，开展三峡工程、雄安新区的气候变化风险评估，为不同尺度的区域和流域及国家重大工程应对气候和气候变化提出适应性措施。

有力支撑应对气候变化内政外交。充分发挥国家气候变化专家委员会作用，围绕气候变化科学问题、低碳发展、适应行动、碳排放核算、碳达峰碳中和重大宣示等议题形成50余份决策咨询报告，逐年发布《中国气候变化蓝皮书》《中国温室气体公报》《中国气候公报》《应对气候变化绿皮书》，为国家和各行业有效提升气候变化适应减缓能力提供科学依据。发挥好IPCC国内牵头作用，中国气象局联合外交部、教育部、科技部、财政部、自然资源部、生态环境部、交通运输部、水利部、农业农村部、中国科学院、中国社会科学院、国家林业和草原局、中国民航局等联络员单位参与IPCC全球气候变化科学评估，确保评估结论科学性、客观性、平衡性，从科学角度维护了国家权益。积极参加联合国气候变化框架公约谈判，深度参与国际气候治理，贡献中国智慧，推动构建人类命运共同体。

2. 气象保障农业发展首要地位更加稳固

保障国家粮食安全气象服务能力更加突出。历年中央一号文件部署气象为农服务工作，气象与农业农村部门联合发文部署工作，气象服务深度融入粮食和农业生产。农业气象服务精细化水平不断提升，积极融入地方高标准农田建设，基本建成涵盖农业生产全过程的全国“一张网”5公里分辨率的农业气象监测、评估与预报格点产品体系，开展病虫害气象等级预报、农业干旱监测预警等服务，农用天气预报和关键农事季节全过程专题服务成效显著。直通式农业气象服务覆盖百万新型农业经营主体，农业气象服务惠及67.5万注册用户。深入开展主要粮食作物的动态产量预报，为制定国家粮食安全预警和农业宏观政策提供重要参考。气象保障全国粮食产量实现“十七连丰”，助力农业生产从“靠天吃饭”到“看天管理”。

助力农业农村发展作用更加凸显。围绕农业产业发展需要，与农业农村部门联合认定15个特色农业气象服务中心，开展橡胶、棉花、甘蔗等重要农产品以及苹果、茶叶等特色农产品的针对性气象服务，为特色农业发展、特色农产品优势区建设提供了有力保障。与金融部门合作开展农业气象保险服务，完成近百项农业保险天气指数研发，充分发挥了气象对农业保险的科技支撑作用。围绕“一村一品、一县一业”建设需求，开展了60余种农产品气候品质评估。

气象助力脱贫攻坚独具特色。深入挖掘气象科技在趋利和避害两个方面的独特作用，大力提升气象防灾减灾能力，挖掘利用可再生气候资源，初步探索了巩固脱贫攻坚成果同乡村振兴有效衔接的工作举措。打造形成了“防灾减灾护产业、气象资源助脱贫、扶贫扶智谋长远、扶贫扶心念党恩”的“突泉气象扶贫模式”，成为全国气象助力脱贫攻坚的典范。

3. 交通旅游和空间气象保障更加有力

交通、旅游气象服务稳步发展。服务交通强国、海洋强国等国家重大战略实施，与交通运输部门合作初步建成覆盖全国主要高速公路、铁路沿线和内河航运的交通气象专业化监测网络，建立了国省两级布局合理、分工明确的交通气象服务业务。建立了长江主干道航运气象监测预报预警业务。开展海洋气象灾害预警预报服务、远洋运输气象导航服务以及海上事故救援、海洋资源综合开发利用等气象保障服务。中国气象局与交通运输部联合开展公路交通、海上搜救气象监测预报预警服务，联合印发《公路交通气象观测站网建设暂行技术要求》，指导和规范全国公路交通气象观测站网的建设、运行和管理。公安部、交通运输部、中国气象局联合印发加强恶劣天气公路交通应急管理工作的文件，联合开展恶劣天气交通预警处置试点工作。

航空气象服务稳步推进。与民航局合作建立亚洲航空气象服务网，开展针对航站的精细化预报技术研发，提高机场终端区气象监测预报能力。推动中国商用航空器气象资料下传（AMDAR）计划实施，每日可收集国内约6万份报文，通过全球通信系统（GTS）收集全球资料约53万份，航空器探测资料的收集和共享能力有效提升。

空间天气监测预警能力显著提升。充分利用风云卫星平台装载空间天气设备，提高空间天气监测能力。成立国家空间天气预报台，建立新一代空间天气预报业务平台，空间天气预报准确率明显提高。2020年，中俄联合体全球空间天气中心得到国际民航组织(ICAO)理事会批准,成为中国民航气象领域首个国际中心,实现了空间天气专业服务领域的突破。

4. 城市和公共卫生气象服务更加深入

城市气象灾害实现动态监测和实时预警。积极推进气象灾害监测系统建设,超大城市雷达覆盖率超过90%,自动气象站平均站间距5~9公里。在主要城市建立空间分辨率达1~5公里、逐小时更新的精细化气象预报网格,全国100多个中等以上城市提供城市内涝气象风险监测预警服务。建立了城市气象灾害风险数据库,完善了城市气象灾害影响预报模型,提高了城市气象灾害风险预警和评估能力。上海市推进新一代信息技术在城市气象服务中的应用,开展城市生命线智慧气象服务。深圳市深化大数据分析,建立人群划分模型,通过位置、人群特征等标签识别,实现预警信息精准靶向发布。与民政部、国家减灾委、应急管理部和中国地震局等部门共建全国综合防灾减灾社区6397个,城市气象防灾减灾合作机制不断健全。

公共卫生事件和大气污染防治气象保障服务得到加强。气象与卫生健康部门签署深化合作协议,共同建立健康医疗气象服务体系,开展公共卫生事件气象预报预警服务以及气象敏感性疾病暴发风险、高温中暑气象条件、紫外线强度等健康生活预报服务。认真履行国务院应对新冠肺炎疫情联防联控机制成员单位职责,制订《新冠肺炎疫情控制应急气象保障预案》,全力推进新冠肺炎疫情防控服务工作。与卫生健康委员会建立实时沟通工作机制,利用国家预警信息发布系统做好疫情防控信息发布和科普宣传。气象与生态环境部门先后两次签署合作框架协议,联合推动建立重污染天气预报预警业务,联合建立区域重污染天气联合会商和应急联动机制及重大活动空气质量联合保障机制。成立国家级和京津冀、长三角、珠三角、汾渭平原区域环境气象预报预警服务中心,全面推进大气污染防治气象保障服务。

(三)科学合理开发利用气候资源

1. 气候资源普查和规划利用工作全面铺开

改进中国气候区划指标,编制了新一版全国气候区划图集;完成了1公里分辨率精细化太阳能资源区划和水平1公里分辨率、垂直10米分辨率的精细化风能资源区划;完成省市县级精细化农业气候区划3564项、农业气象灾害风险区划

5303 项。利用综合气象观测系统积极开展生态气象监测，初步建立国省协同的生态气象监测评估业务体系，试点开展了气象灾害对生态质量的影响评估、气候生产潜力评估、气候生态宜居评估等，为政府和有关部门开展重大生态保护和修复工程提供气象服务支撑。

2. 人工影响天气工作迈上新台阶

国务院修订了《人工影响天气管理条例》，印发了《国务院办公厅关于进一步加强人工影响天气工作的意见》（国办发〔2012〕44 号）、《国务院办公厅关于推进人工影响天气工作高质量发展的意见》（国办发〔2020〕47 号），完善了政府主导人工影响天气发展的格局，作业能力显著提升，科技人才支撑不断增强，安全作业水平不断提高。进一步发挥 22 个部委参与的国家人工影响天气协调会议制度和地方各级政府人工影响天气领导小组的职能和作用，全面加强人工影响天气工作统筹发展，使人工影响天气工作成为保障国家经济社会发展和重大活动成功举行的一支重要力量。中国气象局与国家发展改革委联合编制印发《全国人工影响天气发展规划（2014—2020 年）》，统筹规划全国人工影响天气发展。建立国家级人工影响天气中心，形成全国六大区域格局和统一协调、联防联动、跨区作业的人工影响天气业务运行机制，加快工程项目落实推进，促进全国人工影响天气工作可持续发展。高分辨率云模式、新型催化技术、物联网弹药监控等人工影响天气关键技术取得多项成果。建立人工影响天气安全责任清单、制度清单、标准清单，落实人工影响天气安全属地监管责任，安全责任体系持续完善。人工影响天气趋利避害成效显著，2006—2020 年，全国共实施飞机增雨（雪）作业 14407 次、火箭高炮增雨和防雹作业 76.77 万次，年均人工增雨（雪）和防雹面积达到 468 万平方公里和 53 万平方公里，年均增雨（雪）、防雹面积较“十一五”期间分别增长 22％和 19％，减免雹灾损失约 1551 亿元，在保障农业农村发展、生态修复保护、水库增蓄、森林草原扑火和重大活动圆满召开中发挥了积极作用。

3. 风能太阳能开发利用规模和效益大幅提高

组建中国气象局风能太阳能中心。利用综合气象观测系统组建太阳辐射和风力强度监测网，建立了 1 公里分辨率的精细化太阳能资源数据库和风能资源数据库。定期开展风能太阳能资源评估，完成 14.7 万个贫困村的太阳能资源评估，发布《中国风能太阳能资源年景公报》。为80余个地方政府风能太阳能资源发展规划提供科学依据，为1500余个大型风电场和太阳能电站勘察、选址提供了技术支持。建立风能太阳能预报业务系统，为国家可再生能源消纳和约2000余个风电场太阳能电站提供实时预报服务。

4. 气候可行性论证工作更加科学

各地依法开展能源、农业和重大工程建设等多领域的气候可行性论证工作，年项目数由2005年的不足100项提升到2020年的471项，为避免和减轻气象灾害与气候变化的影响提供依据。强化面向城市的气候可行性论证，在全国各地开展了500余项城市总体规划的气象条件分析、气候环境容量、城市通风廊道分析等专题论证。与住房城乡建设部门联合开展城市暴雨强度公式修订工作，地级以上城市覆盖率达到80%以上，为城市暴雨内涝防治提供依据。基本建成气候可行性论证技术体系，形成19项涵盖电力、城市规划、气候资源开发、交通运输等主要气候应用服务领域的气候可行性论证技术指南系列，发布《气候科学论证技术规范总则》等约30余项气候可行性相关的监管或技术标准。

（四）推进气象工作的法治、体制和机制建设

1. 气象法规标准体系更加健全

加快气象立法工作。在全国人大和司法部的支持下，先后3次修订《中华人民共和国气象法》，出台《气象灾害防御条例》《气象设施和气象探测环境保护条例》两部行政法规，已形成由1部法律、3部行政法规、19部现行有效部门规章以及250部地方性法规和地方政府规章组成的气象法规标准体系。

加强气象执法监督。制定《地方各级气象主管机构权力清单和责任清单指导目录》《气象行政执法评议考核办法》等20余个文件，建成由1.4万人组成的专兼结合的行政执法队伍，依法管理和规范探测环境保护、雷电灾害防护等活动，不断强化气象行政执法监督，提升气象行政执法水平。

强化气象法治与科普宣传。制定并实施气象部门法治宣传教育规划，建立领导干部集体学法制度，充分利用新媒体、新技术开展气象法治宣传教育，普法覆盖面和影响力大幅提升。加强气象科普机制建设，印发气象科普发展专项规划。不断丰富气象科普资源，大力推进气象科普设施建设，着力打造气象科普活动品牌，促进全民科学素质提升。联合宣传、网信、应急、科技、教育、科协等部

门，开展防灾减灾和应对气候变化科普宣传，促进公共气象服务质量效益提升。

健全气象标准体系。建立健全覆盖综合观测、公共服务、防灾减灾、气候与气候变化等各重点领域的气象标准体系，标准化技术组织和工作机制不断完善。在国家标准化管理委员会的支持下，截至2020年年底，已出台气象领域国家标准195项、行业标准600项。

2. 规划计划统筹管理

气象规划体系逐步建立。对标对表国民经济和社会发展规划纲要，中国气象局与国家发展改革委联合印发全国气象发展“十一五”“十二五”“十三五”规划，由国务院审议通过《我国气象卫星及其应用发展规划（2011—2020年）》，由国家发展改革委审批或联合印发天气雷达、人工影响天气、气象信息化、海洋气象等专项规划。“十三五”期间，31个省（区、市）人民政府均印发气象事业发展规划，各省（区、市）气象重点工程已列入地方“十四五”规划。通过系列规划制定实施，强化了规划对气象事业发展和工程建设实施的指导和约束作用，加强中央、地方以及其他投入的统筹集约，统筹气象卫星、天气雷达、气象监测与灾害预警、人工影响天气、气象信息化等重要气象设施和重大气象工程的建设。

气象科学管理水平不断提升。进一步完善符合气象工作特点、有利于全国气象事业统一规划、统一布局、统一建设、统一管理的双重气象领导管理体制。中国气象局与31个省（区、市）人民政府开展了省部合作活动，签订合作协议或合作备忘录60份。31个省（区、市）人民政府将气象工作纳入党和政府的全局工作部署和目标考核。全面落实党和国家改革部署，大力推进气象部门“放管服”改革，积极推进防雷减灾体制改革，强化事中事后监管。聚焦气象业务技术体制、核心技术攻关机制和专业气象服务等重点领域改革，为气象高质量发展提供改革动力。修订《气象行业管理若干规定》，进一步规范气象行业管理。将兵团、森工、农垦建设运行的部分气象观测站遴选入国家级地面气象观测站，提高观测水平，规范运行和管理。气象、水利、交通运输、林草、兵团、森工、农垦等行业部门间开展资料交换共享、气象联合观测等，在气象领域的联系更加紧密。

3. 国家气象科技创新体系基本形成

气象科技创新体制机制进一步完善。出台气象关键技术攻关、创新平台建设、成果转化、评价激励等政策，强化气象科技创新战略谋划和政策保障。在科技部、教育部和有关地方政府的大力支持下，构建了由 9 个国家级科研院所、23 个省级科研所、1 个国家重点实验室、17 个部门重点实验室、8 个联合实验室、4 个国家野外科学观测研究站、31 个野外试验基地、25 所合作高校以及中国科学院等构成的国家气象科技创新体系。科研机构基础设施和气象大型科研仪器开放共享取得显著进展。建设南京、深圳气象创新研究院等新型研发机构，形成了“开放、流动、竞争、协作”的新型气象科研组织体制和运行机制。

多渠道支持气象科研投入。2006 年以来，通过中央财政、地方财政、气象部门自筹等多渠道投入科研项目经费 66.6 亿元，持续加强气象观测、气象灾害监测预警预报、气候变化应对、人工影响天气、大气成分分析、气象资源利用等领域的基础研究和应用研究。科技部、财政部、国家自然科学基金委等部门通过中央财政渠道支持气象部门牵头承担各类国家科技计划项目（课题）和公益性行业科研专项项目等 1895 项，支持经费 43.6 亿元。

气象科技创新成果应用效益显著。实施国家气象科技创新工程，研发建立区域/全球一体化的数值天气预报业务体系，全球高分辨率气候系统模式性能进入国际先进行列，数值预报等核心技术基本实现自主可控。研发 40 年全球大气再分析产品，精度达到国际第三代同类水平。研发构建精度高、类别全的自主卫星遥感产品体系，实现从“跟跑”向部分领域“领跑”的跨越。多项观测和数据处理技术取得新突破。气象行业多项高质量成果获得国家科技奖励，成果转化应用效益显著。冬奥气象关键技术、雄安新区通风廊道专题研究、第三次青藏高原大气科学试验、国家第二次青藏高原综合科考等研究成果有效支撑国家重大战略服务保障，天气、气候、应用气象、综合气象观测等科研成果有力支撑气象事业发展。2020 年，中国气象局自然指数（学术指数）在全球各国气象机构中排名第 2，在地球和环境科学领域世界排名第 25 位。

4. 财政投入为事业发展提供坚实保障

在国家发展改革委、财政部大力支持下，进一步发挥双重计划财务体制效能，深化省部合作，推动建立稳定的中央、地方财政投入机制，破解发展中遇到的新难题，更加重视基层基础工作和中西部地区气象现代化建设，助力解决区域发展不平衡问题。15 年来，中央财政累计投入基本建设项目资金 351.58 亿元，重点用于气象卫星、新一代天气雷达、山洪地质灾害防治等重点工程建设；累计投入 442.75 亿元，保障了气象综合观测、预报预测预警、防灾减灾服务、人工影响天气等业务的稳定运行。地方财政累计投入基本建设资金 107.32 亿元，主要用于服务地方经济社会发展和防灾减灾需求的气象基础设施建设；累计投入 338.63 亿元，主要用于地方气象业务的运行维持。

5. 气象国际交流与合作不断拓展

气象国际合作不断深化。认真贯彻习近平总书记关于加强风云气象卫星国际应用的重要指示精神，不断完善风云气象卫星国际服务布局，国际用户已有 118 个国家，已建成 29 部风云卫星海外接收设备，与国防科工局联合建立了风云气象卫星国际用户大会机制；建立了风云气象卫星防灾减灾应急保障机制，29 个国家注册成为该机制用户。初步构建起“一带一路”气象合作机制和平台，累计为近 30 个国家提供了气象装备和技术援助。在外交部、商务部、自然资源部等的支持指导下，承担了世界气象中心、全球信息系统中心、区域气候中心、区域培训中心、高影响天气项目国际协调办公室、区域海洋仪器中心等 27 个全球或区域职能，承办了 200 多期国际培训班，培训国际学员 6000 余人次。在商务部的支持下，实施了气象援助非洲项目。

参与全球气象治理能力不断提升。在中组部、外交部、国家留学基金委等的大力支持下，2 人在世界气象组织担任高级官员，另有 9 人在世界气象组织秘书处任职；70 多位专家在世界气象组织、台风委员会等国际组织兼职；37 位专家参与 IPCC 第六次评估报告编写，人员总数均列全球第 3 位。发起“亚洲-大洋洲气象卫星用户大会”机制，牵头实施 WMO“提升二区协（亚洲）减轻气象灾害风险能力试点项目”“华南季风降水试验研究发展项目”等国际性倡议，建立了气象卫星、数值预报、气候等领域的国际指导委员会。

广泛开展双边气象科技合作交流。与 26 个国家的气象部门及国际机构在双边协议框架下进行双边气象科技合作，确定天气预报、气候、气象综合观测、气象通信等领域合作项目 851 个，在数值预报、气候模式、气象卫星等方面为我国气象现代化建设与核心技术发展以及高层次科技骨干人才培养提供了强有力的支撑。

6. 气象人才队伍建设基本适应气象事业发展需要

持续优化人才发展环境。坚持党管人才，实施人才强局战略和创新驱动发展战略，制定增强气象人才科技创新活力、激励气象科技人才创新发展的政策措施，在中组部、人力资源社会保障部指导和支持下，改进人才评价机制，持续深化气象职称制度改革、事业单位分类改革和岗位管理改革，优化事业单位岗位设置；在财政部支持下，设立人才专项资金，持续增强气象人才创新活力。在中央编办、财政部和国家公务员局的大力支持下，全国县级气象管理机构参照《中华人民共和国公务员法》管理。

大力实施人才培养计划。“双百计划”入选中组部、人力资源社会保障部第一批全国重点海外高层次人才引进计划；与教育部（国家留学基金管理委员会）联合开展气象科技骨干海外培养计划。制定实施《气象人才发展规划（2013—2020 年）》，开展新时代气象高层次科技创新人才计划、“三百”优秀年轻干部培养锻炼计划、特聘专家、创新团队、青年英才、国内高级访问进修、西部人才津贴等一系列人才培养工程（计划）。气象人才队伍结构更为合理、素质显著提升。截至 2020 年年底，全国气象职工本科学历以上比例达 86%，比 2005 年提高近 58 个百分点（图 4）。拥有两院院士 9 人，入选国家人才工程达 40 人次，享受国务院政府特殊津贴在职专家 67 人。

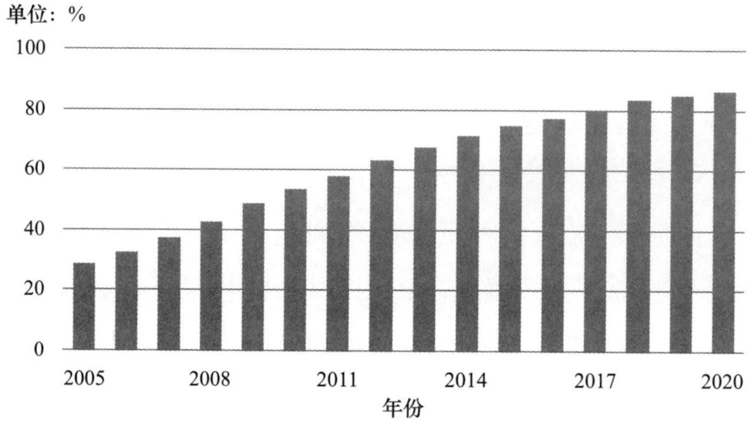

图 4　2005—2020 年全国气象职工本科学历以上比例

着力强化气象教育培训。在教育部大力支持下，召开气象教育工作座谈会，联合印发《关于加强气象人才培养工作的指导意见》，推进高校气象学科建设与人才培养。全国高等院校每年培养的气象类本科生、研究生（硕士、博士）增加到 4100 多人。形成以中国气象局气象干部培训学院（中国气象局党校）、8 个气象干部培训分院（党校分校）为主体，省级气象培训机构、业务单位、高等院校、科研院所、党校（行政学院）、相关部委机构以及 WMO 相关国际培训机构为重要组成部分的气象干部教育培训体系，强化培训平台、培训课程体系、骨干师资队伍建设，开展全方位多层次的气象培训活动，培训能力不断提升。

我国气象事业发展取得了优异成绩，但因目标任务调整及发展条件制约等因素，对标国务院三号文件的具体任务要求，仍然存在贯彻落实不充分不到位的方面，包括：气象预报预测预警准确率和精细度仍然不满足需求；部分亟须长期攻关的基础性气象研究缺乏稳定保障；气候资源开发利用、航空、海洋、生态、公共卫生和大城市等专业专项气象服务支撑能力不强；重要气象观测设施会同有关部门统筹规划、统一布局、共同建设的机制不健全，资源合理配置、共享利用和投资效益发挥不充分；有关部门利用气象信息平台共享数据的机制还需进一步完善；各地区在保障气象事业发展方面还不太平衡；气象依法管理、强化执法机制不健全，气象信息发布引导监管、探测环境保护、行业管理等依然存在短板等。

三、新阶段、新形势、新要求

经过 15 年的接续努力，我国气象事业发展已经进入了一个新的发展阶段。站在新的历史起点上，需要顺应“两个大局”、牢牢把握气象事业高质量发展的主题，抢抓机遇，攻坚克难，加快建设气象强国。

以习近平同志为核心的党中央为气象工作指明方向。新中国气象事业 70 周年之际，习近平总书记作出重要指示，李克强总理作出批示，胡春华副总理就贯彻总书记重要指示、李克强总理批示作出“加快建设气象强国”的重要部署，为气象工作发展指明了前进方向。今后一段时期，气象工作必须牢牢把握“坚持党的领导、坚持服务国家服务人民”的根本方向，牢牢把握气象工作关系“生命安全、生产发展、生活富裕、生态良好”的战略定位，牢牢把握“推动气象事业高质量发展、加快建成气象强国”的战略目标，牢牢把握“发挥气象防灾减灾第一道防线作用”的战略重点，牢牢把握“加快科技创新，做到监测精密、预报精准、服务精细”的战略任务。

党的十九大对到本世纪中叶全面建成社会主义现代化强国作出全面部署，气象现代化建设迫切需要与之同步并适度超前这一进程。气象事业是科技型、基础性、先导性社会公益事业，气象现代化是国家现代化的重要标志之一，是国家现代化的先行领域。与此同时，随着国家经济社会的发展，气象日益成为防灾减灾的第一道防线、经济社会发展的先决要素、应对气候变化的科学前提。因此，迫切需要对标国际先进水平，坚持适度超前定位，加快建成气象强国，以高质量气象现代化的成果增强气象服务国家和服务人民的综合实力，以高质量气象现代化更好服务保障国家现代化，为社会主义现代化强国建设提供有力支撑。

国家经济社会发展和人民生产生活还面临着严峻复杂的天气气候风险挑战，气象全方位保障能力迫切需要进一步提升。在全球气候变暖背景下，我国极端天气气候事件明显增多增强，统筹发展和安全对防范气象灾害重大风险的要求越来越高，经济社会发展对气象的敏感性和关联性越来越强，人民美好生活对气象服务的需求越来越精细，生态文明建设对气象保障的要求越来越迫切。因此，迫切需要全方位提升气象保障生命安全、生产发展、生活富裕、生态良好的能力，有效防范化解气象灾害多发频发以及气候变化引发的一系列风险挑战，不断提高经济社会抵御气象灾害的能力和韧性，为全面建成社会主义现代化强国构筑起重要气象保障。

世界气象科技发展已迈入地球系统时代，我国气象科技创新迫切需要实现自立自强。世界正经历百年未有之大变局，新一轮科技革命蓬勃发展，气象科技发展已迈入地球系统时代，地球系统数值模式、地球系统观测、地球系统大数据已成为国际气象发展趋势。与此同时，我国仍有部分气象技术、装备受制于国外，潜藏着安全风险，尤其是数值预报等核心技术，仍然是制约气象高质量发展的瓶颈。因此，迫切需要强化科技引领，坚持创新在气象现代化建设全局中的核心地位，顺应数字化、智能化发展趋势，面向地球系统，突破气象核心技术，优化创新资源配置，提高气象自主创新能力，实现气象科技自立自强。

实现高质量发展是当前和今后一个时期气象发展的主题，许多突出困难和瓶颈制约迫切需要通过改革创新加以解决。气象高质量发展仍然存在着一些亟待解决的突出困难和瓶颈制约，主要表现在：一是气象科技自主创新能力不强，地球系统数值模式、气象装备等“卡脖子”关键核心技术与国际先进水平还存在较大差距，科技创新资源配置效率不高，高层次领军人才和高水平的创新团队缺乏。二是气象基础能力还有短板，预报的精准度和提前量不足，观测站网布局和数据获取能力与预报精准、服务精细需求仍存在差距，多源观测资料应用技术有待加强，大数据、人工智能等新一代信息技术在气象领域的深度融合应用不够，高性能计算与发展需求不相适应，数据质量亟待提高，数据价值有待深入挖掘。三是气象灾害监测预报预警能力不能满足需求，突发气象灾害监测有盲区、预报时效短、精细化程度不高，基于影响的预报和基于风险的预警技术有待提升，全社会抵御气象灾害的能力与国家全面提升综合减灾能力的要求不相适应。四是气象服务供给难以满足经济社会高质量发展和人民对美好生活向往的精细化需求，专业气象服务科技含量不高，气象服务融入经济社会各行各业的深度不够，便民惠民的气象服务产品的针对性不强，传统的气象服务手段不能完全满足国家战略要求。五是生态文明建设气象基础支撑作用发挥不充分，对气候变化规律的科学把握还有较大差距，对如何发挥气候资源优势的重视程度不够，生态气象服务潜力有待深入挖掘。因此，迫切需要全面深化气象改革，破除制约气象高质量发展的体制机制障碍，持续增强发展活力和动力，全面提升气象治理现代化水平。

四、下一步加快推动气象事业发展的思路

面向新形势新要求，气象工作要以习近平总书记对气象工作重要指示精神为根本遵循，以建设气象强国为目标，以推动气象事业高质量发展为主题，以推进高水平气象现代化建设为主线，以改革创新为根本动力，以满足人民日益增长的美好生活需要为根本目的，加快气象科技创新，做到监测精密、预报精准、服务精细，充分发挥气象防灾减灾第一道防线作用，为全面建设社会主义现代化国家提供坚强气象支撑。重点做好以下五方面工作：

一要高度重视气象事业发展战略规划设计。紧密围绕新中国气象事业70周年习近平总书记重要指示、李克强总理批示和胡春华副总理讲话精神，切实把握新时代气象事业发展的根本方向、战略定位、奋斗目标、战略重点、战略任务，落实中央决策部署，编制“十四五”规划和中长期气象现代化发展纲要——气象高质量发展纲要，立足长远、谋划气象服务保障国家重大战略和经济社会发展的重点任务。为深入贯彻落实中央领导同志关于气象工作的一系列重要指示批示精神，建设满足国家发展更高要求、保障更加有力的气象现代化，中国气象局将在国务院三号文件奠定的坚实基础上，编制《气象高质量发展纲要（2021—2035年）》*，明确

* 已于2022年4月28日印发《气象高质量发展纲要（2022—2035年）》。

未来15年气象事业发展的奋斗目标和主要任务，引领气象事业高质量发展。

二要推动气象核心技术实现新突破。气象事业是科技型、先导性事业，关键核心技术买不来、等不来。建设气象强国，必须坚持科技创新在气象现代化建设全局中的核心地位，健全国家气象科技创新体制机制，提高气象创新链整体效能，实现科技自立自强。一是集中攻关关键核心技术。实施国家气象科技中长期发展规划，将气象重大核心技术攻关纳入国家科技计划予以重点支持，在地球系统数值模式、灾害性天气、气候变化、气象重大装备等领域实施一批重大科技项目，建立核心技术联合攻关体制机制。二是加强气象科技创新平台建设。布局建设国家重大创新平台和重大科技基础设施，支持气象领域国家实验室建设，实施科技力量"倍增"计划。三是打造高水平创新型人才队伍。国家级人才计划和人才工程加大向气象领域支持倾斜力度，培养造就国际一流的气象战略科技人才、科技领军人才和创新团队，加大大气科学领域的世界一流大学和一流学科建设力度，优化气象人才培养、使用、评价和激励机制。

三要提高气象全方位保障水平。气象事业是基础性社会公益事业，气象公共服务是各级政府公共服务的重要组成内容。建设气象强国，必须推动气象与经济社会各领域深度融合，提高气象全方位保障生命安全、生产发展、生活富裕、生态良好能力。一是面向生命安全，强化气象灾害监测预报预警，健全气象防灾减灾机制，大力发展人工影响天气，提高全社会气象防灾减灾意识和能力，充分发挥气象防灾减灾第一道防线作用。二是面向生产发展，主动融入和服务现代化经济体系建设，建立"气象＋"服务模式，优化经济高质量发展气象服务供给，助力经济循环畅通和国家重大战略实施。三是面向生活富裕，对标人民群众美好生活对气象服务的需求，推进气象全面融入数字生活，接入"城市大脑"和基层网格治理体系，将基本公共气象服务纳入各级政府基本公共服务体系。四是面向生态良好，强化应对气候变化、气候资源合理开发利用等气象科技支撑，强化生态系统保护和修复气象保障，助力碳达峰碳中和目标实现，为美丽中国建设贡献气象智慧。

四要大力提高气象基础能力。气象基础设施是国家重要公共基础设施，必须把握适度超前定位，建立气象基础能力升级更新机制，推动实现气象监测精密、预报精准、服务精细。一是建设精密气象观测系统。建立部际协调机制，加强统筹规划，统一布局、共同建设国家天气、气候、空间气象和专业气象观测网，推进气象探测装备国产化和智能化。二是构建精准气象预报系统。建设世界一流国家地球系统数值预报中心，发展自主可控地球系统数值模式，构建无缝隙、全覆盖、智能数字的精准预报体系，加强突发灾害性天气监测预报预警一体化建设。三是发展精细气象服务系统。打造面向全社会的气象服务支撑平台和气象服务众创平台，建立气象部门与各类主体互动机制。构建气象服务大数据、智能化产品制作和融媒体发布平台。四是打造安全高效的气象信息支撑系统。建设国际一流的地球系统大数据中心，建立健全跨部门、跨地区气象相关数据获取、存储、汇交、使用监管机制，适度超前升级迭代国家气象超级计算系统和气象大数据平台，构建数字孪生大气。

五要健全气象发展体制机制。气象体制机制是气象发展的坚强保障，必须坚持双重管理体制，健全政策保障机制，激发各类主体的积极性、主动性、创造性，形成气象发展的强大合力。一是加强部门间规划统筹和共建共享，健全重要气象设施布局统筹规划和建设机制，将水利、交通、林业、民航、兵团、农垦、森工等行业气象观测设施和观测资料纳入气象设施总体布局，由气象部门统一规划、各部门共同建设，强化行业气象统筹协调发展，避免重复建设。二是健全稳定增长的投入保障机制，把支持气象强国建设纳入各级财政预算。切实加大对气象卫星、雷达、超级计算机和观测站网等重大基础设施投入力度，完善升级迭代及运行维持机制，加大基层和欠发达地区气象基础能力建设支持力度。地方各级政府加大对气象探测环境建设、气象服务、科技创新等投入。三是完善气象法律法规标准体系，依法加强气象设施和气象探测环境保护，依法实施气象专用技术装备使用许可，依法实行公众气象预报、灾害性天气警报和气象灾害预警信号统一发布制度，依法规范气候资源保护和开发利用、气象信息服务等活动。

贯彻落实2006年国务院三号文件中期评估报告(2006—2010年)

中国气象局

2006年1月，国务院印发了《关于加快气象事业发展的若干意见》(国发〔2006〕3号)，明确到2020年加快气象事业发展的指导思想、奋斗目标、主要任务和政策举措，这是指导中国气象事业又好又快发展的纲领性文件。如期完成国务院三号文件提出的主要目标和任务，对建设具有世界先进水平的气象现代化体系，提升气象事业对经济社会发展、国家安全和可持续发展的保障与支撑能力，进而为全面建设小康社会提供一流的气象服务具有十分重要的意义。

2010年是实现国务院三号文件确定的第一阶段奋斗目标的最后一年，也是编制贯彻国务院三号文件第二个五年规划的启动之年。为深入了解国务院三号文件贯彻执行总体进展情况和第一阶段奋斗目标的完成情况，客观评价取得的成效，综合分析存在的问题，并采取有力措施进一步推进国务院三号文件的顺利实施，遵照中国气象局党组的决策部署和中国气象局办公室《关于开展国务院三号文件贯彻执行情况评估工作的通知》(气办发〔2010〕39号)的要求，中国气象局发展研究中心在认真学习中央领导同志重要指示精神，深刻领会中国气象局党组关于发展现代气象业务体系、气象科技创新体系和气象人才体系的战略部署，认真查阅相关材料和深入分析评估各有关单位贯彻落实国务院三号文件情况总结的基础上，形成了本评估报告。

一、贯彻落实情况的总体评价

国务院三号文件实施进展顺利。五年来，在党中央、国务院的坚强领导下，中国气象局党组坚持以邓小平理论和“三个代表”重要思想为指导，深入贯彻落实科学发展观，分别就国务院三号文件学习宣传和全员培训、深入推进业务技术体制改革、大力发展现代气象业务、加快建设具有世界先进水平的气象现代化体系、加快转变发展方式等重大问题进行研究和探讨，作出决定和部署。推进国务院三号文件贯彻实施部署全面、措施有力。全国31个省（区、市）人民政府全部出台了贯彻落实国务院三号文件的具体实施意见，将气象事业发展的主要任务、重大政策进一步分解落实到各市、县人民政府，纳入当地经济社会发展总体规划。气象事业发展受到各级党委政府前所未有的高度重视。

国务院三号文件实施成效显著。五年来，面对全球气候变化背景下极端天气气候事件频繁发生的严峻形势，面对全面建设小康社会和转变发展方式对气象服务日益增长的迫切需求，面对世界气象科技竞相发展的国际环境和我国气象事业艰巨繁重的改革发展任务，中国气象局党组带领全国各级气象部门，坚持“公共气象、安全气象、资源气象”的发展理念，着力强化综合观测基础、提升预报预测水平、加快气象科技创新，扎实推进气象现代化体系建设，紧紧围绕经济社会发展需求，充分发挥气象在保障人民安康福祉、促进经济社会可持续发展中的基础性作用，开创了气象事业发展新局面，开拓了气象事业科学发展新境界。

气象事业发展成就巨大辉煌。气象对经济社会发展、国家安全和可持续发展支撑作用日益凸显，重大气象灾害预警服务和突发公共事件应急气象保障能力更加有力。“政府主导、部门联动、社会参与”的气象灾害防御体系建设取得历史性突破，“桑美”超强台风、南方低温雨雪冰冻、四川汶川特大地震、甘肃舟曲特大山洪泥石流等重大自然灾害气象保障取得重大胜利，谱写了中国气象防灾减灾史上新篇章。全国因气象灾害造成的人员死亡数明显降低，造成的经济损失占GDP的比例明显降低，气象防灾减灾取得了显著的经济、社会和生态效益，为推动经济社会发展、保障人民安康福祉做出了突出贡献。北京奥运会残奥会、国庆六十周年庆典、上海世博会、广州亚运会等重大活动气象保障取得圆满成功，载人航天、探月工程嫦娥二号等重大工程气象保障能力明显提升。社会公众对公共气象服务的满意度显著提高。应对气候变化科技支撑作用日益突出，气象在国家应对气候变化总体格局中的地位大幅提升。气候资源的开发利用得到加强，为建设“资源节约型、环境友好型社会”做出了巨大贡献。农村防灾减灾、农业生产和国家粮食安全的气象服务水平不断提升，为我国农业连续七年增产做出了突出贡献。大气监测自动化系统、气象监测与灾害预警工程、新一代天气雷达和气象卫星工程等重大气象工程建设稳定推进，举世瞩目的气象现代化体系建设取得重大进展。公共气象服务业务、预报预测业务、综合气象观测业务发展取得重大进展。预报预测准确率和精细化程度不断提高，台风 24 和 48 小时路径预报、人工影响天气作业等某些领域达到世界先进水平。气象卫星的技术水平和应用能力取得重大突破，世界上规模最大的天气雷达观测网具有世界先进水平。气象科技创新取得新成果，气象人才队伍整体素质显著提高。气象事业发展的环境明显优化，重要领域和关键环节的改革不断推进，开放合作步伐进一步加快，气象法规体系日趋完善，标准化建设得到加强。气象部门党的建设和气象文化建设取得新成果，广大气象干部职工的精神风貌昂扬向上，积极性、主动性、创造性得到激发，凝聚力和向心力得到增强。气象事业面貌发生了显著的变化。

总的来说，贯彻落实国务院三号文件的这五年，是公共气象服务卓有成效的五年，是气象现代化建设取得重大进展的五年，是气象事业发展环境明显改善的五年，是中国气象事业综合实力大幅提升的五年，是气象工作的国际地位和国内影响显著提高的五年。中国气象事业的整体实力已经达到了 20 世纪末世界先进水平，国务院三号文件提出的第一阶段的奋斗目标已经顺利实现。中国气象事业在气象现代化的道路上又迈出了坚实的一步。

五年来的实践充分证明，党中央国务院关于加快气象事业发展的战略部署完全正确，国务院三号文件所确定的指导思想、发展目标、重点任务和政策措施切实可行，中国气象局党组贯彻落实国务院三号文件措施得力，全国各级气象部门贯彻落实国务院三号文件扎实有效。

二、第一阶段奋斗目标的实现情况

国务院三号文件明确提出两步走的奋斗目标。第一阶段奋斗目标是“到 2010 年，初步建成结构合理、布局适当、功能齐备的综合气象观测系统、气象预报预测系统、公共气象服务系统和科技支撑保障系统，使气象整体实力达到 20 世纪末世界先进水平”。为顺利实现这一宏伟目标，认真落实温家宝总理强调“实现上述总体目标必须有明确的量化指标”的重要指示精神，中国气象局编制了贯彻落实国务院三号文件的《气象事业发展“十一五”规划》，瞄准20世纪末世界先进水平提出了实现第一阶段总体目标、提升气象整体实力的重点量化指标。从初步评估结果来看，目前基本达到或超过了这些目标和指标的预期要求。

——公共气象服务方面。我国气象灾害造成的损失占GDP的比率为0.75%，在2005年的基础上减少了31.2%，超过了25%的预期目标。我国目前广播节目综合人口覆盖率为96.3%，电视节目综合人口覆盖率为97.2%，两种途径都能实现气象预报警报公众覆盖率达到90%的预期目标，超过美国2005年95%的气象预报警报公众覆盖率，达到世界先进水平。社会公众对气象预报服务的满意度从2006年的74.2%提高到近三年稳定在80%以上的高水平，2010年满意度为83.3%，单年度与预期目标相比略有差距，但在气象防灾减灾难度日益加大的情况下是十分不易的。全国年均人工增雨量为500.6亿立方米，超过年均500亿立方米预期目标；全国年均防雹面积达到49.26万平方公里，超过45万平方公里预期目标9.4个百分点。完成了5公里分辨率的风资源评估。气象为社会主义新农村建设的保障能力明显提高，农业气象服务体系和农村气象灾害防御体系建设稳步推进并取得扎实成效。气象对农业、水利、海洋、交通、航空等行业的专业化、精细化服务得到初步实现。

——气象预报预测方面。我国台风短期预报质量在2005年的基础上提高了9.4%，实现了提高5%～10%的预期目标。其中，台风登陆预报平均时效24小时平均路径误差为107公里，实现了小于120公里的预期目标，比预期目标提高了10.8%，超过了20世纪末美国(130公里)和日本(160公里)的路径误差预报指标；48小时为199公里，实现了小于220公里的预期目标，比预期提高了9.5%，超过了20世纪末美国(226公里)和日本(310公里)的路径误差预报指标；72小时为296公里，实现了小于320公里的预期目标，比预期提高了7.5%，超过了20世纪末美国(359公里)和日本(440公里)的路径误差预报指标。我国暴雨短期预报质量在2005年的基础上提高了45.3%，超过了提高5%～10%的预期目标。全球中期数值天气预报系统北半球可用预报时效达到了7.5天，能够每天为公众提供未来10天天气预报，完成了预期目标。降水短期预报准确率比2005年提高了14.32%，完成了提高5%～10%的预期目标；温度短期预报准确率比2005年提高了9.9%，完成了提高5%～10%的最低预期目标。我国降水短期气候预测准确率近五年总体提高，2010年为68.03％，从单年度看未达预期目标；温度短期气候预测准确率比2005年的79.3％提高了3.53％，完成了提高3％～5％的预期目标。

——综合气象观测方面。五年来，共完成73部新一代天气雷达建设，累计建成164部，超额完成158部的天气雷达近期发展规划建设任务，初步形成了覆盖全国重点地区具有世界先进水平的新一代天气雷达监测网。因设计技术和管理的协调工作，建成39部风廓线雷达，未达到100部的预期目标；建成了覆盖全国85％以上乡镇的33111套自动气象站，比30000个预期目标提高了10.37个百分点。风云二号静止气象卫星、风云三号极轨气象卫星的建设和应用得到进一步加强，静止卫星实现了双星观测和业务化运行，极轨卫星遥感探测仪器实现了从微波到紫外线的全波谱覆盖，部分技术达到世界先进水平。

——科技支撑保障方面。目前，我国高性能计算机峰值计算能力达到每秒47.6万亿次量级浮点运算，与实现每秒百万亿次量级浮点运算的预期目标及气象预报预测业务发展对计算能力的实际要求还有较大差距。自主研发的GRAPES逐步投入业务试运行。台风、暴雨等监测与预测理论、短时临近预报技术、大气成分及其气候效应、人工影响天气、新型雷达探测技术、数值预报等研究取得新进展。奥运会和世博会气象保障、气象卫星应用、人工增雨、梅雨锋暴雨预报、短临预报、台风路径预报、沙尘暴预报、GRAPES数值模式、短期气候预测系统等多项科技创新成果以及一批核心技术和关键技术的突破，带动了气象业务服务深入发展，培养造就了一批高素质气象科技、业务和管理人才队伍。

鉴于《气象事业发展“十一五”规划》的奋斗目标与国务院三号文件确定的第一阶段奋斗目标基本一致，时间节点相同，参考《气象事业发展“十一五”规划》的量化指标完成情况的评估，截至目前，实现第一阶段奋斗目标细化的重点量化指标基本达到或超过了预期要求。具体有16个指标超过预期目标，有2个指标实现预期目标，有2个指标基本达到预期目标，有2个指标未达预期目标。

从评估情况看，国务院三号文件提出的第一阶段奋斗目标已经顺利实现，结构合理、布局适当、功能齐备的综合气象观测系统、气象预报预测系统、公共气象服务系统和科技支撑保障系统已初步建成，气象整体实力和社会影响力显著提高，已经达到20世纪末世界先进水平，某些领域已经达到同期世界先进水平，为努力实现国务院三号文件提出的第二阶段宏伟目标奠定了坚实基础。

三、重点任务实施进展情况

五年来，国务院三号文件确定的加强气象基础保障能力建设、发挥气象综合保障作用、科学合理开发利用气候资源、进一步推进气象工作的法制、体制和机制建设等各项加快气象事业发展的主要任务扎实有效推进，气象事业保持了又好又快发展的良好势头，气象促进经济社会发展和保障人民安康福祉的地位和作用空前提高，为支撑经济社会发展和保障人民生命财产安全作出了巨大贡献。

（一）气象基础保障能力建设取得重大成就

1. 综合气象观测系统跨越式发展

初步建成了地基、空基、天基三位一体的综合气象基本观测业务系统，极大提升了综合气象观测能力。2418个国家气象站布设了自动气象站，建成了24351个区域自动气象站和6342个国家级无人自动气象站，累计完成覆盖全国85%以上乡镇的33111个自动气象站，比30000个预期目标提高了10.37%，实现地面基本气象要素观测自动化和分钟级观测，观测时空密度大大提高；完成73部新一代天气雷达建设，累计建成164部（图1），超额完成158部的天气雷达近期发展规划建设任务，初步形成了覆盖全国重点地区具有世界先进水平的新一代天气雷达监测网，实现了6分钟一次的数据实时传输和拼图联网，对突发性暴雨、台风和大江大河流域强降水等重大灾害性大气的监测和预警能力明显增强；积极推进风廓线雷达建设，初步建成了由39部风廓线雷达组成的业务试验网；建设了433个全球定位系统气象观测站（GPS/MET），实现对水汽连续观测；建设了200套移动观测系统，提升了灾害性天气应急观测能力；建设了100个太阳辐射观测站；完成了全国120个高空气象观测站的装备换代，自动化程度、观测精度和观测资料密度明显提高；成功发射2颗风云二号静止气象卫星和2颗风云三号极轨气象卫星，气象卫星建设和应用得到进一步加强，实现了静止气象卫星“双星观测、在轨备份”的业务格局，极大地扩展了静止气象卫星观测范围和观测频次，实现了极轨气象卫星升级换代和上下午星的组网观测，实现了全球、全天候、多波谱、三维、定量探测，遥感仪器数量由1个增加到11个，部分技术达到世界先进水平。

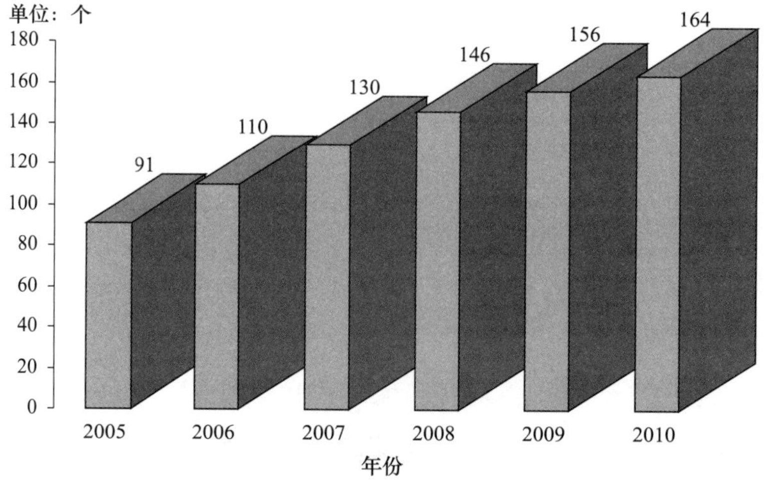

图1　新一代天气雷达数量(2005—2010年)

五年来，在农业、生态、交通、电力、海洋等领域建立了专业化的气象观测系统，专业气象观测功能更加完备，所有观测资料实现了实时汇集和共享。建设了653个农业气象观测站，进一步优化了全国农业气象观测网；建设了1210个土壤墒情观测站，初步形成覆盖全国的自动土壤水分观测网，土壤水分观测时空密度显著提高，提升了干旱与洪涝气象灾害观测能力；建设了18个浮标站，累计建设109个海岛(平台)自动气象站和5个船舶气象观测站，形成初具规模的中国近海海洋气象观测网，实现对近海灾害性天气实时观测；建成了400个风能观测塔、160个强风观测站，开展全国风能资源评估；建成28个大气成分观测站、29个沙尘暴观测站、342个酸雨观测站，完成大气本底站观测系统升级，具备温室气体连续在线观测能力，其观测资料及分析评估初步结果为WMO温室气体公报、第二次气候变化国家评估报告以及专题分析报告等提供了有力支撑。

建成了综合气象观测系统运行监控平台，正式开展国家级、省级气象观测运行监控业务；为国家级和省级气象装备保障中心配备了较高精度的气象检定校准设备；在西部地区建成10个技术保障分中心。综合气象观测系统整体运行状况良好，新一代天气雷达可用性、地面和高空测报质量逐年提升。

2. 气象信息共享平台建设扎实推进

大力加强北京高性能计算机应用中心建设。国家级高性能计算机总运算能力近48万亿次/秒，资料存储系统的磁盘和磁带存储容量分别达到350 TB和

2 PB。国家、省、地、县四级预报服务的计算机系统配置和规模也得到很大提高，达到当今世界先进水平。高性能计算机不仅在气象领域的数值预报、气候变化研究等方面取得明显收益，还为石油、药物、基因研究、力学等多种学科领域单位用户提供服务和技术支持。

大力加强国家气象信息共享平台建设。完成了全国气象宽带网络 MPLS VPN 系统升级，形成了由地面宽带和卫星广播系统组成的跨广域网络、覆盖全国气象部门的气象计算资源管理与共享平台，进一步提升了气象信息传输和共享服务能力。在国家科技基础条件平台专项支持下，建立起气象科学数据共享中心，全面推进了气象科学数据共享工作(图 2)。依托中国气象局权威的气象资料和成熟的业务技术体系，以现有的气象数据资源为基础，汇集国内相关领域和国际数据资源，通过整合集成，标准化和规范化处理，建立了覆盖全国、连通世界的分布式共享数据库和共享服务网络体系，基本形成了气象科学数据共享服务的标准规范体系和工作秩序，为科技创新、经济建设、国防安全和社会公众提供大量的多层次的气象科学数据共享服务，基本实现了为科技教育界等公益性用户提供全面、权威的数据共享服务的目标。建立了自动站观测数据质量控制信息反馈流程，初步实现了区域自动站资料在国家级和省级气象业务中的应用。实现高性能计算机资源集中管理和有效共享。完成了世界气象组织信息系统全球信息系统中心开发及评估，成为世界气象组织首批批准运行的全球信息系统中心。

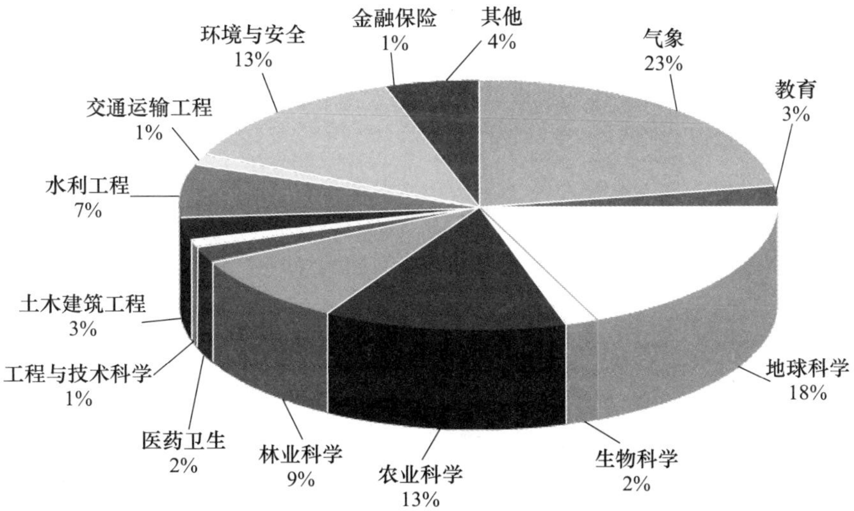

图 2　气象科学数据共享平台核心会员分布图(2009 年 1—12 月)

3. 气象预报预测系统得到完善

初步构建了由全球和区域模式预报系统、集合预报系统、专业数值预报系统组成的较为完整的数值预报体系，建立和完善了有利于数值预报研发和业务运行的有效机制。全球业务数值预报模式由 T213 升级到 T639，模式水平分辨率从 60 公里提高到 30 公里，垂直分辨率提高到了 60 层，可用预报时效已达 6.5 天以上。我国自主开发的新一代多尺度通用资料同化与数值预报系统（GRAPES）初步建成，部分核心成果已具备了业务应用能力；建成了 GRAPES 全球数值天气预报准业务系统，北半球可用时效与业务模式相当；GRAPES 区域数值天气预报系统实现业务运行，水平分辨率已达 15 公里；初步建立了覆盖全国范围的中尺度区域集合预报模式系统；台风、沙尘暴等各项专业模式得到了较快的发展和应用。大力推进各类模式产品的精细化解释应用，开展了精细化气象要素预报和定量降水落区预报业务；初步建立了台风、暴雨、强对流、寒潮、高温、大雾、沙尘暴等灾害性天气实时监测、短时临近和短期预报预警业务。24 小时暴雨预报准确率明显提高，台风 24 和 48 小时路径预报、沙尘暴数值预报水平达到了世界先进水平。

气候监测预测和影响评价业务能力建设快速发展，气候预测准确率稳步提高。极端天气气候事件监测和延伸期预报系统初步建立，旱涝、高温等极端天气气候事件的实时监测诊断工作先后展开。气候模式在短期气候预测中实现了业务化运行，模式产品释用技术已推广应用到省级气候预测业务中。气候系统模式和区域气候模式在气候变化研究中得到应用；2006—2009 年平均汛期降水气候预测准确率为 71.8%，较 1978—2005 年的平均 64.9%提高了 6.9%。我国还是世界上少数几个能够制作气候预测产品的国家之一，全国月气候预测准确率达 66%，与世界先进水平相当。

4. 气象灾害预警应急取得明显进展

认真贯彻执行《气象灾害防御条例》和国务院办公厅下发的《国家气象灾害应急预案》，建立健全了气象灾害应急响应机制。初步建立了应急管理组织体系；编制了《重大气象灾害预警应急预案》《突发气象灾害预警信号发布试行办法》和《国家核应急气象保障预案》；与卫生部联合制定了《非职业性一氧化碳中毒事件应急预案》《高温中暑应急预案》等预案或预警办法。出台了《中国气象局气象灾害应急预案》。实施《国家气象灾害防御规划(2009—2020 年)》,推进省、地、县级地方气象灾害防御规划的编制。全国 31 个省级气象局共制定了各级各类气象灾害预警应急预案 160 余件。完成了历史气象灾害典型个例库和全国台风灾害风险区划。继续推进政策性农业气象灾害保险。

高度重视重大灾害的监测预警,坚持避害与趋利并举,加快建立“政府主导、部门联动、社会参与”的气象灾害防御体系,台风、干旱、暴雨、洪涝、强对流天气等气象灾害应急响应能力和森林草原火灾、地质灾害、安全生产事故等重大突发事件气象保障能力不断提升。五年来,在应对 2006 年“桑美”超强台风、重庆和四川特大干旱,2007 年淮河流域特大洪涝、重庆和济南等大城市局地强降雨,2008 年南方低温雨雪冰冻和汶川特大地震,2009 年春季冬麦区特大干旱和初冬北方大范围暴雪,2010 年西南地区特大干旱、青海玉树特大地震、东北地区特大暴雨、甘肃舟曲特大山洪泥石流等重大灾害中,气象监测预报预警发挥了灾害应急处置的“发令枪”和“消息树”作用,为各级政府和各部门有效组织防灾减灾抗灾赢得了宝贵时间,为减少人员伤亡和经济损失、减轻抗灾救灾的经济成本和社会负担做出了重大贡献。据统计,我国气象灾害造成的经济损失占 GDP 的比例,已从 20 世纪 80 年代的 3%～6%下降到 1%～3%,2009 年又进一步下降到 0.75%(图 3)。因气象灾害造成的死亡人数也明显下降(图 4)。

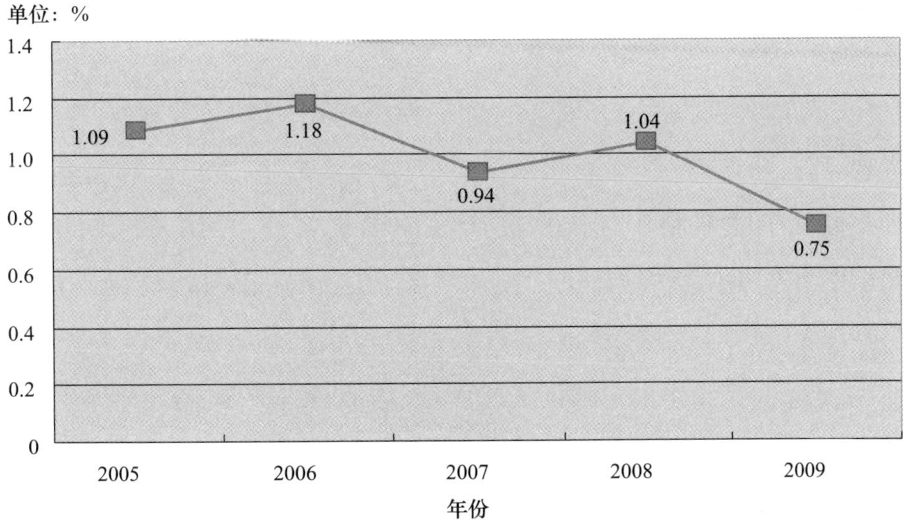

图 3　气象灾害造成的经济损失占 GDP 的比例(2005—2009 年)

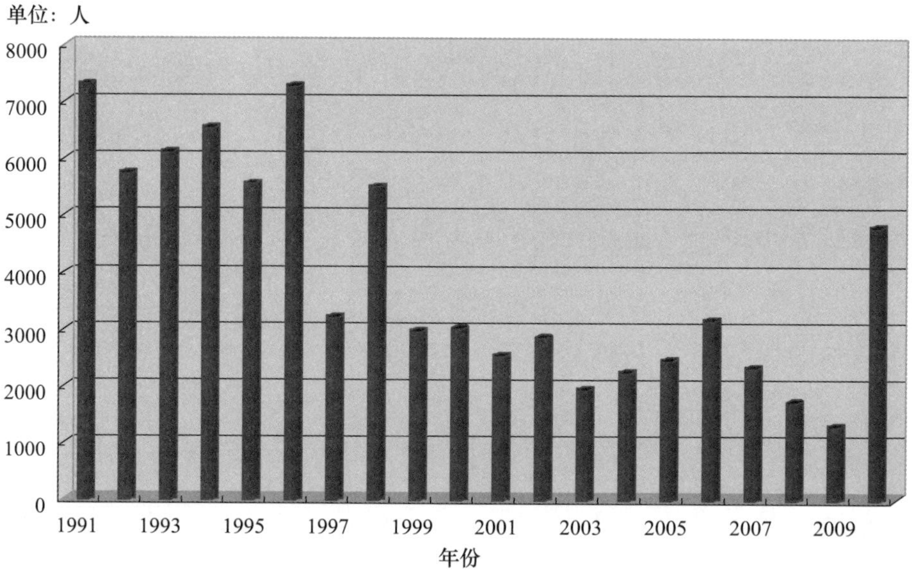

图4　气象灾害造成的死亡人数(1991—2010年)

5. 公共气象服务系统建设取得显著成效

各级地方政府把公共气象服务纳入政府公共服务体系建设，进一步强化了气象公共服务职能。加快推进公共气象服务体系建设，不断改善服务手段、拓宽服务领域、增加服务产品、提高服务质量，不断满足人民群众对气象信息的迫切需求。高度重视和加强面向各行各业、重大活动、重大工程建设的气象服务，先后建立了针对林业、水利、环保、交通、卫生、海洋、国防、安全生产等的专业化服务系统，加强了地质气象灾害、交通安全、高温中暑、一氧化碳中毒、森林草原火险、城市气象灾害等预报服务，并为三峡工程、青藏铁路、载人航天飞行等重大工程建设提供了有力支持，对北京奥运会和残奥会、国庆六十周年、上海世博会等重大活动提供了有力保障。

气象服务信息发布平台不断优化。气象信息传播手段逐步涵盖广播、电视、报纸、固定电话、手机、网络、电子显示屏、警报系统、海洋预警电台等多种途径。全国各地电视天气预报节目达3000多套，成为收视率较高的电视节目。2006年5月，创办了中国气象频道，每天24小时滚动播出气象信息。中国气象频道在全国30个省(区、市)的216个地级以上城市(含地级)落地，18个省(区、市)实现全境数字电视用户基本覆盖，21个省(区、市)实现本地化节目插播。完成了中国天气网南方主站和31个省级站建设，中国天气网最高日访问量超过1200万，在国内服务类网站中保持第一，在全球气象类网站排名第二。建成了一万余个农村气象信息服务站，气象信息员已达 37.5 万人。积极推进覆盖东海、南海、渤海和黄海的浙江舟山、广东茂名和山东石岛三地国家级海洋气象短波广播电台建设。截止到目前，全国接收手机短信气象服务的用户超过 9000 万，每天有 10 亿人次接收气象信息服务。常规气象信息覆盖率达 95%以上。社会公众对气象预报服务的满意率从 2006 年的 74.2%提高到 2009 年的 85.6%，2010 年公众满意度达 83.3%。气象投入产出比达到 1∶50。

(二)气象综合保障能力迈上新台阶

1. 应对气候变化研究取得重要进展

不断强化气候变化科技基础工作。组织国内专家力量研制的中国气候系统模式取得突破性进展，成为 IPCC 第四次评估报告认可的全球 23 个气候系统模式之一。联合多部门建设中国气候观测系统，与科技部等六部门共同颁布《中国气候观测系统实施方案》，加强了温室气体观测和分析，促进了大气、海洋、水文、地质、地震、生态等各领域观测资源、资料和设备的共享。成立中国气象局气候变化中心，强化了应对气候变化基础研究和气候变化影响评估业务。

重视并加强气候规律研究。分析了我国系统气象观测乃至上千年来的多尺度气候变化事实、规律和机理，初步开展了近百年来全球和我国气候变化的自然和人为原因的判别与归因研究并取得进展。建立了近 500 年我国东部历史气候旱涝等级变化数据集，建立了权威的近 50 年中国区域月平均气温和月降水量格点数据集，给出了 1951—2009 年我国陆地表面平均气温上升 1.38 ℃、变暖速率 0.23 ℃/10 年的结论。分析了全球和中国未来 30 年气候要素的变化趋势和变率，初步生成了未来气候变化趋势数据集，发布亚洲地区气候变化预估数据集。

切实加强应对气候变化决策咨询工作。高度重视气候评价和灾害风险评估，加强全球和区域气候变化对粮食安全、经济运行安全、水资源安全、生态安全、环境安全、重点工程建设和运行安全的影响评估，全面开展了全国八个区域气候变化影响评估工作；发挥国家气候变化专家委员会作用，就科学应对气候变化向党中央、国务院提供了一系列决策咨询报告，为制定应对气候变化的内政外交政策、战略、方案提供科学依据。应对气候变化工作体制机制从无到有逐渐建立完善。牵头开展国内 IPCC 组织协调工作，组织国内各相关部门和科研机构共百余人参与 IPCC

第四次、第五次科学评估，其中有28位专家入选第四次评估报告主要作者，44位专家入选第五次评估报告主要作者。广泛参与到国家应对气候变化系列行动中，与科技部、中国科学院联合编制完成了《气候变化国家评估报告》，积极参加我国应对气候变化谈判总体方案、对外口径、对内政策制定，以及《联合国气候变化框架公约》及其《京都议定书》履约谈判和清洁发展机制审核理事会工作。

不断加强应对气候变化宣传和教育培训工作。开展了一系列面向地方党政领导干部和社会公众的专题宣讲，组织了IPCC第四次评估报告的系列宣传，连续七年举办气候变化国际培训班。制作了《应对气候变化——中国在行动》等一系列科普读物和电视专题片，利用电视、网络、报刊、讲座等多种方式宣传应对气候变化。充分利用国际会议、学术活动、交流访问等形式，积极宣传我国政府在应对气候变化方面的努力、成效以及我国的积极态度和原则立场。积极参与《全民科学素质行动计划纲要》实施工作，重点面向农民、未成年人、领导干部和公务员以及城镇劳动者开展气象防灾减灾和应对气候变化科普宣传，组织大学生气象防灾减灾宣传志愿者中国行等各类特色气象科普活动，气象科普"进农村、进学校、进社区、进企业"活动社会效益日益明显，影响不断扩大。

2. 农业气象服务工作得到强化

面向农业增产、农民增收、农村发展需要，着力推进农村公共气象服务体系建设，已建成乡村气象信息服务站1.5万余个、预警喇叭近8万个、气象电子显示屏4.3万余块，气象部门依托自身优势建立农村经济信息网，已覆盖31个省(区、市)的270多个地(市)和1300多个县。制定下发了《现代农业气象业务发展专项规划(2009—2015年)》，初步建立了农业气象灾害监测、预警和评估服务系统以及国家、省、市、县四级布局的农业气象业务服务体系。组织开展了主要农作物病虫害气象等级预报、农业干旱监测预警、重大农业气象灾害调查评估、海洋渔业台风预警、乡镇天气预报等服务，为增强农业抵抗自然风险能力、实现全国粮食连续六年丰收做出了积极贡献。认真开展天气、气候和气候变化对我国粮食生产和粮食安全的影响评估和应对工作。逐步完善了产量预报技术，深入开展主要粮食作物的动态产量预报和全年粮食作物产量预报，以及世界主要产粮国作物产量预报，全年粮食作物产量预报准确率2010年末在97%左右，为国家粮食安全预警、制定农业宏观政策发挥了重要作用。

3. 交通和空间气象保障扎实推进

大力加强交通气象服务。联合交通部门建设交通气象监测网络,提供高速公路、铁路、跨海大桥、内河等交通干线能见度、强降雨、雪、雾、大风、沙尘暴、结冰等的气象监测服务。针对气候特点和气候变化情况,开展了交通运输的气候区划工作。开展了交通气象评估论证和规划,提供铁路公路建设的路线选择气象评估,为交通规划部门科学规划和设计提供依据。开展了台风、海雾、海上大风、风暴潮等海洋气象灾害的预警预报服务,开展了保障远洋运输安全的海洋气象导航服务,开展了海上事故救援、海洋资源综合开发利用等气象保障服务。与WMO合作为上级决策部门和网站提供航空气象服务产品。扎实推进空间气象保障,组建了国家空间天气监测预警中心,开展了空间天气监测预警业务并定期提供服务产品。成功地为神舟飞船和有关部门提供了空间天气分析与评估、故障诊断服务。积极推进风云卫星空间天气监测仪器的布局和研制,建立了山东石岛太阳光球色球望远镜、福建厦门电离层垂测仪、广州电离层闪烁仪等地基空间天气监测站。

4. 城市和公共卫生气象监测工作不断加强

积极推进城市气象灾害监测系统建设。在中心城市及其周边布设了风廓线雷达试验网、32个城市环境气象观测站、2个车载式移动高空气象观测站、27个移动天气雷达、200个移动气象观测站,开展了目的性强、尺度小、动态的气象要素监测。不断加强城市气象灾害信息发布,有效扩大预警信息覆盖面。积极推进公共卫生气象服务,联合卫生部建立了气象条件引发公共卫生安全问题的合作机制,建立了气象环境变化对疾病发生发展影响的业务服务系统,开展了高温中暑气象等级预报服务,开展了环境气象领域相关应用技术方法研究和紫外线强度、空气质量、生活指数等气象预报服务。

(三)科学合理开发利用气候资源蓬勃发展

1. 气候资源普查和规划利用工作扎实推进

积极推进气候资源开发利用工作,加强气候资源的普查,建立了精细化风能资源评估数值模拟系统,积极开展针对性更强、评估精度和分辨率更高的风能太阳能资源监测、评估和区划服务工作,为我国风电发展规划以及风电场的建设和运行奠定了坚实的科技基础。认真组织开展农业气候区划和农业气候资源开发利用,积极围绕保障粮食安全、生态安全和可持续发展,有针对性地开展了气候变化背景下农业生产布局调整、农业气候资源利用、区域农业生产力水平预估等研究与应对服务。围绕国家生态安全和食物安全，开展了生态气象监测评估研究和服务工作。建成了12个农业气象试验站农业生态监测站，开展相应的生态环境质量监测业务，形成了全国陆地植被生态质量气象监测评估技术、草地生态气象监测预测技术、森林生长和NEP(净生态系统生产力)监测评估技术，定期制作发布陆地植被、草地、森林气象服务产品，并开展了太湖蓝藻暴发期、农田土壤质量等特色生态服务，在国家生态恢复和生态安全方面发挥了重要作用。

2. 人工影响天气成效显著

充分发挥"人工影响天气协调会议"制度的作用，加强与相关部门和军队单位的协作，组织编制全国人工影响天气发展规划。与国家发展改革委联合印发《人工影响天气发展规划(2008—2012年)》，10个省制定了专项人工影响天气发展规划，20个省进行了统筹设计，全国人工影响天气工作的管理和指导工作明显加强。正式启动了《全国新增1000亿斤粮食生产能力规划》中气象保障工程的人工增雨(图5)与防雹能力(图6)建设。人工影响天气作业能力不断提高，服务效益不断提升。全国现有人工影响天气高炮6874门、火箭发射架7028台，2557个县(市、区)和新疆兵团团场开展人工影响天气作业，作业目标区面积约500万平方公里，作业装备水平及规模达到世界先进水平。作业领域由单纯的农业抗旱拓展到防灾减灾、增加水库蓄水、改善生态环境、森林草原防火扑火以及重大活动保障等领域。

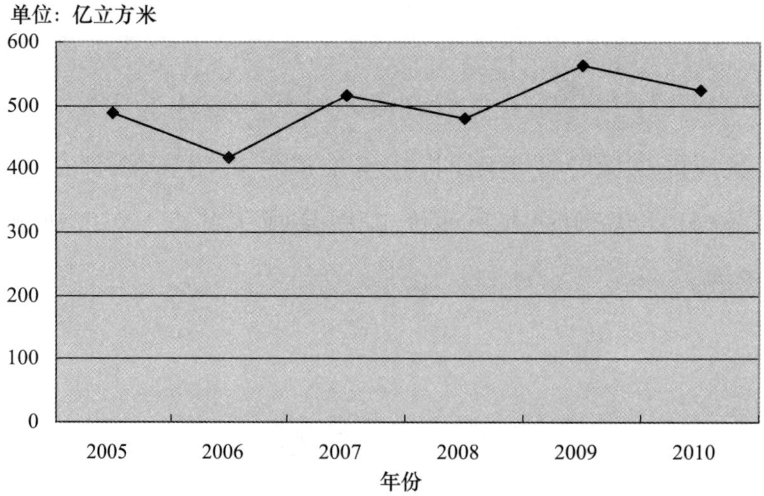

图5 全国人工增雨总量(2005—2010年)

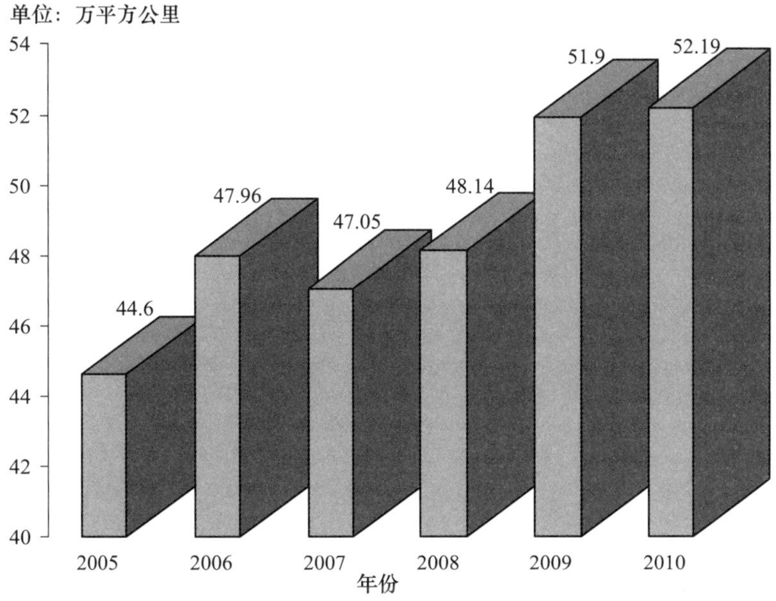

图 6　全国防雹面积(2005—2010 年)

《青海三江源自然保护区生态保护和建设总体规划》的人工增雨工程边建设、边运行、边发挥效益，三江源和祁连山等重要生态保护地区和粮食主产区开展的人工增雨(雪)作业效果明显。在保障 2008 年北京奥运会、残奥会开(闭)幕式工作中，成功地实施了人工消云减雨作业，开创了奥运史上的先河，引起国内外强烈反响。庆祝新中国成立 60 周年人工消云减雨作业取得显著效果，得到党中央、国务院领导同志的高度肯定。

3. 风能、太阳能利用气象服务有效推进

积极开展风能太阳能资源监测、评估、区划和开发服务。建成了由 400 座测风塔组成的国家风能资源专业观测网，扎实推进针对性更强、评估精度和分辨率更高的第四次全国风能资源详查和评价工作，完成了基于 1 年度观测资料的风能资源综合评价和全国 1 公里分辨率长年代(1979—2008 年)风能资源数值模拟，建立了风能资源数据库。详细分析了内蒙古东西部、甘肃酒泉等 7 个千万千瓦级风电基地所在区域的风能资源潜在开发量及其精细化分布，并对可装机容量进行了评估。完成了中国近海风能资源评估和近海风电场开发可行性研究，开展了近海风能资源评估。进行了风电场发电量预报的研究和业务试验。开展了中美风能资源分布的对比分析。利用全国范围内 98 个太阳辐射观测站和 2000 多个气象站日照时数等观测资料，对全国太阳能资源空间分布、时间分布进行了资源等级划分，建立了全国历史辐射数据库。完成了全国太阳能资源宏观评估，建成了吉林乾安、新疆吐鲁番等太阳能观测示范站。积极组织开展太阳能光伏光热发电预报系统研究。启动了基于北京快速更新循环中尺度数值预报系统（BJ-RUC）的风能预报系统建设和太阳能预报技术研发，开展了风电场风电功率预报试点服务。2010 年，为 135 个风电场、太阳能电站提供了选址决策咨询服务。制订了风能资源观测、评估和预报技术标准体系。

4. 气候可行性论证逐步展开

2009 年 1 月 1 日，《气候可行性论证管理办法》正式施行，加强了对气候可行性论证工作机构资质管理，规范了全国气候可行性论证管理工作。到目前为止，全国气象部门已有 32 家机构通过申报和专家评审，获得气候可行性论证工作资格确认书。组织制定了核电厂选址、桥梁建设、输变电线路和城市规划等四个方向气候可行性论证技术指南，完善了气候可行性论证工作的技术规范。2010 年，全国气象部门已在气候资源利用、核电建设、大型交通工程、电力工程和高大建筑工程以及城市规划、区域规划等领域开展了 285 项气候可行性论证工作，避免和减少重要设施遭受重大气象灾害的影响或对城市气候资源造成破坏而导致局部地区气象环境恶化，推进工程项目建设与生态、环境保护相协调。

（四）气象法制、体制、机制建设成效明显

1. 气象法规与标准体系建设不断健全

2007 年，国务院办公厅发布了《关于进一步加强气象灾害防御工作的意见》。2010 年 1 月 20 日，国务院第 98 次常务会议通过了《气象灾害防御条例》，并于 4 月 1 日施行，这是继《人工影响天气管理条例》之后，国务院出台的与《中华人民共和国气象法》相配套的第二部气象行政法规，对于增强气象灾害防御能力，调动全社会力量共同参与气象灾害防御，有效避免、减轻气象灾害造成的损失，保障经济社会发展和人民安全福祉具有重要意义。截至目前，全国已经形成 1 部法律、2 部行政法规、19 部部门规章以及 108 部地方性法规和政府规章组成的气象法规体系。地方性气象法规和地方政府气象规章不断充实，气象行政执法检查监督体系逐步完善，建成了由 11000 多人组成的专兼结合的气象行政执法队伍。气象违法案件的执法力度和气象法律法规宣传普及工作得到加强，全社会气象

法律意识不断提高。气象标准化和行业管理迈出重要步伐,先后颁布实施了气象国家标准 20 项、气象行业标准 121 项,各省(区、市)制定实施了气象地方标准 50 多项。以《中华人民共和国气象法》为主体,气象行政法规、部门规章、地方性气象法规、地方政府规章和其他规范性文件以及标准、规程相配套的气象法律法规体系框架进一步完善,我国气象观测、预报、预警、服务和防雷减灾等工作得到了有效规范。

2. 统筹规划与管理工作得到加强

统筹编制和实施《2011—2020 年我国气象卫星及应用发展规划》《天气雷达近期发展规划(2005—2010 年)》《新一代天气雷达建设增补站点布局方案》等天气雷达、气象卫星、气象监测与灾害预警等重要气象设施和重大气象工程的建设与行业布局规划,切实加强了中央和地方以及其他国家投入的统筹集约,推进了气象事业的集约化发展。编制完成了《中小河流治理和中小水库除险加固、山洪地质灾害防治、易灾地区生态环境综合治理总体规划(气象专题报告)》,制定了 2011 年建设项目实施方案。与国家发展改革委联合印发《国家气象灾害防御规划(2009—2020 年)》。组织编写《青海等四省藏区气象事业发展规划》。首次审批发布《南海海洋气象业务发展专项规划》和《重庆统筹城乡配套发展与改革试验区气象保障工程建设规划》两个区域性发展规划。强化了重大工程建设项目与年度小型建设项目、地方投资建设项目的有效衔接,加强了仪器设备、装备的有效衔接,进一步推进了资源共享和优化配置,切实避免了重复建设,提高了国家资金使用效益。

积极探索建立气象行业管理协调机制。加强西渤海湾长芦盐区盐业、黑龙江农垦与森工和新疆兵团等部门的气象业务合作与交流,探索创新行业台站业务体系统一管理、行业台站人员培训、气象科学研究合作等行业管理体制机制。积极推进海上船舶气象观测信息收集、传输、应用工作,启动了中远集团和中海集团共 65 艘船舶的气象信息收集传输试验工作,努力将各部门自建的气象探测设施纳入国家气象观测网络的总体布局,加强行业统一监督和指导。

3. 气象科技创新不断加快

初步建成了以国家级气象研究机构、省级气象研究机构、国家级和省级气象业务单位、气象实验室以及气象相关高校和科研院所为主体组成的气象科技创新组织体系，在气象科技研发和为气象业务服务提供科技支撑方面发挥了重要作用。随着国家气象科技投入的加大，“一院八所”（中国气象科学研究院、北京城市气象研究所、沈阳大气环境研究所、上海台风所、武汉暴雨研究所、广州热带海洋气象研究所、成都高原气象研究所、兰州干旱气象研究所和乌鲁木齐沙漠气象研究所）和国家重点实验室的科研基础条件实现了系统性、跨越式发展，建成气象综合观测、灾害性天气、大气成分和大气化学、大气物理、农业气象、气候与气候变化等领域的野外科研观测试验基地 16 个、野外科学观测站 10 个、国家野外观测研究站 4 个，国家重点实验室 1 个、部门重点实验室 12 个、省级重点实验室 13 个，联合共建实验室 26 个。

依托国家重大科学研究计划、公益性行业（气象）科研专项和奥运专项等，制定气象科技发展规划和天气、气候、应用气象、综合气象观测等四项研究计划，组织实施了一批重大科研项目，获得各类科技投入超过 12 亿元。开展了我国南方致洪暴雨监测与预测的理论和方法研究、精细数值预报系统及短期气候集合预测研究、我国主要极端天气气候事件及重大气象灾害的监测检测和预测关键技术研究、京津冀城市群高影响天气预报中的关键技术研究、沙尘暴遥感监测与预报集成技术研究等一批 973 计划项目、国家科技支撑计划项目的科学研究。通过强化任务牵引、团队建设、体系布局，各类科技资源效益进一步发挥，四项研究计划开始得到有序落实，为推进科研成果向业务服务能力有效转化发挥了重要作用。随着科研经费的不断投入，台风、暴雨等监测与预测理论，短时临近预报技术、数值预报、气候监测和预测等方面的基础研究和应用研究得到加强，为提高天气预报和气候预测能力提供了科技支撑。自 2006 年以来，共有 5 项气象科技成果获得国家级科技奖励，其中“风云二号气象卫星及地面应用系统”获得国家科技进步一等奖，“中国气象数值预报系统技术创新研究”“人工影响天气关键技术与装备研发”“农业重大气象灾害监测预警与调控技术研究”等获得国家科技进步二等奖，其科研成果在现代气象业务发展中发挥了重要作用。

4. 财政投入力度明显加大

国务院三号文件发布以来，中央财政和地方财政对气象部门的投入有了大幅增长（图 7）。5 年来，中央财政对气象事业共计投入 322.9 亿元，是“十五”期间投入(166亿元)的1.9倍。2010年资金投入量为“十一五”初期的1.8倍,年平均增长率达到15%,高于“十一五”期间我国GDP年均增长率。2006—2009年,各级地方财政对气象部门累计投入达到87.54亿元,较“十五”期间的59.02亿元增加了28.52亿元。气象事业多渠道投入的不断加大,有力地加强了公共气象服务,进一步发挥了气象部门的社会管理职能。中央加大了对重大气象工程的支持,新一代天气雷达信息共享平台建设工程、气象监测与灾害预警工程、风云二号03批卫星工程、气候变化应对决策支持系统工程等项目立项,立项金额达到87.25亿元。国务院三号文件下发以来,共安排小型建设项目5233个,累计投入中央财政资金31.3亿元。其中,安排小型业务建设项目1629个,累计投入7.83亿元;安排基础设施建设项目3604个,累计投入23.47亿元。在规划和项目的推动下,气象现代化建设迈出有力步伐,为气象整体实力的显著提高奠定了良好的基础。

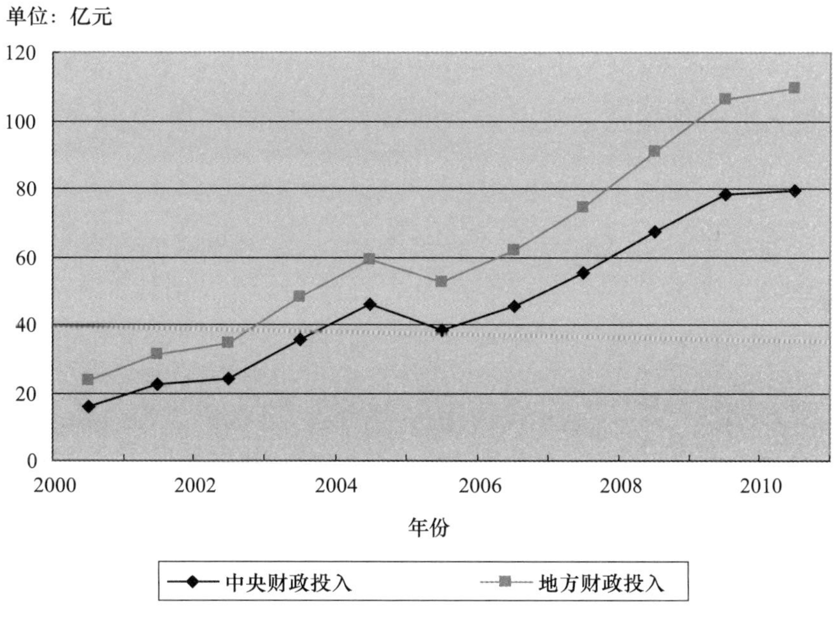

图7　中央和地方财政对气象事业的投入情况(2000—2010年)

国务院三号文件下发以来,中央财政还新增了人工影响天气专项经费、乡村信息员队伍建设专项经费和公益性行业(气象)科研专项经费。累计投入15.2亿元用于基层气象台站基础设施建设,使得基层气象台站的工作生活条件得到进一步改善。其中,投入0.6亿元用于西藏、新疆、青海、甘肃、四川5个省(区)气象部门艰苦台站生活基地试点建设，解决了689户职工的后方安居问题，实现了这些地区艰苦气象台站职工居有定所、老有所归。艰苦气象台站津贴、京外单位离退休人员购房补贴得到落实，促进了基层干部职工队伍的稳定。

5. 国际交流与合作深入推进

积极开展多边、双边科技合作与交流活动。目前，我国已与许多国家和地区及区域性组织开展了气象科技合作和交流。与20个国家签订有双边气象科技合作协议，“十一五”期间，协议合作项目超过400个。此外，我国还与欧洲中期天气预报中心、欧洲气象卫星应用组织等签署合作协议。积极推动北京2008年奥运会天气预报示范项目和研究开发项目（B08FDP/RDP）、上海多灾种早期预警系统示范项目等的国际合作。积极参与《联合国气候变化框架公约》的气候变化谈判工作等重大国际活动。积极举办召开国际会议、多国别考察和国际培训班等，加强了与国外气象部门，特别是发展中国家气象部门的交流与合作。积极推动与欧洲气象卫星应用组织、欧洲中期天气预报中心、国际山地综合开发中心等机构形成长期合作机制。2006年以来，先后派出267人次赴英国、荷兰、美国、加拿大、法国和澳大利亚等国家进行中短期业务和管理培训，为我国气象部门培养造就了一批具有国际视野的科技和管理人才。

国际地位和影响力不断提升。目前，有100多位中国专家在世界气象组织、政府间气候变化专门委员会等国际组织的机构、计划中担任职务。中国气象局被WMO指定为区域气候中心、全球长期预报制作中心、WMO沙尘暴预警咨询和评估系统亚洲/中部太平洋区域中心。始终坚持气象国际交流与合作服务于国家总体外交，服务于我国气象事业发展大局，积极参与世界气象组织、政府间气候变化专门委员会、联合国气候变化框架公约、地球观测组织、台风委员会等国际组织的活动和科学计划。通过世界气象组织自愿合作计划向50多个国家提供包括气象仪器设备在内的多方面援助。

6. 人才队伍建设成效显著

重视和加强气象人才工作。着力创新人才工作体制机制，制定实施了《中国气象局关于加强气象人才体系建设的意见》，初步形成了一支以大气科学为主体，电子、通信、遥感、地理、农林、生态、环境等专业有机融合的气象人才队伍。人才队伍专业结构得到进一步优化，知识层次明显提高，高级专业技术人员由

2006 年的 4852 人增长到 2010 年的 7009 人(图 8),增幅 44.5%。其中,正研级人数由 315 人增长到 455 人,增幅 44.4%;本科以上人数由 2006 年的 17192 人增长到 2010 年的 28817 人(图 9),增幅 67.6%。

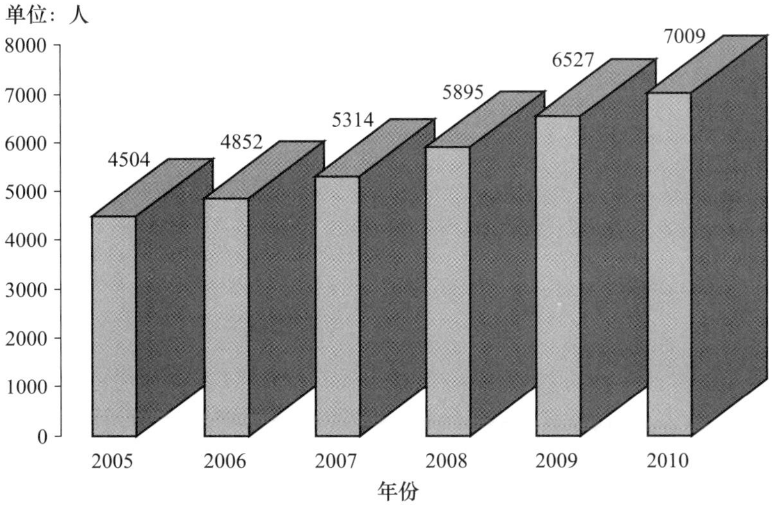

图 8　高级专业技术人员数量(2005—2010 年)

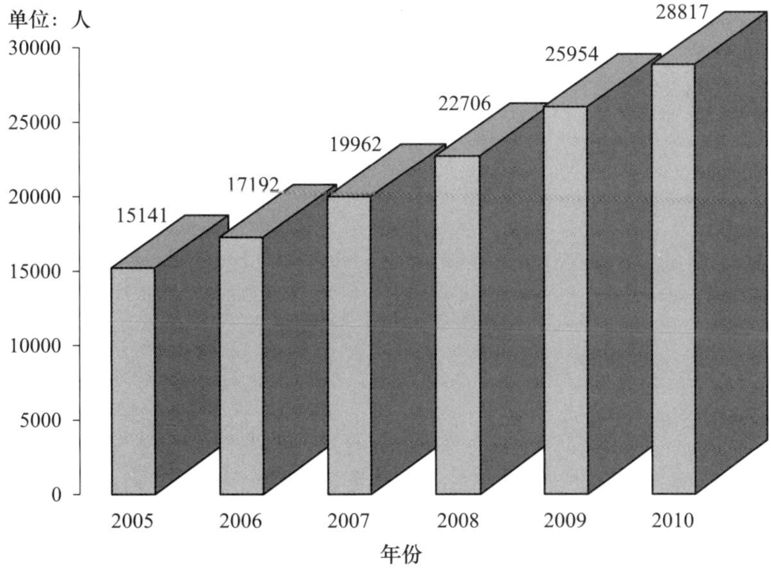

图 9　本科以上人员数量(2005—2010 年)

高层次人才培养引进取得进展。2006 年以来,中国气象局 1 人当选中国工程院院士,4 人入选国家级“新世纪百千万人才工程”,1 人获中国青年科技奖。

自2007年实施“百名首席预报员计划”以来，先后有54人当选中国气象局首席预报员。特聘专家累计已达到20人。国家海外高层次人才引进计划(简称“千人计划”)入选1人。截至目前，气象部门现有“两院”院士8名。有13人入选“百千万人才工程”和“新世纪百千人才工程”国家级人选，28人被确认为中央直接联系专家，515人次享受国务院政府特殊津贴。切实加强气象人才教育培训体系建设，进一步推进培训基础设施、师资力量和各类培训教材建设；完善了教育培训制度，开展了司局级领导干部、省级以上预报员等管理和业务人员全方位、多层次的大规模在职培训。我国气象史上规模最大、持续时间最长、受训人员最多、培训力度最大的气象部门县局长综合素质轮训全面展开。气象教育培训工作在气象人才队伍建设中发挥了十分重要的基础性作用。

四、面临的主要问题和挑战

五年来，全国各级气象部门贯彻落实国务院三号文件取得了显著成效。但是，必须清醒地看到，我国气象事业在获得前所未有的发展和进步的同时，发达国家也在快速发展。当前我国气象整体实力与同期世界先进水平还有一定差距，顺利实现国务院三号文件提出的第二阶段的奋斗目标和主要任务，还面临一些不容忽视的矛盾和问题，不断满足经济社会发展和人民群众安康福祉对公共气象服务的日益增长的新需求也面临诸多严峻挑战。

突出的矛盾和问题主要表现在以下几个方面。

(一)公共气象服务的引领作用还须更加突出

公共气象服务水平与经济社会发展和人民生产生活日益增长的需求不相适应的矛盾将长期存在，公共气象服务引领气象事业发展的作用仍须进一步突出。公共气象服务能力还较为薄弱，专业专项服务水平还不高，服务的针对性、有效性还不强，公共气象服务对预报预测和综合观测引领作用还需进一步发挥。气象灾害防御体系和应急响应机制亟待完善。国务院三号文件提出的发挥气象综合保障作用、科学合理开发利用气候资源的主要任务贯彻执行力度还须进一步加大，特别是气象防灾减灾、应对气候变化、开发利用气候资源能力建设须着力加强。与同期世界先进水平相比，我国在突发气象灾害的预报预警和防御、气象灾害风险管理、专业气象服务、公众对气象信息的认知理解以及气象信息在用户决策中的有效利用等方面还存在一定的差距。

(二)气象预报准确率和精细化水平仍有待提高

天气预报准确率、精细化程度,特别是灾害性天气预报的准确率还须进一步提高。短期气候预测质量还须进一步提升,气候系统模式发展还较为落后,资料再分析系统有待建立,气候系统监测、气候变化预估能力有待提高。对数值预报、气候系统模式和提高预报预测技术的关键技术长期持续的研究支持力度还须进一步加大。预报员较多依赖数值预报产品,队伍整体素质还有待进一步提升,预报员全员轮训的工作任务还很艰巨。与同期世界先进水平相比,我国目前对冰雹、雷暴、突发暴雨、大风等重大气象灾害还缺乏完善的质量评定跟踪考核指标。数值预报与集合预报能力、观测资料的同化及有效利用率尚有一定差距。

(三)综合气象观测系统的稳定性、可靠性和观测资料的有效应用有待进一步提高

综合气象观测系统发展的协调性有待进一步优化,站网布局的科学性有待增强。观测系统标准化和观测质量控制、观测稳定性与可靠性亟待加强。综合气象观测系统软硬件发展不平衡,气象装备的维护保障能力和观测队伍素质有待提高,亟须加大全员培训力度。跨部门的观测系统共享机制未完全建立。与同期世界先进水平相比,我国气象卫星在观测精度、时间分辨率和大气垂直探测能力方面仍有差距,尚不具备大气温室气体探测能力;还没有专用的气象探测飞机,AMDAR 资料的应用建设方面亦有待加强;云、能见度、天气现象、固态降水等还未实现自动化观测;双偏振雷达和快速扫描多普勒雷达发展的差距依然较大。

(四)科技和人才支撑保障能力仍须着力加强

气象科技自主创新能力不足。气象科技资源配置有待进一步优化。气象科技评价机制不适应气象业务能力提升的要求,成果的业务转化率较低。高技术探测设备及关键传感器的自主研发能力不足。气象业务的灾难备份系统尚未建立。高水平科技创新团队和高层次领军人才缺乏。人才分类考核评价体系和激励机制措施不够完善,有利于事业发展和人才成长的政策环境和机制措施亟待健全。与世界先进水平相比,我国的数值预报、资料同化、高端观测仪器等方面

的核心技术自主研发能力差距还较为明显。尽管气象和大气科学SCI论文发表数年增长率远远高于世界主要国家和世界均值，如2008年SCI论文总量达796篇，世界排名第四，但是论文被引用情况低于世界平均值。

实现国务院三号文件提出的第二阶段的奋斗目标，推进气象现代化体系建设，提高气象整体实力，除面临上述主要矛盾和突出问题外，在不断满足经济社会发展和人民群众安康福祉的迫切需求，特别是气象防灾减灾和应对气候变化方面面临的新挑战、新压力明显加大。主要表现在以下几个方面。

一是要求和期望越来越高的压力明显加大。随着经济发展和社会进步，以人为本、关注民生，科学发展、和谐发展的理念日益深入人心，广大人民群众和社会各界对气象防灾减灾和应对气候变化的要求越来越高，殷切期望越来越大。这既是气象事业发展的良好机遇，更是一种实实在在的压力。

二是保障安全的压力明显加大。全球气候变化背景下频繁发生的极端气象灾害和衍生气象灾害，对民族生存、国家发展、现代经济社会造成的损失和巨大破坏力越来越严重，时刻威胁人民群众的安康福祉，直接影响经济社会的发展。2010年，西南地区遭遇的特大干旱、广东特大暴雨引发的城市巨大灾害、甘肃舟曲的山洪泥石流灾害所造成的巨大破坏力，充分反映出全球气候变暖背景下极端气象灾害复杂多变、难预难防的严峻挑战，反映出保障公众生命财产安全、减轻社会危害和经济损失面临的严峻挑战。

三是提高防御应对能力的压力明显加大。防范应对气候变化背景下频繁发生的重大气象灾害，离不开气象监测预报的准确性、灾害预警的时效性、气象服务的主动性、防范应对的科学性。提高气象灾害预报预测准确率和精细化、建立健全气象防灾减灾体系、完善气象灾害应急防御机制、增强全社会预防和处置气象灾害的能力，任重而道远。提高可持续发展、生态环境安全、水资源安全、能源安全等方面所面临的前所未有的气候变化应对能力，任重而道远。

四是应对气候变化全球治理的压力明显加大。气候变化的全球治理，承担温室气体减排责任、资金提供和技术转让等焦点问题的全球博弈和激烈斗争，归根到底是发展问题，是国家安全问题。维护我国发展的根本利益，增强气象在气候变化全球治理问题上的主导权和话语权，发挥气象在支撑国际谈判中的基础性作用，是我们面临的严峻挑战。

这些情况表明，主要问题和差距交织在一起，短期面临的挑战和长期面临的压力叠加在一起，将使我国气象事业发展面临的形势异常复杂严峻。气象事业发展中的突出问题如得不到有效应对和妥善解决，气象现代化体系中的某些关键领域与世界先进水平之间的差距如果得不到缩小甚至存在拉大距离的潜在风险，势必会对全面实现国务院三号文件提出的第二阶段奋斗目标和主要任务构成新的严峻考验。

五、进一步贯彻实施的主要建议

中国气象事业已向国务院三号文件提出的第二阶段宏伟目标阔步前进。为进一步推进国务院三号文件顺利实施，确保完成到 2020 年的各项第二阶段奋斗目标和主要战略任务，关键在围绕解决国务院三号文件实施中的突出问题，变压力为动力，化挑战为机遇，立足当前，着眼长远，认真落实党的十七届五中全会精神和中央领导同志重要指示精神，以科学发展为主题，以转变气象事业发展方式为主线，科学制定贯彻实施国务院三号文件的第二个五年规划——“十二五”规划，大力实施重大工程，切实加强能力建设，有力保持气象事业又好又快的发展。为此，应着力在以下方面做好工作。

（一）面向经济社会发展需求，着力发挥气象综合保障作用

未来 5 到 10 年，要不断满足经济社会发展和保障人民安康福祉的迫切需求，解决好公共气象服务供需日益突出的矛盾和问题，必须把大力提高公共气象服务的能力作为首先要任务。要切实加强气象防灾减灾能力建设，继续完善“政府主导、部门联动、社会参与”的气象灾害防御体系，着力提升灾害性天气的预报准确率和预警时效，加强气象灾害预报预警信息发布能力建设，积极开展气象灾害风险评估，大力推进气象灾害防御从气象灾害危机管理向风险管理改变，建立完善农业气象服务体系和农村气象灾害防御体系，加强人工影响天气工作，加强气象防灾减灾知识普及，提高全社会气象防灾减灾意识。要切实加强应对气候变化能力建设，加强适应气候变化特别是应对极端气候事件能力建设，着力加强气候变化基础研究，努力探索和掌握气候规律，深入开展全球和区域气候变化的影响评估，为国家适应和减缓气候变化决策、应对气候变化国际谈判提供气象科技支撑。要切实加强开发利用气候资源能力建设，认真做好气候资源的普查和可

利用资源的评估，大力开发和推广光、热、水、风等气候资源开发利用技术，认真做好风能、太阳能开发利用的气象服务，大力推进气候可行性论证工作，确保重大工程项目建设与生态、环境保护相协调。

（二）以提高预报预测能力为核心，着力发展现代气象业务

提高防灾减灾能力、应对气候变化能力和开发利用气候资源能力，必须大力推进现代气象业务体系建设，切实提高现代气象业务水平。要以公共气象服务业务为引领，加快建立科技含量高、专业化水平强的公共气象服务业务系统，不断优化气象服务信息发布平台，加强气象服务力度，拓展气象服务广度和深度。要以提高预报预测准确率为核心，加快推进无缝隙、精细化、专业化的气象预报预测系统建设，加强数值预报技术研究，重点发展数值预报模式和资料同化等核心技术，注重加强各类灾害性天气的预报预警服务，为公共服务提供强有力的支撑。要以综合气象观测为基础，加快构建地基、空基、天基观测有机结合、布局合理、运行稳定、保障有力的综合气象观测系统，重点加强自动气象站、雷达、卫星等现代化观测手段的建设，加强装备保障和信息网络建设，注重提高综合观测系统的稳定性、可靠性。着力加强观测资料的对比分析、误差分析和综合应用，挖掘观测资料的应用潜力，提升观测资料的管理水平和应用效果，使其能在防灾减灾、应对气候变化和开发利用气候资源中发挥更大作用。

（三）加强气象科技创新体系和人才队伍建设，着力增强对气象事业发展的支撑保障能力

加快发展现代气象业务，必须着力加强气象科技创新体系和人才队伍建设。要切实加强气象科技创新体系建设，坚持“自主创新、重点跨越、支撑发展、引领未来”的指导方针，着力加强气象科技自主创新和原始创新，实现气象防灾减灾、气象服务、预测预报、综合气象观测、应对气候变化、农业气象和开发利用气候资源等领域的科学技术新突破。加强气象开放实验室、科研机构基础设施、野外科学试验基地、气象科技基础条件平台等科技设施建设。加强气象科技创新团队建设。建立适应气象业务能力要求的气象科技成果评价体系，完善科技成果转化机制，确保研发成果有效转化，为现代气象业务发展提供有力的科技支撑。要大力推进气象人才体系建设，坚持优先发展、保障发展的气象人才工作方针，着力加强高层次领军人才、气象业务和科研重点领域专门人才、基层气象人才队伍

建设，着力培养和造就一批优秀年轻人才。切实加强各级领导班子建设，不断造就高素质领导人才队伍。大力加强气象培训体系建设，全面实施“强基工程”，不断提升人才队伍的整体素质。加快建立和完善有利于人才工作的体制机制，不断优化人才发展环境，充分调动各类人才的积极性，提高各类人才的贡献率，为气象现代化建设提供强有力的人才保障。

（四）加快转变气象事业发展方式，着力完善气象事业科学发展的体制机制

推进国务院三号文件的贯彻落实，必须切实更新发展理念、转变发展方式、完善发展机制，确保发展的体制机制更加完善、发展的环境更加优化、发展的条件更加优越。要以科学发展为主题，加快转变气象事业发展方式为主线，继续深化气象业务技术体制改革，统筹现代气象业务体系、气象科技创新体系、气象人才体系协调发展，统筹公共气象服务业务、预报预测业务、综合气象观测业务协调发展，统筹区域气象事业协调发展，更加注重发展的质量和效益。要切实把公共气象服务纳入政府公共服务体系建设的范畴，进一步强化公共服务职能，大力发展基本公共气象服务，积极探索推进非基本公共气象服务社会化、市场化，调动全社会参与气象服务的积极性，满足群众多样化的气象服务需求。要依法履行气象社会管理职能，着力加强气象法律法规和标准体系建设，提高全社会的气象法律意识，提升气象工作的标准化、规范化和科学管理水平。要切实加强中国气象事业发展战略研究，加强气象现代化定量指标体系研究，强化定量指标的研究和年度跟踪评估。要全面提高开放合作的水平，继续加强与各级党委政府和各有关部门的沟通联系，加强气象国际合作与交流，充分利用国际资源和社会资源提升气象综合实力。要切实加强各部门党的建设和反腐倡廉建设，推进反腐倡廉制度创新，严格执行党风廉政建设责任制。要充分发挥气象文化推动气象事业发展的功能，建设和谐文化，推进文化创新，弘扬文化主旋律，增强文化发展活力，提升文化软实力，增强气象事业发展的凝聚力和战斗力。

紧扣城市发展战略定位
建设具有首都特色的气象现代化体系

北京市气象局

一、总体评价

北京市气象局按照《国务院关于加快气象事业发展的若干意见》(国发〔2006〕3号)要求,牢固树立新发展理念,圆满完成“十一五”“十二五”“十三五”规划既定任务,气象监测预报预警、公共气象服务、气象科技创新和人才及气象管理体系现代化建设得到显著提升,为北京“四个中心”(政治中心、文化中心、国际交往中心、科技创新中心)建设和“四个服务”(为中央党、政、军领导机关的工作服务,为国家的国际交往服务,为科技和教育发展服务,为改善人民群众生活服务)功能发挥提供有力支撑。到2020年,北京城区气温、风、降水实况产品分辨率达1公里,构建了无缝隙0～72小时睿图-短期数值预报模式体系,0～24小时晴雨预报准确率92%,暴雨、雷电等突发气象灾害预警提前量达83分钟,气象信息决策支撑认可度和公众气象服务满意度分别达100%、91%。

二、实施情况

1. 加强气象基础保障能力建设。建成立体化高密度全覆盖监测网。在京冀交界山区、城市副中心等关键区域新增自动气象观测站289个,全市自动站平均间距6.2千米,乡镇覆盖率100%。初步构建以延庆赛区为中心的冬奥复杂地形下超精细靶向综合立体观测网,完成14部观测设备建设和赛道及周边53个自动气象站的建设。构建“云+端”的气象现代化业务服务新模式。新建的4A级绿色机房投入运行,存储资源新增近5 P,高性能计算能力达2 P,为数值预报模式等运行研发提供基本计算资源。建立0～240小时1公里分辨率智能网格预报业务体系。北京地区智能网格分析预报平台(iGrAPS)投入运行,开展每日“7+N”次主客观融合预报。发展了“睿图”数值预报模式体系,提供0～24小时1公里分辨率、10分钟更新的客观分析和预报产品,模式对汛期中雨以上降水预报TS评分比“十二五”时期末提高5个百分点。建立气象灾害预警应急体系。编制《北京市气象保障应急预案》,建立与防汛抗旱、空气重污染、道路交通安全、突发事件应急救助、电力事故、森林防火等10余个专项指挥部的应急联动机制。健全公共气象服务体系。强化防汛、交通、能源、旅游、医疗救援等专项领域气象服务预报技术和风险预警技术研究,行业气象服务满意度达95%。“气象北京”微博入选全国十大气象微博和北京十大政务机构微博,公众气象服务满意度突破90%。

2. 发挥气象综合保障作用。建立以高分卫星为基础的城市生态遥感业务。综合评估城市热环境、水体和植被等状况,为政府部门开展“留白增绿”工作提供支撑,生态遥感监测报告等材料多次被中共中央办公厅采用。强化农业气象服务。联合农业、园林部门完成8种特色农产品气候品质评价指标开发,完成20余家生产经营主体的认证,认证结果纳入北京市农产品溯源系统。做好交通气象保障。建立移动端铁路气象服务系统,实现华北铁路沿线基于位置的可视化预报产品和气象灾害风险预警的实时发布。开展能源供应和热电气联调联供“全链条”保障服务。针对燃气、热力、电力部门服务需求,研发0～15天中短期精细化(逐时、逐3小时、逐6小时、逐日)预报产品,根据燃气运输保障需要,提供曹妃甸大风、海浪精细化预报。联合园林绿化局、同仁医院等开展杨柳飞絮和花粉浓度预报。

3. 科学合理开发利用气候资源。做好气候资源普查和规划利用工作。完成北京市发展改革委课题“风能建设重大项目规划储备研究”,为风电开发规划的编制及风电开发企业选址提供支撑。建立“1+3+1”野外综合科学试验平台。建成以北京人影综合科学试验基地为主体,配套国际一流装备的云降水空地一体化观测系统和云降水物理室内综合实验室。气候适应性规划融入首都城市发展。北京中心城区通风廊道规划成果纳入《北京城市总体规划》,并推广应用到雄安新区、广州等国内近20个地区的规划建设。

4. 推进气象工作的法制、体制和机制建设。健全气象法规与标准体系。出台《北京市气象灾害防御条例》，完善北京市气象标准体系建设，编制完成14项行业标准、13项地方标准，形成3个维度、6个子体系、17个分支体系的气象灾害防御标准体系结构，为北京特大城市气象灾害的防御和应对提供技术支撑。加强统筹规划与管理。编制印发北京市"十二五"和"十三五"时期气象事业发展规划。按照首善标准，组织编制《北京市"十四五"时期气象事业发展规划》，在重点任务中新增高标准服务应用场景、高质量实施专项行动。加快气象科技创新。组建北京城市气象研究院，发展城市气象精细预报、环境气象、城市气候、云物理等优势学科。"十三五"期间科技项目经费、数量、科技产出相比"十二五"实现翻番增长，累计科研经费投入逾2.6亿元，承担省部级以上科研项目300余项，SCI等高水平研究论文发表数量在省级气象部门名列前茅。加大财政投入力度。2010—2020年，共安排8个重大工程，涉及资金8亿多元。地方中央财政支撑匹配率、政府财政支撑满足率和地方现代化项目经费到位率均实现100%。加强气象国际交流与合作。2016—2020年，国外专家来访、科研人员出国交流年均64人次，与美国、英国等国家的大学、研究机构联合实施"京津冀城市群强降水及雾霾观测试验"(SURF)国际科技合作项目，成果国际影响力凸显。抓好气象人才队伍建设。在全国气象部门人才工作评估结果中，连续多年名列前茅。2人入选中国气象局"双百"特聘专家，4人入选北京市海聚工程，1人入选青年北京学者。

三、工作举措

1. 强化顶层设计。中国气象局和北京市政府部市合作共同推进北京气象现代化建设，建立部市合作联席会议制度。北京市政府印发《关于进一步推进首都气象事业发展率先实现气象现代化的意见》《加快推进气象现代化建设工作方案》等政策性文件，明确气象现代化工作思路、任务和保障措施。

2. 完善配套措施。北京市有关部门联合气象部门印发《关于加强气象领域科技合作机制的通知》等专项文件，支持现代化基础设施、科技创新等工作。市政府将气象现代化重点任务列入各级政府折子工程（指由市主管副市长分工负责，相关委、办、局及承办单位协调配合的重要工程项目）督办，分管副市长多次召开专题会议协调推进。市气象局成立落实国务院三号文件工作领导小组和专门机构，加强组织领导、统筹谋划和系统推进，开展现代化动态监测评估。

3. 聚焦核心业务。提升气象核心业务能力创新，提高灾害性天气精准预报和城市气象科技支撑能力，提升极端天气风险防范应对和重大国事活动服务保障能力，增强“融入式”数智化城市服务保障能力，筑牢首都气象防灾减灾第一道防线。

四、发展建议

气象事业发展虽取得长足进步，但面对新形势、新机遇、新挑战，仍存在一些亟待解决的突出问题。一是气象监测预报预警能力仍是发展短板，预报预警准确性和时效性与首都城市发展要求存在较大差距。二是科技人才驱动发展力度不够。核心业务的科技支撑能力不足，激发科研业务人员创新活力、围绕业务难题开展科技攻关的政策机制和环境氛围仍显不足。三是气象服务供给仍不能满足城市发展需求。大数据分析、人工智能等新技术应用尚处于起步阶段，气象服务智慧化水平与首都重大活动常态化保障、社会公众不断增长的个性化需求仍有较大差距。

下一步，坚持以习近平新时代中国特色社会主义思想为指导，贯彻新发展理念、构建新发展格局，召开第四届市部合作联席会议，巩固市部合作推进首都气象事业高质量发展机制。印发实施《北京市“十四五”时期气象事业发展规划》，建设符合北京城市战略定位的现代气象服务体系，服务北京“四个中心”建设的支撑作用更加凸显。

（执笔人：季崇萍　温煦）

全面提升气象现代化水平
智慧气象助力天津城市经济社会发展

天津市气象局

一、总体评价

2006年以来，在中国气象局和天津市委市政府正确领导下，基本建成适应需求、结构完善、功能先进、保障有力，以智慧气象为重要标志的现代气象业务、服务、科技创新、治理体系，整体实力大幅提升，气象科技、业务和服务达到国内领先水平。到2020年，初步建成海陆空“三位一体”综合气象观测网。建成从零时刻到月季年无缝隙、精准化、智慧型气象监测预报预警业务体系，在全国首批实现1公里格点预报。大数据、人工智能等新技术应用水平明显提升，区域海-气耦合模式业务运行。强对流预警提前量超过46分钟，晴雨预报准确率位居全国前列。初步构建“云+端”新型气象业务体制。全市10个涉农区全部完成基层气象防灾减灾“六个一”体系建设(收集基层防灾减灾数据“一本账”、绘制气象防灾减灾“一张图”、制定气象防灾减灾业务流程规范“一把尺”、充实气象防灾减灾“一队伍”、完善防灾减灾预警信息发布和传播“一张网”、拓展气象防灾减灾业务支撑“一平台”)。预警信息发布网络基本实现城乡覆盖。

二、实施情况

1. 加强气象基础保障能力建设。加快综合气象观测系统建设。全市自动气象站间距6.2千米，乡镇覆盖率100%。建成19个海洋平台自动气象站，5套大气负氧离子站。启动滨海天气雷达建设，5部风廓线雷达组网观测。32项观测项目实现自动化，基本要素实现分钟级传输。气象观测质量管理体系通过ISO

9001 认证。推进气象信息共享平台建设。建成气象信息基础设施资源池和气象大数据云平台，CPU 计算能力超 8000 核，存储能力超 3 PB，支撑市-区两级业务。基于“天河一号”的高性能计算能力达 48 TFlops。局域网实现万兆骨干、千兆接入，互联网出口带宽达 450 Mbps。业务化数据质控率达到 100%。与水利、应急等部门实现数据交换共享。信息安全防护能力不断提升。完善气象预报预测系统。建成天津一体化气象业务平台（TIPTOP）。实现 0～2 小时 10 分钟间隔突发灾害性天气落区预报。建成 0～72 小时 1 小时间隔、空间分辨率 1 公里，4～10 天 3 小时间隔、空间分辨率 5 公里，10～30 天逐日间隔、空间分辨率 10 公里的天气、海洋智能网格预报产品和检验体系。建立气象灾害预警应急体系。气象防灾减灾体系日趋完善，市-区-乡镇（街道）气象灾害防御组织体系和预案体系不断健全。气象防灾减灾救灾工作纳入街道、乡镇党政职责清单。全市 47 个乡镇获评全国标准化气象灾害防御乡（镇）。健全公共气象服务体系。积极推动各级政府落实气象灾害防御职责清单。提升自有渠道气象服务产品发布覆盖能力。成立市-区两级突发事件预警发布中心，预警信息发布网络基本实现城乡覆盖。

2. 发挥气象综合保障作用。积极开展应对气候变化研究。开展极端事件与城市（群）相互作用机理研究。开展城市热岛监测评估业务。自主研发暴雨洪涝仿真模型。开展针对“双城”绿色生态屏障规划建设的气候效应等精细化评估。强化农业气象服务工作。面向新型农业经营主体开展“直通式”服务。推动中国气象局—农业农村部都市农业气象服务中心高质量发展，打造“天知稻”品牌。做好交通和空间气象保障。建成 16 套交通气象站、高速公路气象信息服务系统。开展事企合作，共建天津港航气象服务中心，服务“海洋强国”国家战略、“一带一路”倡议和智慧港口建设。加强城市和公共卫生气象监测。组建环境气象中心，建立环境气象业务。探索“气象＋健康医疗＋服务”新模式，发布脑卒中健康气象预警产品，社会效益显著。

3. 科学合理开发利用气候资源。做好气候资源的普查和规划利用工作。针对葡萄、强筋小麦等特色作物以及设施农业完成了农业气候资源区划。开展沙窝萝卜、“小兔拔拔”萝卜等特色农产品气候品质评估服务。加强人工影响天气工作。颁布实施《天津市人工影响天气管理条例》，建立以分管市领导为总召集人的人工影响天气协调会议制度。升级人工影响天气业务基础设施平台，建成云水资源综合监测系统。人工影响天气年均增加降水2.5亿立方米。做好风能、太阳能开发利用的气象服务。完成天津市风能资源详查和评估工作，建立风能太阳能评估业务系统。建设2个太阳能辐射观测站，太阳能观测结果在地方气象服务中发挥重要作用。开展气候可行性论证工作。开展海绵城市建设示范区热岛监测评估业务。开展中新生态城住宅小区微气候环境数值模拟评估服务。蓟州区积极创建"中国天然氧吧"。

4. 推进气象工作的法制、体制和机制建设。健全气象法规与标准体系。颁布实施《天津市气象灾害防御条例》(2012年)、《天津市人工影响天气管理条例》(2017年)等地方性法规、规范性文件，发布《人工影响天气固定作业站点建设规范》等11个地方标准。加强统筹规划与管理。通过简政放权，提升服务，优化资源配置，理顺工作机制，气象工作综合管理能力和水平明显提升，行政审批制度、业务技术体制、服务体制、防雷减灾体制改革等各项重大改革稳步推进。加快气象科技创新。建成天津市海洋气象重点实验室、中国气象局—南开大学大气环境与健康研究联合实验室和天津市健康气象交叉创新中心，与天津大学联合建立环渤海滨海地球关键带野外科学观测研究站。承担省部级及以上科研项目100余项，获省部级科技进步奖8项。加大财政投入力度。中央和地方财政累计安排预算24.43亿元用于支持天津气象事业发展，其中中央财政14.17亿元，地方财政10.26亿元。"十三五"期间财政投入较"十一五"增长2.41倍。加强气象国际交流与合作。与韩国大田地方气象厅建立长期双边科技合作，与新加坡、西班牙、德国、意大利、希腊等国家相关单位合作，联合承担科技项目2项。依托中国气象局气象科技骨干海外人才培养项目培养高层次人才。抓好气象人才队伍建设。大力实施人才强局战略，形成不同层次、满足不同需求的气象人才梯队。职工中博士学历人员占比达12%。高级职称155人。4人入选中国气象局首席气象专家，3人入选中国气象局青年气象英才。多人纳入天津市人才计划。

三、工作举措

1. 坚持党的领导。全面贯彻落实党把方向、谋大局、定政策、促改革的要求，确保党中央决策部署和天津市委市政府及中国气象局党组工作要求在天津气象部门有效落实，为实现气象高质量发展提供根本保障。

2. 强化顶层设计。将气象现代化建设纳入气象事业发展规划、市部合作协议。依托"气象为农服务系统工程""突发事件预警信息发布系统""智慧气象建设工程"等重点项目建设，提升业务能力。

3. 加快科技创新。积极争取高水平科研项目支持，加强重点领域关键技术研究，加大科研成果转化应用力度，加强科技创新平台和科技创新团队建设，联合国内外高校、科研机构，积极开展协作创新。

4. 抓好高位推动。2006 年，天津市人民政府印发《关于加快天津气象事业发展的实施意见》（津政发〔2006〕84 号）。2014 年，天津市人民政府办公厅印发《关于加快推进气象现代化的意见》（津政办发〔2014〕77 号）。同年，中国气象局和天津市政府召开第一届部市合作联席会议，明确到 2017 年天津基本实现气象现代化。2020 年，中国气象局和天津市政府召开第二届部市合作联席会议，天津市人民政府办公厅印发《关于推进更高水平气象现代化助力天津高质量发展的意见》（津政办发〔2020〕25 号）。

四、发展建议

当前，天津气象事业还存在一些短板和弱项：一是气象观测信息化、智能化、社会化水平不足，海洋监测能力不足；二是气象监测预报预警能力还不能完全满足防灾减灾救灾需求；三是气象科技创新和高层次人才培养亟待加强。下一步天津市气象部门将重点抓好以下工作：一是进一步健全事业发展机制，推进部门内外的开放合作，强化规划引领项目带动；二是加强气象科技创新，持续推进研究型业务建设，提高智能网格预报水平；三是优化人才发展环境，分层分类推动高层次人才和青年骨干人才培养。

（执笔人：赵玉洁　胡潮）

多部门协同联动促趋利避害
谱写河北气象现代化新篇章

河北省气象局

一、总体评价

2006年以来，河北省气象局认真贯彻落实国务院《关于加快气象事业发展的若干意见》(国发〔2006〕3号)文件精神，在中国气象局和河北省委省政府正确领导下，大力推进气象现代化决策部署，聚焦国家重大战略、重大活动，落实中国气象局、河北省委省政府重大工作部署，全面推进气象业务技术体制改革和气象现代化建设，气象保障河北经济社会发展的能力和效益显著提升。

以保障核心业务能力提升为强基之本，监测预报预警更加精准智能。构建多部门共享的8995个气象观测站组网监测体系，乡镇覆盖率达100%。建成现代气象预报预测系统，0～72小时格点预报分辨率达逐1小时、1公里。建成集约化的统一基础数据环境，高性能计算集群运算能力达160万亿次/秒，省级大数据资源池提供产品近300种。

以保障防灾减灾能力提升为核心需求，灾害防御体系更加精密高效。构建了严密、高效的气象灾害防御体系，气象灾害年均直接经济损失占GDP的比重降至0.8%以下。河北省气象灾害防御决策支撑平台实现了省市县三级应用，气象灾害防御基础数据库达36类116种40万余条。预警信息公众覆盖率达90%，发布量较“十二五”时期末提升了42倍。

以保障国家重大战略实施为第一要务，服务协同发展更加精细到位。省政府和中国气象局联合印发实施《河北雄安新区智慧气象发展规划(2020—2035

年）》，通风廊道等系列专题研究成果服务新区科学规划设计，智能气象观测大数据系统、雄安新区国家气候观象台等建设陆续实施。主动服务冬奥会国际盛事，冬奥雪务气象保障系统建设项目全部完成，初步实现冬奥赛场“百米、分钟级”气象预报服务能力。

以推动气象事业高质量发展为重要抓手，气象内生动力和发展环境明显改善。省级批复成立3个地编机构，防雷减灾、气象“放管服”等重要领域和关键环节的改革取得决定性成果，10余项与民生关系密切的审批和服务事项“瘦身”提速。人才队伍结构持续优化，正高工由“十一五”时期末的12人增至40人，副高工由221人增至350人，省级人才工程人选达到97人。省科技进步奖由“十一五”时期末的13项增至35项。

二、实施情况

1. 加强气象基础保障能力建设。初步构建立体精密的气象观测系统。全省142个国家级台站实现观测自动化。建成常规气象观测站3129个，乡镇覆盖率达到100%。建设专业气象观测站331个、各类雷达23部。完成张家口冬奥赛区36套核心站和风廓线雷达、微波辐射计、云雷达建设。京冀协同完成10个环首都县2部X波段天气雷达和180个自动气象站建设。强化灾害易发山区观测站网和预警发布能力建设，88.8%的观测站实现资料分钟级传输。综合气象观测业务通过ISO 9001质量管理体系认证。推进气象信息共享平台建设。互联网出口带宽达到400 Mbps。初步建成省级基础设施资源池，规模达到CPU 784核、14 TB内存、120 TB存储，超融合资源池规模CPU 144核、1536 GB内存、192 TB存储，分布式存储系统可用容量达到600 TB。完善气象预报预测系统。研发HB-MOS客观预报系统和强对流潜势客观预报系统。北京“睿图”、INCA模式实现本地化运行。建成客观化气候预测系统，制作空间分辨率为9公里的未来45天逐日滚动主要气象要素格点预测产品。分钟、小时到月、季、年预报预测产品无缝隙衔接，突发灾害性天气（雷电、冰雹）预警提前量由20分钟提升到50分钟，暴雨预警信号准确率超过85%。建立气象灾害预警应急体系。省政府连续9年开展气象防灾减灾绩效管理，省政府领导连续3年召开气象灾害防御指挥部会议，涉灾部门联动机制有效建立。在全国率先构建气象灾害综合协同防御组织体系，省市县三级成立132个气象灾害防御中心，拥有487个地方编制、7.5万名信息员和应急责任人。建成省突发事件预警信息发布系统并实现三级业务运行，预警信息靶向发布技术在全省初步应用，广播电视插播覆盖所有设区市，重要气象信息直达地方党政一把手和指挥部成员单位。初步完成暴雨等8个灾种综合灾害风险区划，“六个一”基层气象防灾减灾体系建设实现县级全覆盖。健全公共气象服务体系。不断优化普惠服务供给，2020年，全年制作省级电视节目5400余期，播出电台节目2万余期，向社会公众发布产品56种，全省公众气象服务满意度达92.67分。积极扩大服务覆盖面，气象信息覆盖率达90%以上，电子显示屏乡镇全覆盖，联合科技厅等5厅局开展“冀望风云 燕赵科普行”活动。利用微博、微信、抖音、钉钉、新华社云直播等新媒体开展公众气象服务，打造河北天气融媒体矩阵，多渠道服务社会民生。

2. 发挥气象综合保障作用。积极开展应对气候变化研究。建立了京津冀地区上百年(1901—2019年)0.5°空间分辨率气候数据集、河北省极端气候事件(降水和气温)阈值数据集。开展农业和生态领域气候变化风险分析及典型生态系统和人体健康的定量影响研究，编制了《河北省气候变化评估报告》。强化农业气象服务工作。建成175个土壤水分观测站和81个农业小气候观测站、12套农业实景观测站。作物产量预报准确率稳定在99%左右。建成“1+11”省级农业气象中心，拥有178个专家联盟、2万余家新型农业主体，建成36个实验示范基地和跨市观测基地，“三农”专项服务实现126个国家级贫困县全覆盖。直通式服务覆盖省级现代农业园区和85%以上种养殖新型农业经营主体，有效保障了全省粮食稳定在700亿斤* 以上。做好交通气象保障。建成京津冀交通气象一体化业务系统，完善了京津冀交通气象观测网，推进与公安交管、交通部门的信息共享。开展交通气象灾害风险普查、区划、评估，研发高影响天气的预报预警指标和风险预报模型、产品达57种。建成航空气象服务系统。加强城市和公共卫生气象监测。建成城市供电、供暖安全运行气象服务保障系统。与卫生部门合作建立呼吸疾病气象环境数据集。蓝天指数、体感温度、儿童哮喘等13种气象预报产品相继发布。做好疫情防控气象保障工作。

---

* 1斤=0.5千克。

3. 科学合理开发利用气候资源。做好气候资源的普查和规划利用工作。建立了包括河北省参证气象站历史气象资料、风能资源专业观测网观测资料等内容的风能资源数据库和共享服务系统。加强人工影响天气工作。构建了空地一体化、省市县作业单位四级的人工增雨(雪)业务体系,现有3架增雨飞机、438部增雨设备,形成了一主两副(石家庄、唐山、张家口)的飞机人工增雨(雪)布局。人工影响天气工作实现常态化、全年性作业,年增水约30亿立方米,防雹保护面积800万亩*。做好风能、太阳能开发利用的气象服务。完成62个贫困县的太阳能资源评估基础数据库和评估报告。为280余个大型风电场和太阳能电站开展服务。开展气候可行性论证工作。多领域完成气候可行性论证项目150余项。

4. 推进气象工作的法制、体制和机制建设。健全气象法规与标准体系。先后出台《河北省实施〈中华人民共和国气象法〉办法》等3部地方性法规,《河北省暴雨灾害防御办法》等5部省政府规章,《突发事件预警信息发布管理办法》等10余个规范性文件,出台地方气象标准16项,为气象事业发展提供了有力保障。加强统筹规划与管理。以气象综合规划为龙头的气象规划体系不断完善,强化统筹设计和集约建设,重点气象工程"入纲要、进规划",规划编制、审批和实施管理逐渐规范。加快气象科技创新。设立河北省气象与生态环境重点实验室和秦皇岛市气象局院士工作站。组建了6支省级科研创新团队。承担省部级专项47项。发表论文和出版专著两千余项,软件著作权登记300余项,35项科技成果获省科技进步奖。加大财政投入力度。"十三五"期间全省气象部门落实财政资金40亿元,与"十一五"和"十二五"时期同比增长179.39%和38.50%。抓好气象人才队伍建设。印发《河北省气象部门人才发展规划(2014—2020年)》《进一步激励河北省气象科技人才创新发展的若干措施》和高工岗位聘用管理相关办法。全省气象职工中正高工由19人增至40人,副高工由278人增至350人,省级人才工程人选达到97人。中国气象局气象干部培训学院河北分院2006年以来累计培训2.4万人次。

---

* 1亩≈666.7平方米。

三、工作举措

河北省气象局以国务院三号文件为纲领，围绕河北经济社会发展需求，加强河北气象战略规划与顶层设计工作，推动建立政府主导、部门联动、合力推动的工作机制，全面稳步地推进气象现代化建设。

1. 打造政府主导工作格局。省委省政府高度重视气象工作，省政府印发《关于进一步加快气象事业发展的实施意见》（冀政〔2006〕70 号）、《关于推进气象现代化建设 保障河北绿色崛起的意见》（冀政〔2014〕116 号），所有设区市和部分县政府出台相应气象现代化建设实施意见或方案。2015 年 11 月，在省部合作联席会议上，省政府确定了“十三五”时期河北气象事业发展七大重点工程。

2. 建立部门沟通联动机制。气象工作已融入农业农村、交通运输、水利、能源、文化旅游、海洋、卫生等几十个部门，省气象局积极推动省政府印发《关于推进气象为农服务体系建设的意见》（办字〔2010〕152 号）、《关于进一步加强人工影响天气工作的实施意见》（冀政办〔2012〕24 号）；与省农业农村厅联合印发《关于建立农业气象灾害预警联动机制的通知》《关于强化精细气象服务保障农业稳产增效的通知》，与省住房和城乡建设厅联合印发《河北省区域性气候可行性论证工作管理办法》，等等。

3. 强化任务落实。省气象局深入学习贯彻落实国务院三号文件和省政府实施意见，多次召开专题会议研究落实举措，印发一系列方案，推动气象事业高质量发展。特别是 2013 年省气象局制定印发《河北省基本实现气象现代化行动方案》，明确了河北省基本实现气象现代化的整体目标；2017 年特邀省政府研究室进行评估，分析发展短板和不足，全面推动市县两级气象现代化进展。

四、发展建议

对标党和国家对气象工作的要求以及全省经济社会发展的需求，河北气象还存在一些短板和弱项：一是气象灾害风险预估还存在短板；二是协同观测与数据融合分析等核心技术水平不高；三是服务产品的精准性、及时性、融合性有待提升；四是科学管理距离治理体系和治理能力现代化还有差距。下一步全省气象部门按照气象事业高质量发展要求，重点抓好以下工作：一是进一步提高政治站位，融入京津冀协同发展，积极争取政策、技术、项目和资金等方面的支持；二是认真谋划实施河北省气象事业发展“十四五”规划；三是持续推进高质量气象现代化建设。贯彻新发展理念，围绕生命安全、生产发展、生活富裕、生态良好，持续推动气象事业高质量发展。

（执笔人：吴晓鹏　黄鹤）

高位引领 统筹推进
气象现代化赋能山西转型发展

山西省气象局

一、总体评价

2006年以来，在中国气象局和山西省委、省政府领导下，山西省气象局紧紧围绕《国务院关于加快气象事业发展的若干意见》(国发〔2006〕3号)和《山西省人民政府关于加快气象事业发展的决定》要求，强化组织领导、科学施策、改革创新、开放合作，扎实推进各项任务落实。到2020年，基本建成结构完善、功能先进、保障有力的气象现代化体系。观测站网空间分辨率达到10公里。24小时天气预报准确率较10年前提高5%以上。要素预报空间分辨率提升到5公里，0～10天时间分辨率提升到逐3小时。强对流天气预警提前量平均达到29分钟。网络带宽提高10倍，高性能计算机运算速率稳定在42.5 TFlops。预警信息公众覆盖率95%。93%的基层气象台站完成了现代化改造。气象事业发展在防灾减灾、乡村振兴、生态文明、社会经济发展等方面成效显著，国务院三号文件确立的两个奋斗目标基本完成。

二、实施情况

1. 加强气象基础保障能力建设。加快综合气象观测系统建设。建成由2套风云气象卫星地面接收站、6部新一代天气雷达、1863个地面气象站组成的天地空立体观测站网。建成由13个酸雨观测站、14个气溶胶观测站、13个大气成分站、2个沙尘暴监测站组成的环境气象观测系统。乡镇自动站实现全覆盖。推进气象信息共享平台建设。基础设施资源池完成扩容。全省一体化综合业务实时监控系统("天镜"系统)建设完成。国家级气象站观测数据传输时效从分钟级提高至秒级,气象业务基本实现全流程、全要素实时监控。完善气象预报预测系统。建成由智能网格预报业务平台、短临预报预警一体化系统、气象预报检验系统组成的现代智能网格预报业务体系,24 小时天气预报准确率达 85.8%,近五年暴雨预警准确率平均达到 84%以上。完成气候预测系统的本地化应用,气候预测准确率达 78%,延伸期网格预测空间分辨率达到 50 公里。建立气象灾害预警应急体系。省市县三级完成 126 个指挥部及指挥部办公室建设。109 个县完成基层气象防灾减灾"六个一"体系建设。2013 年,成立山西省预警信息发布中心,建成山西省突发公共事件预警信息发布系统并投入运行,预警信息覆盖信息员、驻村第一书记等应急责任人 11.8 万人。健全公共气象服务体系。建成智慧农业、卫星遥感、公共服务三大省级平台。开发"山西气象"智慧 APP。2020 年公众气象服务满意度达 90.68 分,创历史新高。

2. 发挥气象综合保障作用。积极开展应对气候变化研究。成立中国气象局温室气体及碳中和监测评估中心首家分中心、院士专家工作站、省生态气象和卫星遥感中心。出版《山西气候》等专著。每年向省政府报送大气颗粒物、霾、酸雨等研究报告,为政府决策提供科学支撑。强化农业气象服务工作。全省形成"1+3+5+N"农业气象服务格局。建成太原、大同、运城 3 个国家级农试站,5 个市级农业气象专业服务台,6 个特色气象专业服务台。完成 109 个县粮食作物、经济林果精细化农业气候资源和气象灾害风险区划。完成黄花、玉露香梨等 20 余种农产品气候品质评估。开展玉米、谷子等政策性农业保险。开展交通气象保障。建立了道路交通智慧气象服务平台,与铁路、公路等部门建立信息共享机制,开展公路、铁路沿线精细化气象服务。加强城市和公共卫生气象监测。与生态环境部门建立重污染天气预报会商、信息通报、协同应急工作机制。与城乡规划部门完成 11 个市和 31 个县(市)城市暴雨强度公式编制。与卫健委联合发布公共卫生天气预警提示信息。

3. 科学合理开发利用气候资源。开展气候资源挖掘利用工作。深度挖掘气候资源,成功创建安泽、夏县等 6 个"中国天然氧吧"和长治"避暑之城"。加强人工影响天气工作。建立了由 4 架飞机、163 门高炮、191 套增雨火箭、133 套地面烟炉组成的地空立体作业体系和省市县及炮站四级指挥作业体系。加强风能、太阳能开发利用的气象服务。完成全省风能、太阳能资源普查和精细化评估工作。完成20余项电场项目太阳能、风能资源评估和30余项电厂、输电线路气象条件分析评估。开展气候可行性论证工作。推动省政府印发《关于推进区域性气候可行性论证工作的实施意见》,积极开展气候可行性论证区域评估。

4. 推进气象工作的法制、体制和机制建设。健全气象法规与标准体系。修订实施《山西省气候资源开发利用和保护条例》《山西省气象灾害防御条例》《山西省人工影响天气管理办法》等6部地方性法规、规章。成立山西省气象标准化技术委员会。发布行业标准2项、地方标准43项。建立完善气象部门权责清单,全面推行法律顾问工作规则,构建依法行政培训、宣贯机制。加强统筹规划与管理。与省发展改革委联合印发气象事业五年发展规划,落实山洪地质灾害气象监测预警、突发事件预警信息发布、"三农"气象服务、人工影响天气、应对气候变化等重点项目。加快气象科技创新。制定科技创新制度10余项。建立五台山云物理野外科学试验基地。开展各类科研项目1000余项。获得省部级以上科技进步奖13项、专利33项。加大财政投入力度。中央和地方各级财政累计投入项目支持经费24.2亿元(中央财政14.7亿元、地方财政9.5亿元),开展山洪、"三农"、天气雷达、气象灾害监测预警等项目建设。完成全省101个基层气象台站配套基础设施整治修缮。抓好气象人才队伍建设。深入实施"131"人才工程,28人获评正高级职称。2人入选中国气象局高层次科技创新人才计划,5人入选省委"三晋英才"计划,2人享受国务院特殊津贴。组建省气象局科技创新团队11个,选拔首席专家28人、县级综合业务技术带头人70人。

三、工作举措

1. 党组高度重视,推动国务院三号文件落实实施。推动山西省人民政府印发《关于加快气象事业发展的决定》,成立落实国务院三号文件工作领导小组和专门机构,加强组织领导、统筹谋划和系统推进。先后印发站网布局、防灾减灾、乡村振兴、生态文明、科技创新等各类专项规划文件20余项。

2. 强化省部合作,推动气象事业高质量发展。2010年和2017年,山西省政府与中国气象局两次签署省部合作协议,共同推进11项重点工程项目建设。2013年和2015年,两次召开推进会议,再次明确责任义务,推动各项任务落实。

3. 融入专项规划，推动重点工程落地见效。气象为农服务工作纳入《山西省“十三五”农业农村经济发展规划（2016—2020 年）》《山西省乡村振兴战略总体规划（2018—2022 年）》等地方规划；人工影响天气工作纳入省政府《汾河流域生态修复规划纲要（2015—2030 年）》和《山西省生态保护与建设规划（2015—2020 年）》。气象相关工作列入省政府强农惠农和生态文明建设工程，支持人工影响天气作业、温室气体、灾害预警防御建设。

四、发展建议

当前，山西气象对标科技领先，业务支撑和应用能力不够；对标监测精密，灾害性天气和应对气候变化监测能力不足；对标预报精准，数值天气预报模式应用和气象灾害风险预报预警能力不足；对标服务精细，保障山西全方位推进高质量发展能力不够；对标人民满意，服务供给还不能满足公众对美好生活向往的需求。下一步，山西省气象部门将以习近平新时代中国特色社会主义思想为指导，围绕《气象高质量发展纲要（2022—2035 年）》和《山西省人民政府关于推进气象高质量发展的意见》目标要求，着力提升气象科技创新，推进公共气象服务均等化，强化乡村振兴气象支撑保障，提升人工影响天气工作能力，积极应对气候变化，加快推进气象高质量发展和气象强省建设，服务保障山西全方位推动高质量发展。

（执笔人：王文义　相栋）

突出特色发展
内蒙古气象现代化建设迈上新台阶

内蒙古自治区气象局

一、总体评价

到2020年，内蒙古已基本建成适应需求、结构完善、功能先进、保障有力的气象现代化体系，观测站网空间分辨率达22公里，多要素自动气象站乡镇覆盖率100%，天气雷达监测覆盖率达70%以上，观测数据实现即采即传；天气预报空间分辨率精细至5公里，强对流灾害预警提前量达到48分钟，预警信息公众覆盖率96.5%；气象防灾减灾水平明显提高，公众气象服务满意度达91.4分；气象人才队伍不断优化；气象发展体制机制稳步推进，出台地方性法规和政府规章12部，发布实施标准40项；落实双重计划财务体制，中央、地方财政投入共计109.27亿元。气象整体实力明显提升，部分业务领域达到省级和西部领先水平，卫星遥感应用、生态气象、人工影响天气等特色服务效益显著，基本实现国务院三号文件提出的奋斗目标。

二、实施情况

1. 气象基础保障能力显著增强。综合气象观测系统更加完备。观测站网布局更加科学合理，自动气象站从502个增加到2383个，苏木乡镇全覆盖，观测站网空间分辨率22公里，雷达监测覆盖率提高30%。草地生态气象遥感应用成为全国示范。1个站被世界气象组织、54个站被中国气象局认定为“百年气象站”，2个站入选首批国家气候观象台。气象信息共享能力大幅提升。地面气象广域网传输能力持续提升，建成北斗应急通信系统。建成数字气象档案馆，5.2万卷纸质档案实现数字化管理。气象大数据云平台建设成为全国试点,实现与“云上北疆”、政府共享平台以及行业部门的对接共享。气象预报预测体系更加完善。建成三级一体化预报业务平台和客观化智能化预测系统。发展内蒙古数值预报、智能网格预报技术,实现站点预报向格点预报转变,构建了从分钟到年的多要素无缝隙精细化预报业务体系。智能网格预报空间分辨率达到5公里、24小时内逐小时更新。次季节网格预测产品空间分辨率达到50公里,逐旬更新。气象灾害应急体系不断优化。全区各级政府均成立领导机构,气象灾害防御工作纳入政府考核体系。建成预警信息发布系统和气象信息员管理平台,信息员队伍达1.4万人。与14个委办厅局强化涉灾协作联动,联合开展干旱、地质灾害、凌汛等灾害监测预警和灾情调查评估。森林草原防灭火工作机制和应急联动工作模式得到国家林业部门肯定。公共气象服务体系更加健全。建成决策、公众和专业服务系统,实现产品自动制作和“一键式”发布。成立自治区预警信息发布中心,基于14种媒体资源形成气象服务信息发布矩阵。研发蒙语气象服务系统。气象信息通过北斗卫星、预警收音机、蒙汉双语手机等方式覆盖偏远农村牧区。2020年公众气象服务满意度达91.4分。

2. 气象综合保障作用效果突出。应对气候变化研究取得成效。发布气候变化监测公报和区域气候变化评估报告,《内蒙古气候变化评估报告》、专项影响评估等系列研究成果为自治区应对气候变化规划和政策制定提供科技支撑。农牧业气象服务提质增效。研发13项农牧业气象适用技术,建立23种主要作物、优质牧草气象服务指标体系及农牧业气象灾害风险区划。建成1个国家级、2个自治区级特色农牧业气象服务中心。研发三级智慧农牧业气象服务平台,发布农牧业气象灾害预警、重大病虫害发生趋势预报。苏尼特羊气候品质认证开创先例,牛羊天气指数政策性保险服务赢得多方好评。航天航空气象服务保障有力。历次“神舟”飞船发射回收气象保障服务赢得赞誉。建成省级规模最大的民航气象服务体系,保障服务9家民航机场。圆满保障大飞机试验试飞,助力首个国家高寒机动车质量监督检验中心落户内蒙古。城市和公共卫生气象服务持续提升。建立城市气象指数、一氧化碳中毒气象条件潜势预报和城市内涝、火险气象风险预警业务。与生态环境部门联合开展重污染天气监测预警和空气质量预报。联合卫健、林草等部门开展花粉过敏气象条件预报。为疫情防控提供定制化气象服务。

3. 开发利用气候资源科学合理。生态气象监测评估和气候资源区划编制稳步实施。建成卫星遥感与地面观测相结合的立体生态气象监测网，形成三级布局的生态气象服务体系，监测评估报告多次获得国务院和自治区领导肯定。与地方政府联合成立荒漠生态气象中心和寒地冰雪气候研究中心。获气候生态市、中国天然氧吧、草原避暑之都、冷极等生态气候认证 10 项。精细化农牧业气候资源区划和作物适宜种植区划得到推广应用。人工影响天气工作跨越发展。建立五级联动的作业指挥模式，建成政府主导的安全监管体系。建成 9 架飞机、210 部火箭、97 部燃烧炉和 380 门高炮组成的空地协同作业网，规模居全国前列，增雨影响面积、防雹保护面积分别达 60 万和 2 万平方公里，年均增雨约 17 亿吨。风能太阳能开发利用气象服务卓有成效。建成省级最大的风能资源观测网，风能详查评价报告为内蒙古建成全国最大风电装机规模省区提供科学依据。建成风能、太阳能数值预报模式系统，为蒙西、蒙东电网和 653 家风光电站提供精细化气象服务。气候可行性论证工作取得突破。重大规划、重点工程项目强制气候可行性论证纳入《内蒙古自治区气象条例》、政府有关文件和发展改革委投资项目在线审批平台，实现重大规划、重点工程项目气候可行性论证监管全覆盖。气候可行性论证技术体系日趋完善，开展论证 100 余项。

4. 气象法治建设稳步推进。气象法规与标准体系更加健全。12 部地方性法规和规章颁布实施。执法机构和队伍不断健全，普法覆盖面持续扩大。组建地方标准委员会 2 个，居省级前列，立项标准 166 项，发布实施 40 项。发展规划与行业管理得到加强。气象事业发展持续纳入地方发展规划纲要和专项规划。落实地方重大项目 10 项。推进气象探测设施共建共享，实现水利、农垦、电力等部门 1699 个自动气象站数据的实时共享。气象科技创新扎实推进。科研经费投入累计 1.82 亿元，10 项成果获内蒙古科技进步奖，获授权专利 66 项。人工影响天气重点实验室、生态气象院士专家工作站、锡林浩特草原生态气象和乌梁素海湿地生态气象野外科学试验基地获批成立。财政投入力度不断加大。落实双重计划财务体制，中央财政共计投入 76.78 亿元，年均增长率约 9%；地方财政共计投入 32.49 亿元，年均增长率约 13%。气象国际交流与合作更加紧密。与蒙古、俄罗斯、韩国、日本开展高空观测、草原防火、沙尘暴监测、干旱评估等科技合作，参与完成中英瑞气候变化适应项目。发布口岸城市和中欧班列沿线国家主要城市天气信息，提供跨时区运输气象服务。气象人才队伍建设不断加强。全区气象部门人才队伍结构不断优化，本科及以上学历占比83.4%，气象类专业人员占比29.4%。高层次人才数量持续增加，5人入选中国气象局“十百千”人才计划，2人入选“双百计划”。1人入选中科院“西部之光”计划，9人入选西部和东北地区优秀人才，3人成为中国气象局创新团队骨干成员。培养正高39人，4人获聘二级岗位。

三、工作举措

1. 抓好国务院三号文件学习宣传。及时向当地党政部门专题汇报，得到了各级党委政府的大力支持。组织全区气象部门深入学习和广泛宣传文件精神，增强了干部职工加快气象事业发展的责任感、使命感和紧迫感。结合世界气象日等活动在内蒙古电视台、《内蒙古日报》等主流媒体进行宣传，营造了全社会关心、理解、支持气象工作的氛围。

2. 政府主导部门协同促落实。自治区政府召开推进气象现代化电视电话会，印发《关于加快我区气象事业发展的实施意见》(内政字〔2006〕324号)。各盟市政府均成立领导机构，制定配套落实文件。气象与应急、水利等多个部门签订合作协议，与包头市、呼伦贝尔市、通辽市等地推进局市合作，形成推进气象现代化建设工作合力。

3. 加强组织和跟踪督查。把推进气象现代化建设作为落实国务院三号文件总抓手，成立由自治区政府分管领导任组长的自治区全面推进气象现代化领导小组。领导小组办公室设在自治区气象局，统筹推进气象现代化工作，每年召开气象防灾减灾和人工影响天气工作专题会议。制定气象现代化建设指标评估方法，开展自治区、盟市现代化建设年度评估。发挥政协监督作用，气象提案纳入政协重点督导提案，建立“提案前选题征集、提案中互动交流、提案后推进落实”政协提案办理机制。

四、发展建议

当前，内蒙古气象还存在行业管理职能发挥不到位、气象科技协同创新能力不强、艰苦边远地区气象局站人才引进仍存在较大困难、中央和地方气象事权和支出责任划分亟待明确、双重计划财务体制落实仍有难度等实际情况。为推动内蒙古气象高质量发展，下阶段主要措施：一是推动签订新一轮区部合作协议和政府出台新时代气象事业高质量发展的配套政策；二是联合发展改革委印发“十四五”气象事业发展规划，推动重大工程落地；三是实施生态气象和遥感应用能力提升、碳达峰碳中和监测评估、人工影响天气提质增效、气象大数据应用四大行动计划。同时也希望在气象行业管理、重大气象科技项目协同创新机制、基层气象领军人才培养、推进事业单位和气象服务供给侧结构性改革、艰苦地区气象事业支持力度等方面得到更大的支持。

（执笔人：刘海波　马小林）

聚省部合力 谋人民福祉
辽宁谱写气象现代化新篇章

辽宁省气象局

一、总体评价

到2020年,辽宁基本建成以自动观测、智能网格预报、信息化为代表的现代气象业务体系,以决策气象服务、公众气象服务、专业气象服务为主体的现代气象服务体系,具有辽宁特色的气象科技创新体系和与之相适应的气象人才体系,与气象现代化建设相适应的气象管理体系。基本实现国务院三号文件提出的奋斗目标,气象整体实力达到全国先进水平,部分领域达到全国领先水平。观测站点密度达到每万平方公里81个站,区域数值预报模式时空分辨率达1小时、3公里,预报时效72小时,资料同化实现逐1小时更新。气象灾害平均预警准确率达92.2%,强对流天气预警时间提前至45分钟。24小时城镇晴雨(雪)预报准确率比2006年提高5.2%,达到91.7%。24小时城镇气温(最高、最低)预报准确率比2006年提高36.8%,达到84.9%。降水和气温平均短期气候预测质量比2006年提高6.45分,达到72分。形成科研实验用24个计算节点84 TFlops计算能力(单节点计算能力约3.5 TFlops)、10 TB存储能力的华为鲲鹏国产高性能算力,属国内气象部门首次完成。公众气象服务满意度达到89分。

二、实施情况

1. 气象基础保障能力大幅提升。综合气象观测体系实现跨越式发展。全省地面气象观测网建成各级观测站1639个。高空气象观测网建成8部气象雷达,64个全球卫星定位气象水汽观测站(GNSS/MET)。建设2个地面卫星省级接收站。农业与生态气象观测建设 25 个农业气象观测站，52 个自动土壤水分观测站。专业气象观测网建成 36 个高速公路自动气象站。气象信息化水平显著提高。建成省级内外网资源池，CPU1620 核、内存 9 TB、存储 1149 TB，9 个业务单位 196 台虚拟机在用，74 个业务系统集约入池。完成气象大数据云平台 V1.0 建设，形成 92 个节点、3208 核 CPU、31.4 TB 内存、3 PB 存储的"数算一体"能力。气象预报预测体系日趋完善。气象灾害监测预警实现省市县一体化。具备 0～30 天无缝隙精细化智能网格预报业务能力，最小时空分辨率达 1 小时、1 公里，发布 9 要素和 13 类灾害性天气预报产品。延伸期-月-季的精细化网格气候预测实现业务运行。气象灾害预警应急体系初具规模。成立气象灾害监测预警中心、突发事件预警信息发布中心，每年组织开展市级防御暴雨灾害应急演练。出版《辽宁省气象灾害风险区划图集》。建立核及危险化学品扩散气象应急服务系统。公共气象服务体系日趋完善。涵盖气象实况、短时临近预报、1～3 天短期预报、5 天趋势预报等产品。公众气象服务满意度稳定在 86 分以上。重大天气电视台滚动播发，重大气象灾害预警信号手机全网发布。

2. 发挥气象综合保障作用。积极开展应对气候变化研究。组建东北区域温室气体监测网。建立气候标准数据集，开展气候变化对生态系统的影响评估研究。完成"辽宁省生态气象监测评估业务系统"和"生态文明建设绩效考核气象条件贡献率评价系统"建设。乡村振兴气象保障成效显著。建设 1.1 万余个农村应急广播、2500 余个气象信息电子显示屏、1000 余个乡镇信息服务站，建立 1.5 万余人气象信息员队伍。完成 50 个县(市、区)291 个主要农作物、特色或设施作物精细化农业气候区划、农业气象灾害风险区划。交通和空间气象保障持续加强。开发基于位置的辽宁省交通气象预报预警服务平台，制作面向服务对象的精细化服务产品。新建风云二号和风云三号地面卫星省级接收站。加强城市和公共卫生气象监测。建立沈阳、大连城市内涝风险预警系统，沈阳城市交通精细化气象服务系统，大连城市气象服务系统。与省卫健委联合印发《关于利用辽宁省突发事件预警信息发布系统做好疫情防控信息发布和科普宣传工作的通知》。

3. 科学合理开发利用气候资源。做好气候资源的普查和规划利用工作。完成生态气象监测评估业务系统和生态文明建设绩效考核气象条件贡献率评价系统建设。完成《辽宁省气候宜居初步分析报告》，完成丹东市中国气候宜居城市评估。人工影响天气事业蓬勃发展。建立人工影响天气垂直探测基地，建成由3架人影飞机、456个地面作业点、90门高炮、230套火箭发射装置综合作业体系及作业系统，全省年增雨(雪)量20亿立方米和1万平方公里防雹保护面积。开展风能、太阳能开发利用气象服务。5个国家级地面气象观测站开展日照时数观测。完成风能资源详查和评价工作，开展精细化风能资源模拟。完成8个地级市2010—2020年风电发展规划和全省“十二五”太阳能发电发展规划编制。开展气候可行性论证工作。制定《辽宁省开发区、产业园区、新区等区域性气候可行性论证工作管理办法(试行)》《气候可行性论证报告质量评价》等多项气候可行性论证技术标准。

4. 推进气象工作的法制、体制和机制建设。气象法治、标准体系得到加强。省政府先后制定《辽宁省雷电灾害防御管理规定》《辽宁省人工影响天气管理办法》和《辽宁省气象灾害防御实施办法》，省人大会审议通过《辽宁省气象灾害防御条例》。印发《辽宁省人民政府关于优化建设工程防雷许可的通知》等。承担编制任务并发布实施国家标准2项、行业标准7项、地方标准51项。气象工作统筹规划与管理有序有力。省市县三级政府全部纳入本级国民经济和社会发展规划、重要议事日程，指导气象部门深度融入省市县三级防灾减灾、公共安全、资源开发等政府议事协调机构。气象科技创新持续深化。重大科研项目获科技投入超过3亿元，20项气象科技成果获得省科学技术进步奖，在农业气象、环境气象、东北天气气候3个优势领域开展区域合作和技术研发，设立区域联合项目。财政投入力度明显加大。2020年中央财政投入3.16亿元，是2006年2.6倍，地方财政预算1.68亿元，是2006年的3.7倍。2006年各级地方财政给予津补贴补助787.84万元，2020年增加到5133.74万元，各项奖励经费由2006年的32.48万元增加到2020年的1393.3万元。开展气象国际交流与合作。近5年选派3名访问学者进行国际交流，选派优秀气象业务和管理人员出国培训。深化与韩国光州地方气象厅的双边合作。推进东北亚气象科技论坛，申请亚洲专项合作资金。人才队伍建设成效显著。全省正高级职称人员45人、博士研究生达30人，新增享受国务院政府特殊津贴1人，入选新时代气象高层次科技创新人才7人，入选省高层次人才工程(计划)达31人次。与高校联合培养博士研究生10名，成立中国气象局气象干部培训学院辽宁分院，建立3个特色学科培训课程体系。

三、工作举措

1. 加强组织领导。推动省政府印发《辽宁省人民政府关于加快气象事业发展的实施意见》(辽政发〔2006〕32 号)、《辽宁省人民政府关于加快推进气象现代化的意见》(辽政发〔2014〕16 号)、《辽宁省人民政府关于加强新时代气象工作的意见》(辽政发〔2020〕24 号)。气象工作连年写入省政府工作报告,纳入安全生产目标考核,省市县三级政府均将气象工作纳入重要议事日程,与政府各项工作同谋划、同部署、同落实、同考核。

2. 强化合作共建。推动辽宁省政府与中国气象局签署 3 轮省部合作协议,召开 3 次联席会议。以省部合作为平台,统筹推进辽宁省气象现代化建设和规划编制工作,相关建设内容均纳入本级国民经济和社会发展规划。省气象局强化主动互动联动,与 5 个市政府及 10 余个省级部门签署合作协议,集省部、局市、部门之合力推动辽宁气象高质量发展。

四、发展建议

对标气象事业高质量发展,当前辽宁气象还存在以下问题:一是气象现代化融入经济社会发展不深。注重气象服务生命安全较多,注重气象服务生产发展、生活富裕、生态良好相对不足。二是科技创新与气象业务服务衔接不够。未紧密围绕经济社会发展需求开展科研,科研成果支撑相对薄弱。三是气象现代化业务水平不够。预报预警仍有薄弱环节,公共气象服务供给能力不足。下阶段,辽宁省气象部门将继续深入学习贯彻习近平总书记关于气象工作重要指示精神和关于东北、辽宁振兴重要讲话指示精神,坚持用习近平新时代中国特色社会主义思想武装头脑、指导实践。学深悟透党的二十大精神,精准对接中国气象局、辽宁省"十四五"重点工程项目,有序推进辽宁气象发展"十四五"规划印发实施。统筹推进贯彻落实《辽宁省人民政府关于加强新时代气象工作的意见》和建设气象强国辽宁践行实验区工作,努力推进辽宁气象事业高质量发展。

(执笔人:蒋大凯　周恩泽)

服务农业发展需求
吉林气象保障能力稳步提升

吉林省气象局

一、总体评价

到2020年，吉林基本建成结构完善、功能先进、保障有力的气象现代化体系。观测站网空间分辨率11公里。数值天气预报时间分辨率1小时，强对流天气预警提前量42分钟，天气预报和气候预测准确率比10年前提高6%以上和9%。网络带宽提高3倍以上，高性能计算机运算速率稳定在30万亿次/秒。预警信息公众覆盖率98%。84%的基层气象台站完成现代化改造。防灾减灾、乡村振兴、生态文明、经济社会发展等气象保障成效显著，国务院三号文件得到全面贯彻落实，两个目标基本完成。

二、实施情况

1. 加强气象基础保障能力建设。气象综合观测系统不断夯实。建成农田、森林等生态气象监测体系和气候观测系统，4个国家基准气候站，7部新一代天气雷达系统，乡镇覆盖率达100%的1804个地面气象观测站；完成55个国家级地面气象观测站自动化业务改革。气象信息共享得以推进。建成部门专线13条，数据双向共享25种。气象预报预测系统更加完善。完善区域数值预报系统，建成省市县三级监测预报业务平台、短临预报预警业务平台、延伸期气候预测系统。建成无缝隙智能化预报业务体系和技术体系，0～24小时、1～3天、3～10天预报时间分辨率达1、3、6小时，延伸期预测时空分辨率达1天、5公里。气象灾害预警应急体系有效建成。成立各级人工影响天气和气象灾害防御指挥部政府议事机构，建成“政府领导、部门联动、社会参与”的气象灾害防御工作体系。成立省突发事件预警信息发布中心，与9部门建立联动机制，与4部门建立次生衍生灾害联合预警机制。建成高级别预警信息全网发布“绿色通道”。公共气象服务体系更加健全。气象官方微博等新媒体服务业务覆盖人口150余万人。打造农业等各类公众气象服务指数产品10余种。

2. 发挥气象综合保障作用。开展应对气候变化研究。建成省现代气候业务服务平台和气候变化监测与评估业务。完成第二次区域气候变化评估。强化农业气象服务。建成农业气象业务和服务体系、智慧农业气象服务平台及精细化农业气象区划和灾害风险区划技术系统。建成农业气象试验站3个，玉米、水稻、大豆、农田小气候观测站129个，自动土壤水分观测站107个。开展面向新型经营主体“直通式”服务，气象工作站乡镇覆盖率达97.3%，气象信息员行政村全覆盖。做好交通和空间气象保障。布设交通气象站29个。建立气象和交管部门高影响天气预警处置联动工作机制，实现信息互通、应急联动、技术共创。加强城市和公共卫生气象监测。与住建部门联合开展城市内涝气象风险预警。与卫健部门联合发布感冒、呼吸道、中暑等健康气象条件预警。

3. 科学合理开发利用气候资源。做好气候资源普查和规划利用工作。完成农业气候资源区划和玉米水稻大豆气候适宜度区划、农业气象灾害风险区划。建成生态气象监测体系，开展气象灾害、农情、森林草原防火等卫星遥感监测。成立吉林省高分中心气象分中心。加强人工影响天气工作。建成全国首个区域人工影响天气中心和区域到县四级业务体系。建成4万平方公里效果检验试验区，地面作业站点标准化率达90%以上。防雹和增雨作业覆盖4万和17万平方公里，年均增水30亿立方米。建成应对森林草原火灾人工影响天气应急作业机制。人影弹药全流程监控。做好风能、太阳能开发利用气象服务。建成55套自动日照观测站、2个太阳辐射观测系统、680套多要素自动气象站。出台《吉林省气候资源保护和开发利用办法》。完成130余项风能资源和10项太阳能资源评估。开展气候可行性论证工作。出台《吉林省气候可行性论证若干规定》。完成寒地能源、中俄东线天然气管道和16项化工园区气候可行性论证及近30项重大项目气候可行性论证相关工作。

4. 推进气象工作法制、体制和机制建设。健全气象法规与标准体系。建成7

部地方性法规、7部政府规章及多部社会管理规范性文件组成的气象法规体系和200余人专(兼)职行政执法队伍。成立气象标准委员会,制定实施气象国家标准、行业标准及地方标准31项。加强统筹规划与管理。气象事业发展五年规划和专项规划统筹编制,实施落实进展督导制。加快气象科技创新。成立"长白山气象与气候变化"省重点实验室、"中国气象局吉林云物理野外科学试验基地"、院士工作站、省农业气象灾害风险评估与防控科技创新中心、研究生(博士)工作站。与5所高校开展合作共建。人影效果检验、农业气象指标、预报预测技术等取得一定成果。2006年以来,争取省部级科研项目100余项,其中科技部行业专项4项,国家自然科学基金15项,获省科技进步奖41项。加大财政投入力度。10年来,中央财政投入24.62亿元,各级地方财政投入11.94亿元。其中,重大工程中央投入6.55亿元,地方投入8.65亿元。加强气象国际交流与合作。形成与韩国江原地区气象厅年互访机制,各选派7批代表40余人次互访交流,签署纪要14份,交流论文50余篇。派至苏丹等地多人次学习、援建和培训。抓好气象人才队伍建设。硕士、本科、高级职称人员分别增长2.41%、25.99%、73.77%,高层次人才增长166.67%;近15年,入选享受国务院政府特殊津贴4人,省政府津贴专家(省突出贡献)12人、省拔尖创新人才10人次、省高级专家1人,国家级首席预报员1人、中国气象局气象高层次科技创新人才1人。

三、工作举措

1. 努力营造良好发展工作氛围。成立落实国务院三号文件工作领导小组,制定工作方案。邀请省委、人大、政府、各厅局领导参加讲座。《吉林日报》等4家媒体开辟专栏和专题节目。

2. 强化政府主导抓好工作落实。印发《吉林省人民政府贯彻落实国务院关于加快气象事业发展若干意见的实施意见》《吉林省人民政府关于加快推进气象现代化建设的实施意见》,明确了到2010年和2020年的目标任务。省政府召开全省气象防灾减灾和全面推进气象现代化暨人工影响天气大会。印发《吉林省人民政府关于加强气象灾害防御工作实施意见》,各级气象灾害预案均升级为政府专项预案。印发气象现代化考评办法并组织考评。

3. 省部共建形成合力推进实施。2011年和2016年两次签署省部合作协议、召开联席会议，共同推进17项重点工程项目建设。

4. 积极融入地方发展规划。气象服务纳入省社会主义新农村建设实施纲要，空中云水资源开发工程纳入省“十一五”规划和“吉林省增产百亿斤粮食能力建设工程”，突发气象灾害监测预警与应急响应工程纳入省“十一五”农业发展专项规划。气象现代化、气象防灾减灾和人工影响天气等纳入省“十二五”“十三五”规划纲要及“率先实现农业现代化”“生态环境保护”等专项规划。

5. 成立专班落实“五抓”举措。成立气象现代化领导小组和专门机构，确定专人负责。按照抓规划、抓载体、抓创新、抓人才、抓落实“五抓”举措，补短版、强弱项，提升监测精密、预报精准、服务精细水平。

四、发展建议

当前，吉林气象还存在气象现代化水平总体不高，气象服务、信息化、科技创新等存在明显短板，引人留人难度加大，区域和部门发展不平衡，业务技术体制改革、研究型业务建设面临诸多困难，发展动力和活力释放需求迫切，等等情况。下阶段，吉林省气象部门重点推进、抓好以下工作：一是促成省部合作，签订省部合作协议，召开联席会议，推进省政府印发推进事业高质量发展支持文件；二是建设气象强省，抓住省部合作和“十四五”规划实施契机，着力提升吉林全面振兴全方位振兴气象保障能力；三是深化改革，完善业务体制机制，推进精密监测、精准预报、精细服务业务建设，提高科技创新和信息化集约化能力；四是根据吉林地方发展实际，积极争取放宽放活人才、科技创新等方面相关政策。

（执笔人：刘实　罗亚学）

扬优势 固底板
开创黑龙江特色求强发展新局面

黑龙江省气象局

一、总体评价

黑龙江省气象部门以《国务院关于加快气象事业发展的若干意见》(国发〔2006〕3 号)为遵循,不懈努力,持续奋斗,基本建成结构完善、功能先进的气象现代化体系,综合气象观测实力显著提升,预报预测水平明显提高,气象防灾减灾和气象服务效益日益凸显,气象信息化进程不断加快,气象管理更加规范化、制度化,气象整体实力有了极大的提升,部分领域在全国处于领先地位。到 2020 年,地面气象观测全面实现自动化,观测数据实现即采即传,地面观测数据传输时效从 1 小时提升到 1 分钟,雷达传输时效从 442 秒提升到 50 秒。引进开发中尺度数值预报模式,实现水平分辨率 13 公里的定点、定量精细化预报。建成省级国家突发事件预警信息发布系统,与 13 个主要应急减灾部门实现信息双向共享,出台全国首部气象信息服务管理地方性法规《黑龙江省气象信息服务管理条例》,构建了人工影响天气安全"六大体系"(组织管理体系、考核评价体系、安全监管体系、执法检查体系、作业指挥体系、标准法规体系)。硕士学位以上人员数量相比 2010 年增加 189 人,基层台站现代化达标率达到 91.67%。

二、实施情况

1. 加强气象基础保障能力建设。加快综合气象观测系统建设。基本建成了综合立体观测系统。建成 1 个国家气候观象台(五营)、1 个国家气象卫星地面站(佳木斯)、1 个大气本底站(龙凤山)、10 个国家基准气候站、27 个国家基本气象站、548个国家气象观测站、705个省级气象观测站、353个行业气象观测站、4个探空站、11部新一代天气雷达，气象监测能力特别是灾害性天气监测能力显著增强。推进气象信息共享平台建设。广域网带宽由2 Mbps提升到50 Mbps，局域网络由100 Mbps提高到1000 Mbps，气象数据收集提高到秒级。建设了天擎云平台和气象综合业务平台，实现了数据、基础设施和业务应用三类核心资源整合。加强网络安全，提高了气象网络防护能力。完成数据资源、基础设施资源等标准规范的制修订，推动了气象信息化建设规范化发展。完善气象预报预测系统。完善无缝隙智能网格预报业务。开展实况分析及综合检验评估业务和智能网格客观订正方法研究。与哈尔滨工业大学合作开展人工智能在短临预报中的应用研究。2020年全省精细化天气预报综合质量为76.19%，较2010年提高4.35%；暴雨预警信号准确率达到83.17%，强对流天气预警时间提前量达到41.3分钟。建立气象灾害预警应急体系。建成省级国家突发事件预警信息发布系统。气象灾害应急预案省市县三级全覆盖，与13个主要应急减灾部门实现信息双向共享。基层气象防灾减灾工作机构健全率达到100%。健全公共气象服务体系。全面融入和服务国家重大战略和"一带一路"倡议。气象灾害预警信息公众覆盖率达98%，比2010年提高8个百分点。发展了13280名气象信息员，建设915个乡镇气象信息服务站。

2. 发挥气象综合保障作用。积极开展应对气候变化研究。加强气候变化事实监测与分析，对黑龙江省气候变化情况、气候变化带来的影响开展系统分析；开展应对气候变化、气候变化与"五大安全"（国防安全、粮食安全、生态安全、能源安全、产业安全）关系的调查研究，积极为政府部门提供气候变化决策咨询报告，不断深化应对气候变化服务。加强农业气象服务工作。完成主要作物精细化农业气候区划及农业气象灾害风险区划。与社会企业合作开展精细化农业气象信息服务。与省财政厅、瑞士再保险公司联合开展贫困县农业财政巨灾指数保险工作。为35个县（市）的水稻、大豆、谷子、榛子等进行气候品质评价。推动智慧农业气象服务体系建设。做好森林防火、交通、旅游气象保障。与水文、应急、旅游、铁路等多部门建立联动机制。建立长、中、短期森林火险预警系统。开展公路交通气象灾害风险普查，建立公路交通天气预警指标体系。围绕中国天然氧吧创建，旅游气象服务能力得到明显提升。加强城市和公共卫生气象服务。

建立“互联网＋”城市气象信息发布网络。开展了空气质量、雷电灾害、渍涝排水、冬季采暖和采暖期预防煤气中毒及清冰雪等专业气象服务。与卫健部门合作开展天气、气候和气候变化对疾病发生规律影响机理的综合研究。

3. 科学合理开发利用气候资源。加强气候资源利用和气候可行性论证工作。编写各类决策咨询报告30余期。完成全省暴雨洪涝灾害风险普查和81条流域、216条山洪沟不同淹没深度灾害风险区划。完成10个地级市、15个县级市的暴雨强度公式编制工作。在风能、太阳能等多个领域完成各种气候可行性论证50余项。加强人工影响天气工作。推进《黑龙江省人工影响天气“耕云龙江”行动计划实施方案》实施。构建人工影响天气安全“六大体系”，获中国气象局工作创新奖。建成人影指挥业务系统，实现了空域申请自动化。2020年，飞机增雨和地面防雹作业面积比2010年分别增加2.9万和1.8万平方公里。做好风能、太阳能开发利用的气象服务。完成全省风能资源详查与评估，编制了《黑龙江省清洁和可再生能源发展规划(2010—2020年)》和《黑龙江省千万千瓦基地发展规划》中的相关规划内容。为企业开展风电场选址风能资源评估26项。

4. 推进气象工作的法制、体制和机制建设。健全气象法规与标准体系。加强气象法规建设和行政管理工作，出台《黑龙江省气象灾害防御条例》《黑龙江省气候资源探测和保护条例》等4部地方性法规。2006年以来，共发布实施地方标准18项、行业标准14项、国家标准2项，逐步实现气象业务工作的标准化、规范化管理。加强统筹规划与行业管理。推进农垦、森工行业气象管理体制改革。2019年6月，省农垦总局和省森工集团分别与12个市政府签订了移交协议，完成移交工作，全省12个市级气象局和55个县级气象局承接了相应区域农垦、森工的气象行政管理职能。加快气象科技创新。着力建设“中国气象局东北地区生态气象创新开放实验室”等5个科技创新平台。制定《黑龙江省气象局促进气象科技成果转化管理办法》等各类科技管理办法。2010年以来，主持国家级项目6项、中国气象局项目52项、省科技厅项目23项，10个项目获省部级科技奖励，在核心期刊发表论文近300篇。加大财政投入力度。2010年以来，共争取地方经费9.68亿元。2020年，全省气象部门争取地方财政资金、人员津补贴分别为12665.82万元、5772.96万元，相较于2010年分别增长66.53%和95.78%。2020年，落实开发利用气候资源、防灾减灾所需的基本建设投入和事业经费

4285.30万元，相较于2010年增长16.71%。加强气象国际交流与合作。2010年以来，共派出70余人次专家学者赴俄罗斯、美国、英国、加拿大、澳大利亚等国家执行气象科技交流与合作任务，接待30余人次外国专家来黑龙江省气象部门考察、交流。与俄罗斯滨海边疆区水文气象部门开展双边气象科技合作与交流。抓好气象人才队伍建设。加大气象人才的培养和引进力度，先后制定下发37项人才工作管理办法，正研、副研级高工数量分别增加到33人和434人，博士、硕士学位人员分别达到11人和264人，有8人入选中国气象局和省政府人才工程，成立了8个科技创新团队，全省有90人次入选省气象局各类人才工程。

三、工作举措

1. 加强组织领导，完善配套措施。成立由省气象局主要负责人任组长的领导机构，组织、协调、推进国务院三号文件的落实，协调印发《黑龙江省人民政府关于加快气象事业发展的意见》，组织编制气象“十二五”“十三五”“十四五”规划，为落实国务院三号文件提供了组织保障和政策依据。

2. 强化横向合作，争取项目建设。2010年以来，以省部合作和省部联席会议为契机，先后争取地方配套资金1.06亿元，用于新一代天气雷达、预警信息发布系统、高性能计算机、购置人工增雨飞机等大项目建设，为落实国务院三号文件提供了资金支持。

3. 坚持政府主导，确保统筹推进。根据《黑龙江省人民政府关于加快推进气象现代化建设的意见》(黑政发〔2014〕31号)文件精神，省政府召开了黑龙江省气象现代化建设工作会议，研究部署全省气象现代化建设。成立了由6部门参与的气象现代化考核小组，对市(地)政府推进气象现代化进展情况进行考核通报，为统筹落实国务院三号文件提供了支撑。

四、发展建议

当前，黑龙江气象还存在气象监测预报预警能力还不能完全满足防灾减灾救灾的需求，气象科技创新能力不强、研发经费投入不足，地方公共财政保障尤其是市、县级投入力度不够等情况。下阶段，黑龙江省气象部门将紧密结合地方经济社会发展实际，认真贯彻落实《黑龙江省人民政府关于加快气象现代化建设增强防灾减灾能力助力黑龙江高质量发展的意见》（黑政发〔2021〕7号）精神，深入学习中国气象局主要领导在贯彻落实习近平总书记关于气象工作的重要指示精神、推进高质量气象现代化建设工作会议上的讲话精神，把握新发展阶段、贯彻新发展理念、构建新发展格局，科学谋划和推动“十四五”时期黑龙江气象事业高质量发展。

（执笔人：高玉中　矫玲玲）

气象综合能力高质量发展
赋能上海城市现代化建设

上海市气象局

一、总体评价

上海市气象部门认真贯彻落实国务院三号文件，按照中国气象局的总体部署，圆满完成“十一五”“十二五”“十三五”规划既定任务，基本形成多维度、信息化、精准化气象监测预报预警体系，普惠气象服务内容专业、市场定位明确，核心技术创新和人才支撑能力显著提升，气象现代化管理能力不断完善，经济社会效益逐步凸显的更高水平气象现代化发展局面。到2020年，上海地面气象观测站网共建成观测站点283个，站点水平间距平均4.83公里，能见度观测仪53个，水平间距11.26公里。10天晴雨预报准确率80%，24小时台风风雨影响预报准确率始终维持在80%以上，海上大风预报准确率85%。影响预报风险预警覆盖率提高到60%。气象数据标准化率达到96.1%，高性能计算资源达1.3 P。气象信息社会覆盖率保持100%，公众气象服务时效达30天，气象服务综合满意度达85分以上。台风边界层精细结构和云微物理机构研究取得突破性进展。湍流参数化技术被国际先进模式系统采用。建立基于人工智能的强对流识别技术、数值预报释用技术和台风客观定强分析技术。上海气象行业及社会管理标准应用率达到90%。初步建成高质量人才梯队，其中正高40人，中国气象局特聘专家1人、中国气象局科技领军人才2人、上海市领军人才2人、中国气象局首席气象专家3人、中国气象局青年气象英才5人、享受国务院特殊津贴3人、中国气象局专业技术二级岗位任职资格7人。

二、实施情况

1. 加强气象基础保障能力建设。完善综合气象观测系统建设。建立立体气象观测系统，实现观测自动化和地面高空观测一体化。开展相控阵雷达组网观测，建成多波段雷达协同观测系统。开展国内首次台风多平台协同探测试验和“二次探空”，建设登陆台风野外科学试验基地。推进气象信息共享平台建设。建成以综合气象信息共享系统（CIMISS）为核心的集约化标准化业务系统，并完成与“天擎”接口切换。实现中国气象局考核数据监控全覆盖，部分重点业务系统纳入天镜系统监控。上海气象大数据云平台系统业务试运行。基本形成长中短临预报体系。建立基于卷积神经网络的智能网格预报温度订正模型和基于深度学习算法的强降水订正模型。华东区域高分辨率数值预报技术全国业务应用，纳入冬奥会气象服务体系。研发试用上海 90 天日最高气温集合概率预报方法。区域气候模式延伸期预测系统业务运行，输出1～40天要素格点预报。开展梅汛期智能动态强降水预测方法试应用。建立气象灾害预警应急体系。建成“一键式”突发事件预警发布系统，建立多领域新型交互式天气影响预报和灾害风险预警业务体系。升级城市网格化管理风险预警智能应用场景，完成市民健康事件风险预测模型可视化展示，交通气象风险预警智能化场景纳入上海道路交通安全管控系统。健全公共气象服务体系。气象先知系统纳入市区两级城市运行“一网统管”专业指挥系统，“气象插件”接入城市运行管理部门。国内首创空气质量预报会商，预报时效延伸至 72 小时。推出“上海预警发布”微信公众号和“上海知天气”APP。

2. 发挥气象综合保障作用。积极服务国家发展战略。亚太台风委员会第 53 次届会通过上海亚太台风研究中心建设提案。持续推进世界气象组织热带气旋预报检验评估中心建设。上海海上传真广播业务化，列入世界气象组织文件。与中远海科合作建设远洋导航业务模块。分区预警首次覆盖上海海事责任区及重点港区。保障东海舰队完成亚丁湾索马里海域护航和出访任务。输出的科技成果“缅甸气象防灾数值预报系统”获缅方高度肯定。航空飞行气象监测及预警平台荣获“第三届中国—阿拉伯国际技术转移与创新合作大会十项主推重要技术成果”。开展应对气候变化研究。成立上海市气候变化研究中心，基本建成灾害风险管理气候服务平台。开展城市基础设施、人体健康、能源安全等领域气候变化风险评估和气候承载力分析。强化农业气象服务工作。完成草莓气候品质保险产品设计开发，农产品气候品质保险纳入市金融局、市农业农村委等 6 部门联合出台的文件。做好国产大飞机试飞运行保障。成功保障ARJ21-700飞机地面大侧风扩展试验和国产大飞机C919上海浦东机场首飞。飞机地面大侧风扩展试验抓风概率100%,获取值和试验效率刷新国内纪录。民机试飞自然结冰潜势预报新方法获技术验证,中国商飞公司高度认可并报工信部。

3. 科学合理开发利用气候资源。参与上海气候变化工作顶层设计。连续滚动实施《上海市节能和应对气候变化"十二五"规划》《上海市"十三五"适应气候变化专门规划》,并参与实施《上海市"十四五"应对气候变化规划》。开发气候变化对城市安全运行领域的影响和风险评估方法。研制城市基础设施气候变化风险评估工具集,并推广应用到长三角6个城市,开展基于气候预测的城市能源消耗的决策服务,构建上海市轨道交通气候风险评估指标体系,绘制风险地图。助力节能减排和清洁能源开发利用,研发近海和深远海域风能资源评估及预测技术。完成《东海大桥海上风电场台风灾害性论证》,主编的《深远海域海上风能资源评估和台风大风风险评估技术指南》由中国气象局预报与网络司正式印发。基于高分辨率区域气候模式研发的风光资源短期至月季的无缝隙预测技术,为新能源企业日常调度及安全运营提供参考。

4. 推进气象工作的法制、体制和机制建设。健全气象法规与标准体系。2017年3月1日,《上海市气象灾害防御办法》施行。参与制定国家标准1项,各类行业标准11项,正在参与制订的各类国家、行业和地区标准14项(包含1项预研究)。上海气象管理体系逐步完善,观测业务通过ISO 9001年度监督审核。提升机制创新水平。建成面向社会的上海市气象专业技术服务平台,促进科技成果应用转化。强化科技成果分类评价,建立成果应用为核心的全周期科研管理机制。举办首届人工智能天气预报创新大赛。深化中国(上海)自由贸易试验区气象服务市场管理体制改革。完成试验区信息共享平台开户登记。推进信息共享,开展试验区气象服务市场管理监管标准和制度建设,推进事中、事后监管管理。抓好气象人才队伍建设。形成"'光启高峰'人才计划-首席业务专家-骨干人才-青年英才-气象新苗"等五大人才发展梯队。在12个重点领域打造科技创新团队,实行代表性成果制度,探索实施优秀毕业生定向跟踪计划。2020年,全市5人获正高级工程师职称,19人获高级工程师职称,2人入选上海市超级博士后激励计划,7人入选中国气象局"十百千"人才计划,1人入选上海市领军人才。

三、工作举措

1. 强化部市合作，推动气象现代化建设。2005 年 6 月，上海市政府和中国气象局签署全国首个部市合作协议，建立政策、资金、项目等方面的长效合作机制。2006 年出台《上海市政府贯彻国务院关于加快气象事业发展若干意见的实施意见》(沪府发〔2006〕27 号)，2012 年出台《关于加快推进上海率先实现气象现代化的实施意见》(沪府发〔2012〕54 号)。2016 年，上海在全国率先实现气象现代化。

2. 加强谋篇布局，优化气象现代化发展格局。上海市政府印发《上海市气象事业发展“十一五”规划》《上海市气象事业发展“十二五”规划》，中国气象局、上海市人民政府联合印发《上海气象事业发展“十三五”规划》，依托上海市政府与中国气象局部市合作机制，服务上海重大任务建设，实现在服务上海发展中推进气象现代化建设。

3. 注重创新引领，激发气象现代化建设活力。集约各类创新资源，协同开展关键技术研发和推广应用。加大“常态化”科研工作比重，完善“岗位化”科研和“项目化”科研相结合的科研工作模式，促进业务科研深度融合。打破单位部门边界，集中优势力量，在急需领域组建科技创新团队。

四、发展建议

当前，与研究型业务发展方向相匹配的业务流程和业务组织体系有待建立和完善，支撑上海气象现代化发展的体制机制还需更开放、更有效。下阶段，上海市气象部门重点围绕以下两方面做好工作。一是全面推进和完善全局研究型业务建设。进一步强化高质量、智能化业务新技术体系，淘汰无效、低效业务，明确主要业务核心环节的职责分工，重构集约、高效的业务流程，优化以业务质量为导向的考核机制，不断提升全局整体业务效能和业务质量。二是进一步完善双重计划财务管理体制。深化部市合作机制，加大对气象事业发展的资金保障力度。完善保障气象业务现代化、气象服务社会化、气象工作法治化机制，健全气象与经济社会发展、综合防灾减灾相适应的制度规范体系，提高气象行政服务效能，增强社会公众的气象法律意识和法治观念。

(执笔人：雷小途　罗毅)

加快气象事业发展
服务保障"强富美高"新江苏建设

江苏省气象局

一、总体评价

江苏在全国率先基本实现气象现代化奋斗目标，基本建成了结构完善、布局科学、功能先进的气象现代化体系，气象保障经济社会和人民安全福祉取得明显成效，为建设"强富美高"新江苏、高水平全面建成小康社会做出了应有贡献。通过"十一五"至"十三五"三个五年规划的引领和重点工程项目建设，扎实推进重点任务。观测布局得到优化，自动化程度得到提高，多普勒天气雷达网和风廓线雷达网建成。建成"天镜-江苏"气象综合业务实时监控系统，完成"天擎-江苏"大数据云平台建设。建立了智能网格预报体系，预报网格距达到 2.5 公里，0～24 小时间隔达到 1 小时，临近预报、短时预报、中短期预报分别实现 10 分钟、3 小时、6 小时滚动更新。强对流天气预警时间提前量达 39 分钟，预报业务质量稳居全国前列。气象灾害防御机制日趋完善，探索融入网格化社会治理体系，公众气象预报预警覆盖率达 97.7%。

二、实施情况

1. 气象基础保障能力显著增强。气象综合观测体系不断夯实。建成地面自动气象观测站 1800 个。完成智能台站基础建设，在苏北龙卷多发区建设协同观测试验基地，建成南京特大城市大气垂直廓线观测网、全省大气成分观测网。建成智能风洞、自动站现场自动校准系统等现代化装备保障体系。气象信息化能力全面提升。构建智慧化基础设施，完善云计算资源池和气象信息基础支撑平台，建成高性能计算系统。建设网络安全监管平台，实现全流程监控。建成省级大数据中心、数据服务平台，有效保障数据服务与安全。建成新一代云视频会议系统。气象预报精准度持续提高。建立智能网格预报体系，形成从分钟到月的无缝隙精细化预报产品链。强化气象灾害实时监测和临近预警业务，开展龙卷预警试验。新一代智能化预报业务及强天气追踪平台全面建成，实现省市县三级流程协同和集约管理。气象灾害预警应急体系持续完善。建成“政府主导、部门联动、社会参与”的气象灾害防御体系，突发事件预警信息发布体系初步建立。省市县均成立了气象灾害防御领导机构，与自然资源部门联合开展地质灾害气象预警，连续16年实现地质灾害零伤亡。公共气象服务体系不断健全。城乡基本公共气象服务体系建设不断夯实，气象灾害预警传播在全国率先纳入省政府基层基本公共服务功能配置标准。打造全媒体传播平台，组建新媒体创新团队，专业专项气象服务持续深入，海上风电、交通气象、农业气象保险服务等探出新路。

2. 气象综合保障作用持续发挥。应对气候变化工作呈现新局面。持续开展气候变化事实监测评估，开展高精度的温室气体浓度监测。完善气候变化影响评估模型，联合省住建部门开展海绵城市建设气象设计参数研究和应用。定期发布省级气候变化监测公报。农业气象服务工作持续深化。实现农业气象灾害格点化定量预报，应用卫星遥感技术监测分析作物长势并形成行业标准；研发天气指数保险产品44项。服务信息直通农业一线，通过惠农短信平台开展一站式气象服务。交通气象服务成效明显。在全国率先开展交通气象服务，显著降低了因天气造成的交通安全事故。建成中国气象局交通气象重点开放实验室，研究成果和技术方法推广到全国。承担公安部、中国气象局的恶劣天气交通预警处置试点。建成金坛交通气象野外科学试验基地。城市气象服务能力不断增强。以南京特大城市建设和苏南城市群运行为重点，开展特大城市垂直廓线观测和城市群气象治理能力建设，推进城市智能网格预报、城市内涝监测预警业务和暴雨强度、城市热岛效应、海绵城市建设等专题气象服务。

3. 气候资源开发利用得到促进。气候资源普查和开发利用气象服务全面开展。完成全省风能资源精细化详查和评估，为风电场开展气象服务，累计总装机容量达300万千瓦以上。逐年编制《风能、太阳能监测评估报告》，为气候资源规划利用提供基础数据，有力支持江苏风能、太阳能产业发展。人工影响天气（简称人影）工作持续加强。基本建成全省人影业务平台体系，初步形成人影物联网监控体系，制定业务制度规范体系；实行作业单位认定，51个单位获作业资格。人影保障成效获得认可，夏季青年奥运会、省运动会和国家公祭日人影保障均获得圆满成功。气候可行性论证工作有力推进。为能源、交通、规划等行业50余项大型工程开展气候可行性论证服务。2019年，商务厅牵头，联合气象等九个部门部署开发区，统一组织包含气候可行性论证在内的区域评估，气象部门在评估单位、技术方法、评估规范等方面加强监管。

4. 气象发展环境持续优化。气象法规与标准体系不断健全。江苏省人大颁布实施《江苏省气象灾害防御条例》《江苏省气候资源保护和开发利用条例》，省政府配套出台相关管理办法。建立了执法队伍，与地方政府"互联网＋监管"衔接，成立江苏气象标准委员会，颁布实施地方标准7项。规划引领作用不断加强。江苏省政府和中国气象局联合印发气象事业发展五年规划，以规划为引领推进重点项目落实，有力推动了气象基础设施和业务系统建设，促进了气象资源的合理配置、高效利用和信息的有效共享。科技创新能力持续提升。深化气象科技体制改革，基本形成了开放合作支撑业务发展的科技创新体系。在江苏省气象局与在宁院校共建大气科学联合研究中心的基础上，中国气象局与江苏省政府、南京市政府共建南京气象科技创新研究院，为江苏气象事业发展注入了更强科技动能。公共财政保障机制逐步建立。把气象建设经费纳入各级政府财政预算。2015年，部分行政审批事项取消后，江苏省气象局联合财政厅出台措施，由同级财政解决经费缺口，2020年全口径公共财政保障程度达91.82%，部分市气象局纳入地方财政预算管理，建立了长效保障机制。气象人才队伍建设成效明显。建立源头培养、跟踪培养、全程培养的人才素质培养体系。全省气象职工本科及以上学历占比达91.1%，7人被评为中国气象局专家，5人纳入青年英才，25人纳入省第五期"333"培养对象。实施"业务科技骨干出国交流培养计划"，支持各类人才参加出国（境）高水平会议。

三、工作举措

江苏把气象现代化建设和气象事业发展融入各级地方政府的中心工作，夯实省部合作基石。

1. 强化政策支持。2011年，中国气象局、江苏省政府签署《共同推进江苏率先基本实现气象现代化建设合作备忘录》以来，召开四次省部合作联席会议。省政府先后印发《关于加快气象现代化建设的意见》《开展气象现代化指标体系进程监测评价意见》《关于推动气象事业高质量发展的意见》等十多个文件。省人大开展《江苏省气象灾害防御条例》执法检查，省政府办公厅在全省部署执法检查问题整改落实。

2. 注重规划引领。由中国气象局和江苏省政府共同印发气象事业五年发展规划。通过规划引领，加大投入，推进重点项目建设。中国气象局和江苏省政府共同投资经费近30亿元，有力地支持了江苏气象现代化发展。

3. 坚持科技创新。发挥江苏区位优势，省气象局联合在宁气象院校，搭建开放合作平台，建立"双聘、双跨、双建"机制，组建创新团队，开展协同研究攻关。同时，坚持数量、质量和结构三个目标统筹，强化多层次、递进式人才培养，取得良好成效。

四、发展建议

江苏气象现代化建设虽然取得了一些成绩，但面对新形势和新任务，与"监测精密、预报精准、服务精细"的要求还有差距。一是气象观测信息化、智能化、社会化水平不足，监测手段不够丰富；二是智能网格预报产品应用还须加强，灾害性天气预报预警业务技术研究不够深入；三是气象服务融入重大战略和重点工作的深度不够；四是气象科技创新政策落地推进不够深入，科研成果的转化应用效率还需提升。

江苏省气象局将继续深入贯彻落实习近平总书记对气象工作和对江苏工作的重要指示精神，立足新发展阶段、贯彻新发展理念、融入新发展格局，推进全省气象现代化高质量发展。一是进一步健全事业发展机制。继续坚持和深化省部合作机制，完善气象事业发展规划系列配套支持政策，积极推进部门内外、国内外的开放合作。二是继续大力加强气象科技创新。全力支持并推动南京气象科技创新研究院建设发展。大力推进研究型业务建设，加强强对流天气预报预警技术研发和防御体系建设，加强温室气体监测和碳中和评估技术研究和业务应用。三是持续抓好人才队伍建设。加强人才创新活力政策的贯彻落实，分层分类推动高层次人才和青年骨干人才培养，加强省级创新团队建设，把多年积累的人才资源潜力持续转化为科技创新的现实生产力。

（执笔人：严明良　赵启航）

改革创新 提质增效
浙江筑牢防灾减灾第一道防线

浙江省气象局

一、总体评价

在中国气象局和浙江省委省政府领导下，浙江省认真贯彻落实国务院三号文件，气象现代化建设成效显著，气象服务保障能力不断增强，气象防灾减灾水平明显提高，气象人才队伍不断优化，国家和地方气象事业协调发展，气象监测预报预警服务在防汛防台等工作中有效发挥了“第一道防线”作用。

2006 年到 2020 年，全省气象观测站网平均间距从 13 公里缩小到 2010 年的 9 公里、2020 年的 5.6 公里，天气预报准确率从 82.3%提高到 2010 年的 82.9%、2020 年的 85%，台风 24 小时预报路径误差从 140 公里缩小到 2010 年的 119 公里、2020 年的 70 公里左右，2020 年暴雨预警信号准确率达到 89%、强对流天气预警时间提前量达 38 分钟。气象信息公众覆盖率达 95%，公众气象服务满意度稳定在 90 分以上。公共财政保障率从 26%提高到 2010 年的 45%、2020 年的 94%。

二、实施情况

1. 加强气象基础保障能力建设。综合气象观测系统基本建成。全省地面自动气象站增至 3362 个（新增 2747 个），实现乡镇全覆盖。新一代天气雷达增至 12 部（新增 9 部），实现设区市全覆盖。推进气象信息共享平台建设。全面建立气象监测设施规划建设和资源共享协调机制，实时共享水利、生态环境、自然资源等 17 个部门 3300 个观测站、18 种观测数据。完善气象预报预测系统。建立

1 公里网格短临预报和 5 公里 0～72 小时网格预报产品体系。建立基于智能网格的影响预报、流域预报产品体系。建立 10～45 天逐日气候趋势预测业务。建立气象灾害预警应急体系。建立以气象灾害预警信号为先导的应急联动机制。气象预警融入基层网格治理体系，与浙江省政法委创新建立“网格＋气象”联动机制。气象防灾减灾标准化乡镇（街道）实现全覆盖。健全公共气象服务体系。气象信息公众覆盖率达 95％。气象服务领域扩大到 28 个行业。连续 14 年推出气象服务民生实事。近 3 年公众气象服务满意度稳定在 90 分以上。

2. 发挥气象综合保障作用。开展生态气象服务。开展温室气体监测评估和服务。建立清新空气（负氧离子）监测体系，建成清新空气站 256 个。创建 30 个“中国天然氧吧”，开展“避暑气候胜地”“乡村氧吧”等评估和推广。强化农业气象服务。与浙江省农业农村厅共同建成中国茶叶气象服务中心，技术辐射 13 个茶叶主产省。与涉农部门联合推进农业全产业链气象服务，组建 3 个优势农产品气象服务联盟，开展 15 类农产品气候品质认证，13 类农产品气象指数保险服务推广到 76 个县。做好交通气象保障。建立全国首个“一带一路”气象台，成立联盟深化商贸物流气象保障服务。加快智慧港航气象服务，发布全球首条航运气象指数。发布近海 7 个渔场 131 个渔区精细化气象预报服务产品。加强城市气象服务。在杭州开展城市精细化管理智慧气象服务试点，建设智慧城市气象服务体系。

3. 科学合理开发利用气候资源。做好气候资源普查。开展沿海、山区等重点区域气候资源普查区划。完成浙江省风能资源时空分布特征评估。开展杭州等大城市通风廊道规划。开展气候可行性论证。气候可行性论证列入《浙江省气象灾害防御条例》。完成 375 项重大工程及城市规划气候可行性论证、63 个县暴雨公式修订和城市防洪排涝体系规划、153 项区域雷电灾害风险评估。加强人工影响天气工作。建立省市县政府人影协调机构 67 个，建立军地人影协同工作机制、跨区域流域化协同作业机制。

4. 完善气象法制体制机制。健全气象法规与标准体系。出台《浙江省气象条例》《浙江省气象灾害防御条例》等，形成 9 部地方性法规和规章、36 个规范性文件的地方气象法规体系。新增行业和地方标准 20 个。加强统筹规划与管理。制定实施省市县气象事业三个五年规划，全省统筹实施突发强对流天气监测预警工程、公共气象服务均等化项目、省级气象防灾减灾中心等重大工程，完成规划投资65亿元，落实地方投资约50亿元。加快气象科技创新。气象科学研究院浙江分院实现实体化运行。与上海台风所等共建科技创新平台。承担国家级科研项目11项、省部级科研项目81项，14项科研成果获省部级科技进步奖。加大财政投入力度。气象公共财政保障政策列入《浙江省气象条例》。全省气象部门基本落实了地方财政预算，公共财政保障率达到94%。加强气象国际交流与合作。办理160批次出国访问，接待32批次来访，协办6次国际会议。与韩国釜山地方气象厅签订双边协议项目。抓好气象人才队伍建设。本科以上学历人员占比从39.9%提高到91.4%。高级职称人数从147人提高到436人，增长1.97倍。其中正高工40人，增长7倍。19人入选省部级以上人才工程。

三、工作举措

1. 坚持以习近平总书记嘱托和重要指示精神为遵循。2007年1月，时任浙江省委书记习近平对气象工作作出批示，首次提出气象防灾减灾第一道防线的重要论述。浙江始终牢记嘱托，将贯彻落实国务院三号文件与忠实践行习近平总书记重要指示精神相结合，2010年和2019年，浙江省政府与中国气象局签署两轮省部合作协议，共同推进气象现代化和防灾减灾第一道防线先行示范省建设。

2. 省政府紧密结合浙江实际出台政策措施抓落实。浙江省政府出台《关于加快气象事业发展的实施意见》《关于加快推进气象现代化的意见》《关于推进高水平气象现代化和防灾减灾第一道防线建设的意见》以及气象灾害防御、气象服务"三农"、气象灾害预警信号发布、深化改革、人工影响天气等配套文件16个。

3. 省委省政府把气象工作纳入对市县的重大工作考核体系和绩效考核。气象工作纳入省委省政府平安浙江、五水共治、美丽浙江、乡村振兴等部署考核体系。省气象局工作纳入省政府绩效考核。

4. 发挥气象体制优势，推进地方气象事业协调发展。气象事业发展纳入各级政府国民经济和社会发展规划。省气象局与省财政厅联合发文推动地方政府加大气象事业投入，落实专项资金推进公共气象服务均等化。地方气象机构覆盖率省市级100%、县级95.9%，地方气象编制数增至558。

5. 坚持气象工作融入服务中心大局改革创新提质增效。“气象安全体制机制改革”连续多年纳入省委重点改革任务，取得气象“最多跑一次”“网格＋气象”等系列改革创新成果。不断创新和深化气象业务技术体制重点改革，数字化气象服务保障能力得到不断提升。

四、发展建议

对照新任务新要求，仍存在灾害性天气监测预报能力不能满足综合防灾减灾救灾要求、气象服务供给尚难以满足经济社会高质量发展和人民群众对美好生活向往的需求、气象科技创新整体效能不高、气象关键技术领域的领军和拔尖人才不足等薄弱环节。

下一步，浙江省气象部门将深入学习贯彻习近平总书记重要指示精神，扎实落实中国气象局和浙江省政府合作协议，奋力推进气象防灾减灾第一道防线示范省建设。一是加快实施气象监测预报能力提升工程。二是推进“一体两翼全覆盖”的浙江气象新发展格局，实施“气象＋”赋能行动。三是坚持实施创新和人才首位战略，加快建立研究型业务。

建议从以下方面开展工作：一是争取国务院政策支持，完善数值预报全方位保障机制，持续优化数值预报统筹研发工作机制，提升数值预报模式协同攻关效能，提升气象强国核心实力；二是创新体制机制，建立与研究型业务相适应的科技创新激励机制，进一步强化气象事业高质量发展的科技型属性和要求；三是进一步在政策上发挥气象工作的体制优势，推进地方气象事业高质量发展。

（执笔人：潘劲松　张纪伟）

夯实基础 发挥优势
实现安徽气象事业发展新跨越

安徽省气象局

一、总体评价

在中国气象局和安徽省委省政府的坚强领导下，安徽省气象局根据国务院三号文件要求，积极组织综合气象观测系统、气象预报预测系统、公共气象服务系统和科技支撑保障系统建设。2020 年，安徽省气象现代化综合评分位列全国第七，达到了预期目标，气象事业发展实现了新跨越。全省观测站网空间分辨率 6.8 公里，地面、高空、雷达等观测数据业务可用性保持在 99%以上，高速公路站网规模全国第一。专网带宽、省级存储容量和计算能力提升 4 倍。智能网格预报最小分辨率达 3 小时 3 公里，晴雨预报准确率稳定在 90%左右，暴雨(雪)预警信号准确率提升至 85.3%，强对流天气预警提前量达 38.5 分钟。气象灾害预警信息发布责任人实现全覆盖，公众覆盖率 91.2%，公众气象服务满意度评价达 93.1%。

二、实施情况

1. 加强气象基础保障能力建设。综合气象观测全面实现自动化。地面观测数据传输频次从 1 小时提升到 1 分钟。地面、高空、雷达等观测数据业务可用性保持在 99%以上。全省共建成 2816 个常规气象观测站，监测空间分辨率达千米级，时间分辨率达分钟级。气象信息网络基本实现集约化。建成气象大数据云平台、计算和存储资源池、标准化机房等基础设施支撑环境，省级业务单位信息基础设施全面集中，不断推进业务系统集约整合和“云化”改造。气象预报预警初步实现数字化。建立并优化智能网格预报业务，实现站点预报向格点预报转变，构建了从分钟到年的多要素无缝隙精细化预报产品库。格点预报水平取得突破性进展，预报分辨率达到0～10天逐3小时3公里。

2. 发挥气象综合保障作用。气象防灾减灾第一道防线作用得到充分发挥。构建了灾害性天气预报预警服务体系、强对流天气预警服务体系、防汛抗旱气象预报和风险预警体系以及广覆盖的预警信息发布网络。现代农业气象服务“安徽方案”不断完善。完善农业气象观测试验体系，形成省级＋区域中心＋市级的业务布局。构建了农业气候资源利用、农作物种管收及病虫害防治、农产品产供销、农业气象灾害风险转移的全链条、全流程服务体系。重点行业气象服务“安徽思路”更加清晰。以应对气候变化为抓手，实现重点开发区和重大工程气候可行性论证及气象灾害风险分析全覆盖。以安全生产为突破口，实现重点领域专业气象服务提质增效，建成较为完备的交通、旅游、林业、应急救援等专业气象服务体系。

3. 科学合理开发利用气候资源。人工影响天气成效显著。基本建成覆盖省、市、县、作业点，空地一体的人工影响天气作业体系。围绕农业生产、生态环境建设和水资源开发利用等需求，加大人工增雨作业力度。“十三五”期间，共组织实施飞机人工增雨飞行137架次，开展地面作业2991点次，增加降雨量共43.17亿吨。生态文明建设服务深入推进。参与生态环境保护“三线一单”划定和跟踪监测评价。试点打造合肥“城市新风系统”，助力“蓝天保卫战”。开展气象公园建设试点，创建“中国天然氧吧”，打造避暑旅游目的地，组织风能、太阳能评估和“气候好产品”评选。构建的气象监测评价指标纳入安徽省绿色发展监测指标体系。气候可行性论证逐步完善。完成131个省级以上开发区区域性气候可行性论证专项评价。建立面向新型城镇化气候承载力指标体系和方法流程，完成皖江城市带气候承载力评价。

4. 推进气象工作的法制、体制和机制建设。强化法治保障。共出台《安徽省气象灾害防御条例》等3部地方性法规、2部政府规章，发布47项各类标准。加强统筹规划。省气象局与省发展改革委联合印发气象事业三个五年发展规划，落实气象事业发展重点项目。台站基础设施现代化达标率达97.6%。加快科技创新。组织强对流天气临近预报、强降水过程延伸期预报等重点领域科技攻关；拓宽科技创新项目和资金渠道，科研投入和科技产出持续增长；制定《安徽省气象局创新发展专项管理办法(试行)》;推动气象重点研发任务纳入国家和省部级科技布局。加大投入力度。“十一五”期间,安徽各级财政对气象事业重点项目建设投入 4.35 亿元,“十三五”增至 15.34 亿元。省财政厅和省气象局联合下发《关于进一步落实气象事业双重计划财务体制的通知》,将事业人员绩效工资缺口和地方气象业务运维、服务经费纳入地方财政预算。加强队伍建设。全省气象部门硕博士人数增长至 403 人,正高级职称人数增长至 34 人。取得气象科技成果 504 项,获得国家科学技术进步奖 1 项,省部级科学技术进步奖 26 项,发明专利 9 项、软件著作权 95 项,发表高质量科技论文 700 多篇。

三、工作举措

1. 强化双重领导,夯实省部合作。安徽省政府与中国气象局先后签署了《关于共同推进气象为安徽农村改革发展服务合作协议》《关于共同推进气象现代化建设合作协议》和《共同推进安徽更高水平气象现代化合作协议》,明确了双方的责任义务,并分别于 2013、2015、2016、2018 年召开联席会议或推进会议。

2. 争取出台政策,形成推进合力。安徽省政府出台《关于加快气象事业发展的决定》等,要求将气象事业发展纳入当地经济社会发展规划及科技发展规划,强化了省直属各相关部门在推进气象现代化建设中的牵头责任。先后印发了各类专项推进文件 16 份。

四、发展建议

面对新形势、新机遇、新挑战,安徽气象仍存在气象科技创新亟待加强、气象业务智能化亟待提高、气象治理体系亟待完善等问题或短板。建议在以下方面采取工作:一是坚持创新驱动,构建充满活力的自主创新体系。深度融入地方科技创新和人才工作体系,进一步激活气象科技创新活力。二是坚持深化改革,建设高质量的气象现代化体系。以深化气象业务技术体制和气象服务体制改革为抓手,推进研究型业务建设,发展智能数字气象新业态。三是建立健全地方性气象法规、标准和政策体系。坚持创新思维,发挥“双重领导”“双重计划财务”体制优势。

(执笔人:汪克付　张中平)

激发制度创新"动力源"
跑出气象现代化"加速度"

福建省气象局

一、总体评价

2006—2020 年，福建省各级政府和有关部门按照国务院三号文件精神，发挥气象工作双重领导优势，健全加快气象事业发展的长效机制，形成推动气象事业发展的强大合力。到 2020 年，福建基本建成适应需求、结构完善、功能先进、保障有力的气象现代化体系，气象保障福建经济社会发展的能力和效益显著提升。

15 年来，气象现代化持续推进。全省新一代天气雷达由 4 部增加到 9 部，陆地自动气象站平均间距由大于 26 公里加密至小于 8 公里，预报水平分辨率由 60 公里精细到 2.5 公里，24 小时台风路径预报误差由 150 公里缩小到 68 公里，气象服务满意度从 86 分提升至 93.3 分。建立健全了与福建省委省政府"三个提前"（提前 12 小时划定防范重点区、提前 6 小时预置救援力量、提前 2 小时转移高风险区域人员）精准指挥模式相适应的气象防灾减灾救灾工作机制。出台 5 部地方性气象法规和规章，福建省委省政府及有关部门先后出台 5 份重要政策文件，保障气象事业发展。落实双重计划财务体制，2020 年全省气象公共财政总体保障居全国第 2。

二、实施情况

1. 加强气象基础保障能力建设。加快综合气象观测系统建设。新建 5 部双偏振天气雷达、20 部风廓线雷达，对高空风场观测的时间分辨率由 12 小时提高到 6 分钟，平均空间分辨率达 100 公里；观测数据传输时效由小时级提高到分钟级；地面观测实现自动化；建设全国一流的武夷山国家气候观象台。建成7个大型海洋气象浮标观测站，距海岸线最远探测距离240公里。推进气象信息共享平台建设。建成每秒峰值运算速度达80万亿次以上、存储容量450 TB的省级高性能计算中心；初步搭建气象"云＋端"平台，气象资料输出平均每年近50 TB。完善气象预报预测系统。建成智能网格预报体系，台风路径、智能网格、月天气过程等预报水平跃居全国前列。率先在全国建立以干湿窗口和台风群发期、影响活跃期为主要预报对象的延伸期预报业务。建立气象灾害预警应急体系。建立强降水气象信息地方党政一把手短信直报制度。建立省、市、县三级预警发布工作机构体系，预警信息公众覆盖率95.9%。预警信息发布对各级应急责任人送达率99.1%，比全国平均高出3.43%。健全公共气象服务体系。基层气象防灾减灾示范建设县级全覆盖。"知天气"手机气象灾害预警服务系统得到推广。获评全国科普工作先进单位，拥有17个全国气象科普基地。

2. 发挥气象综合保障作用。积极开展应对气候变化研究。发展月、季极端气候事件和灾害性气候事件影响预测业务。参与福建省适应气候变化策略研究，服务保障厦门、南平国家低碳城市和三明生态新城国家低碳城（镇）试点建设。强化农业气象服务工作。建立1个国家级、3个省级特色农业气象服务中心。编制《福建省特色农业精细区划》。建成"现代农业智慧气象服务平台"和"农气宝"。落地14项天气指数保险产品，2018年以来提供近1.5亿元风险保障。做好交通气象保障。建成交通气象服务系统，定期向交通部门发布交通气象实况数据、预报结论等服务产品。加强城市和公共卫生气象监测。福州、厦门、泉州等重点城市自动气象站平均站间距小于3公里。福州全面融入城市大脑，实现排水防涝应急处置提效50%以上；厦门融入城市基层网格化管理。常态化服务保障疫情防控。

3. 科学合理开发利用气候资源。做好气候资源的普查和规划利用工作。开展"清新福建・气候福地"认定工作，形成以社会效益为优先、以财政投入为支撑的发展模式。武平"中国天然氧吧"综合效益全国第一。加强人工影响天气工作。福建省政府加强人工影响天气安全生产工作，推进人工影响天气工作高质量发展。福建人影现代化建设工作获中国气象局优秀表彰，全省地面火箭作业规模居全国前列。做好风能、太阳能开发利用的气象服务。实现1公里×1公里高精度的福建省海域风能资源评估。全省完成60个县(市)暴雨强度公式修编和设计暴雨雨型报告编制。开展气候可行性论证工作。试点将通风廊道构建和小区气候舒适度评价写入《城市规划管理技术规定》。汇聚、分析、模拟气象探测、城乡规划、国土空间、遥感和地理信息等11类数据,编织城市气象安全“一张网”。

4. 推进气象工作的法制、体制和机制建设。健全气象法规与标准体系。修订或出台《福建省气象条例》《福建省气象灾害防御办法》《福建省气象设施和气象探测环境保护办法》等5部地方性气象法规和规章。成立福建省气象标准化技术委员会,发布实施各类标准40余项。加强统筹规划与管理。94%的基层台站达到气象现代化建设标准。福建省气象防灾中心投入使用。加快气象科技创新。构筑“1314”(1个创新基地、3个重点实验室、1个院士工作站、4个野外试验基地)科创平台集群,福建省政府批复成立省灾害天气重点实验室,厦门海峡气象开放实验室通过评估,设立全国首个省级气象科研联合基金,开展智能网格预报技术、气候预测技术、人工影响天气效果评估等多项关键技术攻关,“十三五”期间有8项成果获省科技进步奖。加强闽台气象科技交流与合作。连续举办8届海峡两岸民生气象论坛和海峡气象科技交流年会,常态化开展岚台(平潭—台湾)、两马(马尾—马祖)等8条闽台航线气象服务,“两定两常”(每年定期举办海峡两岸民生气象论坛、开展海峡气象青年汇活动;常态化闽台人员往来,常态化开展两岸航线、渔场等气象服务,实施厦金、榕马天气联防)闽台气象交流机制获国台办高度肯定。发布精细化钓鱼岛天气预报。抓好气象人才队伍建设。深入实施“领航强基”人才工程,实现研究员首聘及二级岗零突破。“十三五”时期,高级职称人才比重由15.4%提高到22.7%,增幅47%。

三、工作举措

1. 坚持政府主导。始终坚持以习近平总书记重要指示精神为引领,推动福建省政府出台《关于进一步加快气象事业发展的实施意见》《关于实施加快推进气象现代化十二条措施的通知》等政策文件,全省所有设区市政府、平潭综合实验区管委会及93%的县级政府出台推进气象现代化政策,并列入政府绩效考核。

2. 加强省部合作。2012年5月福建省政府和中国气象局联合召开首届省部合作联席会议,2013年8月省政府召开全省气象现代化建设推进会议,2019年1

月召开第二届省部合作联席会议。15年来，签署2轮省部合作协议，福建气象事业和气象现代化建设不断取得跨越式发展。

3. 强化规划引领。联合福建省发展改革委印发气象发展五年规划。福建气象现代化建设项目累计投资达23.25亿元，其中，地方投资11.38亿元。依托“福建沿海及海峡防灾减灾气象服务体系”“福建省气象现代化建设项目”“福建省气象现代化提升工程建设项目”等一系列重大工程建设，为气象现代化建设提供了坚实保障。

4. 加强资金保障。出台《关于进一步落实气象事业双重计划财务体制的通知》等文件，建立健全稳定的财政保障机制；将气象现代化项目建设市县配套资金与系统运行维持经费纳入同级财政预算，为福建气象事业发展提供有力保障。2014—2018年，明确省级每年平均投入不少于7000万元资金用于气象现代化建设。

四、发展建议

存在不足：气象现代化建设的深度规划还有待进一步提升，气象灾害监测预报预警能力建设还有短板，气象服务供给还不能满足生产生活的精细化需求，海洋气象保障能力有待进一步提升，生态文明建设气象基础支撑作用发挥不充分，高层次领军人才和高水平创新团队影响力不强。

对策建议：强化系统、整体思维，推进气象高质量发展，科学布局气象现代化建设，注重现代化建设成果在业务服务中的应用，提高气象服务保障的质量与效益。

（执笔人：官秀珠　吴远志）

突出特色 整体提升
江西气象现代化迈上新台阶

江西省气象局

一、总体评价

到2020年，江西基本建成适应需求、结构完善、功能先进、保障有力的气象现代化体系，国务院三号文件确立的两个奋斗目标基本完成。灾害性天气监测率达到82.5%，灾害性天气预警时间提前量达39分钟，气象灾害预警信息公众覆盖率达到95%以上，公众气象服务满意率91分；大数据云平台存储达2 PB；观测数据传输时效达到分钟级，总体可用率达95%；公共气象服务体系更加完善，气象服务领域进一步拓宽。全省气象部门博士9人，硕士研究生170人，本科以上学历占比“十二五”时期末提高13个百分点，达84.3%。“十三五”期间，获省部级科研成果奖励11项，4项科研成果在全国气象部门和其他行业推广使用；新增19名正高级工程师、83名副高级工程师、1名国务院政府特殊津贴专家、1名省政府特殊津贴专家、3名江西省百千万人才工程人选。

二、实施情况

1. 加强气象基础保障能力建设。加快综合气象观测系统建设。“十三五”期间，升级改造国家地面天气站286个、省级气象观测站1692个，地面气象观测实现自动化；升级改造天气雷达5部、闪电定位仪12个，新建三维雷电观测站16个；建成风云三号、四号卫星地面接收站。推进气象信息共享平台建设。建立省级高性能计算共享系统，计算机峰值总量达到40万亿次/秒。省-市、市-县带宽分别达30～50 Mbps、20 Mbps。完善气象预报预测系统。完善空间分辨率5公里的智能网格预报系统。建成集人工智能和新型卫星雷达观测资料应用于一体的短临预报预警系统。0～24 小时灾害性天气短临预报预警客观产品分辨率达逐 1 小时、1 公里。建立气象灾害预警应急体系。基本建成由防御指挥机构、责任领导、气象信息员组成的气象灾害防御组织体系。气象防灾减灾工作纳入各级地方政府绩效考核。创建 66 个国家级、903 个省级标准化气象灾害防御乡镇。健全公共气象服务体系。开发了“江西气象”官方微博、“江西天气”官方微信公众号、“江西微农”平台、“江西气象”手机 APP，建立了重大气象灾害手机短信全网发布机制。

2. 发挥气象综合保障作用。强化生态气象服务工作。开展全省市、县级生态质量气象评价。联合生态环境部门建立重污染天气区域联合预警机制。建立生态型人工影响天气工作机制，生态修复型人工影响天气作业面积占全省面积的 44.97%。强化农业气象服务工作。开展精细到县的作物种植区划和分灾种农业气象灾害风险区划 200 余项；联合江西省农业农村厅建立健全“六联合”机制，成功创建 9 个国家级、42 个省级标准化现代农业气象服务县(市)。开展了 140 余项农产品气候品质标志工作。开展应对气候变化工作。2014—2019 年连续 6 年参与设区市政府年度二氧化碳排放降低目标责任考核。组建了 3 届江西省气候变化专家委员会，发挥“气候变化智囊团”的作用。做好交通、水电、旅游等重点行业气象服务。开展交通、电力等 11 个行业的精细化专业气象服务。推动评选“中国天然氧吧”16 个、“江西避暑旅游目的地”36 个。发布全省旅游气象条件指数服务产品。做好公众气象服务。推动江西省编办批准成立江西省突发事件预警信息发布中心。建成“12379”省市县预警短信发布和叫应系统，实现气象灾害预警信息发布系统与手机短信、微博、微信等多种预警发布手段对接。

3. 科学合理开发利用气候资源。做好气候资源的普查和规划利用工作。开展江西省风能资源详查和评价工作，估算水平分辨率 1 公里、垂直方向离地面 150 米高度层以下、垂直分辨率 10 米的风能资源参数。开展太阳能资源精细化评估。加强人工影响天气工作。开展地面、飞机人工增雨作业。初步形成政府主导、部门协作、综合监管的新型人影管理体制。建成全省人影安全管理平台、弹药物联网管理系统。做好风能、太阳能开发利用气象服务。建立 143 座测风塔，完成江西省风能资源详查和 40 多个风电场的风能资源测量评价工作。建立了彭泽、新余和瑞金3个太阳能光伏示范基地，初步开发了江西省太阳能光伏发电预报系统。开展气候可行性论证工作。规范气候可行性论证审批流程。开发"重大工程气候可行性论证支持系统"。完成100多项气候可行性论证。

4. 推进气象工作的法制、体制和机制建设。健全气象法规与标准体系。出台《江西省气象灾害防御条例》《江西省气候资源保护和利用条例》等多个法规规章。制定23项地方气象标准和1项行业标准，其中7项地方气象标准已发布。加强统筹规划与管理。全省各级气象规划全面纳入当地政府规划管理体系，成为各级政府五年规划的重要组成部分，气象工作重要内容和重点气象工程均纳入当地政府规划纲要。加快气象科技创新。修订科学技术管理办法和气象科技创新驱动发展奖励办法。制定科技成果转化管理办法和科技成果业务准入办法。抓好气象人才队伍建设。制定《江西省气象部门人才发展规划（2014—2020）》《江西省气象局"151"人才培养计划实施办法》，选拔产生8名业务科研领军人才、43名业务科研骨干和123名一线优秀人才。加大财政投入力度。全省气象部门地方财政投入由"十一五"时期的3.39亿元提升到"十三五"时期的13.84亿元，增长308%。加强气象国际交流与合作。积极实施"走出去""请进来"战略，选派14批17人次分赴多个国家和地区，开展国际学术交流活动。

三、工作举措

1. 强化组织领导，高位推动。江西省政府成立由分管副省长为组长的气象灾害防御（人工影响天气）指挥部和省推进气象现代化建设领导小组。以省部合作为引领，深化市厅合作、局县合作。《江西省人民政府关于加快气象事业发展的意见》《江西省人民政府关于加快推进气象现代化的意见》印发，有力地推动江西气象事业快速发展。

2. 强化规划引领，项目推动。"十三五"时期，地方气象项目建设总投资11.4亿元，较"十二五"增长47%。其中，地方投资5亿元实施气象台站探测环境改善工程，第一批改善工程实施后全省探测环境平均提高12分，改善台站平均提高33分。

3. 强化部门合作，合力推动。江西省气象局与省发展改革委、省财政厅、省科技厅、省人社厅、省生态环境厅、省水利厅、省农业农村厅等单位通过签订合作协议、共同下发文件、联合检查工作等多种形式的合作，推动形成气象灾害防御及推进气象现代化建设的合力。

4. 强化目标考核，狠抓工作落实。气象工作纳入江西省委省政府八大考评体系。省委、省政府将气象工作纳入市、县级政府考核。省委省政府、所有设区市、100%的县(市、区)政府将气象现代化工作纳入政府考评，实现了全覆盖。

四、发展建议

江西气象现代化建设取得了显著成就，但仍然面临着气象科技创新体系整体效能不高、气象服务针对性不强、气象灾害监测预报预警能力有待提高、新一代信息技术在气象领域深度融合应用不够、公共财政保障亟待加强等问题。

立足新发展阶段，全面对标党的二十大部署要求，对表国务院《气象高质量发展纲要(2022—2035年)》《江西省气象高质量发展纲要(2023—2035年)》目标任务，踔厉奋发，推动江西气象高质量发展。一是坚持以人民为中心。坚持人民至上、生命至上，把气象高质量发展的成果惠及人民、造福人民。二是坚持科技创新和改革创新双轮驱动。发挥科技创新的“第一动力”和人才的“第一资源”作用，通过改革创新解决气象服务供给不平衡、不协调问题。三是坚持系统观念和统筹推进。统筹推进监测精密、预报精准、服务精细建设。注重建设与维持、发展与安全、科研与业务的紧密衔接。四是坚持问题导向和目标导向。精准施策，切实解决与高质量发展要求不相适应的难点和堵点。五是坚持质量第一、效益优先，推动质的提升和量的合理增长。

(执笔人：傅敏宁　王毓贵)

锚定“走在前列 全面开创”全面赋能山东现代化强省建设

山东省气象局

一、总体评价

山东省气象局始终坚持和加强党的领导，认真贯彻落实《国务院关于加快气象事业发展的若干意见》(国发〔2006〕3 号)和《山东省人民政府贯彻国发〔2006〕3号文件加快山东气象事业发展的意见》，初步建立起结构完善、布局科学的气象现代化体系，气象现代化建设水平和事业发展质量显著提升，气象科技支撑与基础保障能力明显提高，圆满完成了目标任务，多项工作走在全国前列。

到 2020 年末，山东省政府出台 6 个加快推进气象现代化相关文件、13 部气象法规规章。《山东省气象设施和气象探测环境保护条例》在全国开创了不可迁移气象台站立法先例，泰山等 3 个气象台站列为第一批不可迁移台站，气象法治保障位居全国第一。全省气象观测实现乡镇全覆盖，新一代天气雷达近地面 1 公里高度覆盖率达 79.96%，综合气象观测能力达国内先进水平。24 小时城镇晴雨预报准确率达 90%，气温预报准确率达 85%，暴雨预警准确率达 75%，气象防灾减灾“第一道防线”作用凸显。公众气象服务满意度达 94%，位居全国第 3，气象服务效益位居全国第 5，建立了稳定的财政保障机制。6 人入选“双百计划”，4 人获得全国“五一劳动奖章”。气象事业在防灾减灾、乡村振兴、海洋强省、生态文明、社会经济发展等方面成效显著。

二、实施情况

1. 加强气象基础保障能力建设。完善综合气象观测系统。建成由 1895 个地面气象观测站、15 部天气雷达、3 个 L 波段探空站、10 部风廓线雷达、1 部微波辐射计、92 个 GNSS/MET 水汽观测站构成的国家天气观测网，建成专业气象观测网及国家空间天气观测站。建成 17 套移动校准维修系统。建设气象信息共享平台。统一了全省数据环境，基础资源池存储容量达 5.4 PB，高性能计算集群计算能力达 300 万亿次/秒，“天擎”业务试运行。建立信息网络运维保障体系，实现“天镜”实时监控。建成“天地一体化”通信网络系统，国省带宽达 400 Mbps，省市达 100 Mbps，并实现双网互为备份。建成网络安全防护体系和省级网络安全态势感知平台。发展气象预报预测系统。全省智能网格预报业务，空间分辨率达 5 公里，时间分辨率达 1 小时；建成省市县一体化预报业务平台。全省 24 小时晴雨预报准确率、气温预报准确率、暴雨预警准确率分别比 2006 年提高 5%、10%、10%；强对流天气预警时间提前量达到 30 分钟以上，气候预测月降水和温度评分达到 80 分。建立气象灾害预警应急体系。山东省政府成立省气象灾害防御及人工影响天气工作领导小组，并纳入省委防灾减灾救灾领导小组。制定和修订省气象灾害应急预案，建成省突发事件预警信息发布中心，健全预警联动机制。省政府发文规范突发事件预警信息制作、发布、传播工作。发布预警信号 8 万余条，应急责任人覆盖率达 100%。健全公共气象服务体系。依托《每日气象专报》、“齐鲁风云”APP、应急气象服务平台开展决策服务，发挥重要作用。依托“两微一端”等打造全媒体公众气象服务，媒体覆盖率达 100%。面向近 20 个行业开展专业化和精细化服务。

2. 发挥气象综合保障作用。农业气象服务方面，建成“三中心”“两基地”和“两平台”。完成 31 个县、90 种作物的农业气候区划和 7 种灾害类型的农业气象灾害风险区划。创建 24 个生态农业特色气象服务示范点，乡村振兴齐鲁样板成效显著。海洋气象服务方面，构建“一基地、两中心、一电台”发展格局，保障海洋气象防灾减灾救灾和海洋经济发展。全国首个“智能海洋气象预警系统”实现数字化升级改造，预警覆盖范围达 3000 公里。生态与环境气象服务方面，建立全省“一级制作、三级应用”的生态环境服务布局，建成卫星遥感业务综合应用平台和“齐鲁火情天眼监测系统”。做好重污染天气应急联动工作。编制生态公报、环境气象评估报告等。人工影响天气服务方面，建成省市县三级统一协调的指挥和作业体系，全省有人影作业点 771 个、高炮 446 门、火箭发射装置 302 部、高山燃烧炉 82 个，租用飞机 2 架。实施固定作业点标准化，制定的“高炮作业十不准”清单在全国推广使用。年均人影作业增加降水约 10 亿立方米，减少雹灾损失 5 亿～7 亿元。

3. 科学合理开发利用气候资源。气候资源开发利用取得明显进展。牵头编写《山东省应对气候变化实施方案》。开发了气候可行性论证业务系统，开展气候可行性论证 171 项。风能、太阳能资源评价工程富有成效。开展山东沿海和近海 70 米高度内的第三次风能资源详查与评价，完成省气候资源(风能)普查与区划。自主研发风电功率短期预报系统，建立光伏发电量预报模型。完成风能资源评估和 6 项海上风电规划项目气象论证服务。

4. 推进气象工作的法制、体制和机制建设。健全气象法规与标准体系。建成 477 名专兼职结合的气象行政执法队伍。57 个气象政务服务事项、18 个气象监管事项分别纳入省政务服务事项管理系统和“互联网＋监管”系统。制定各类标准 58 项。加强统筹规划与管理。制定实施山东省气象事业发展规划和气象防灾减灾体系建设实施方案，投资 2.5 亿元建设山东现代农业气象服务保障工程。建成山东省人工影响天气作业指挥中心、济南气象防灾减灾预警中心及多部新一代天气雷达等，近 10 年累计投入 5.8 亿元加强“一流台站”建设。加大财政投入力度。气象经费财政保障率达 90%，比 2006 年增长 259%，人员经费增长 430%。2015 年，与山东省财政厅联合下发《关于进一步落实气象双重计划财务体制的通知》，地方投入的人员津补贴基本实现全员覆盖、全额落实，项目经费比 2015 年增长 73%。创新驱动和人才强局战略成效显著。全省有正高级职称 36 人、副高级职称 496 人；6 人入选“双百计划”，5 人入选气象科技骨干人才培养计划。承担省部级以上科研项目 83 项，获省部级以上科技奖励 19 项，核心期刊发表论文 1529 篇。

三、工作举措

1. 坚持政府主导。省政府出台 13 部气象法规和规章，山东省政府和 16 个市政府制定了国务院三号文件贯彻实施意见，省政府出台了 6 个加快推进气象现代化相关文件，为气象事业发展提供了强力政策支持。省部合作持续深化，不断引领气象事业在双重领导下有目标、有计划地发展。

2. 强化顶层设计。突出山东特色，围绕农业强省、海洋强省、生态山东、美丽山东等发展战略，凝练出气象现代化“三三三一”十项重点工作，以此为总抓手推动气象现代化整体发展。

3. 强化项目带动。积极争取重点项目纳入中国气象局和山东省政府投资计划，财政保障水平持续提升，有力保障气象现代化建设。

4. 强化监督管理。完善考核评价体系，创新管理模式，制定重点任务分解表、路线图，加强督查，狠抓落实，确保实现气象现代化建设目标。

四、发展建议

山东省气象现代化依然存在发展不平衡、不充分问题，特别是在海上监测、汛期气候预测、气象服务有效供给、关键核心技术攻关和体制机制创新等方面还存在短板。

下一步，将瞄准加快建成气象强国战略目标，按照加快科技创新和做到监测精密、预报精准、服务精细的工作要求，固根基、扬优势、补短板、强弱项，持续推进更高质量气象现代化建设。

（执笔人：常平　黄善斌）

加快气象现代化建设
为现代化河南提供高水平气象保障

河南省气象局

一、总体评价

河南省气象局认真贯彻落实国务院三号文件，大力推进气象现代化建设。基本建成结构完善、布局合理、功能先进、保障有力的具有河南特色的气象现代化体系，气象事业整体实力居全国先进水平，气象为农服务能力居全国领先水平。

2020年，已建成天空地一体化综合观测系统。建成9部新一代天气雷达、1部风廓线雷达、3个气象卫星地面站，地面气象观测项目全面实现自动化；多要素自动气象站乡镇全覆盖，观测间距由2010年的9公里加密到8公里，城区间距2.9公里。24小时晴雨、最高气温、最低气温预报准确率分别达到90%、81.3%和82.1%，比2010年分别提高1%、10%、8.3%；强对流天气预警信号提前量达45分钟以上。人工影响天气作业年增加降水量提高到17亿吨，防雹保护面积增加到1.5万平方公里。公众气象服务满意度达到90分以上。

二、实施情况

1. 加强气象基础保障能力建设。建成综合气象观测系统。建成由2606个地面气象观测站、4个综合试验外场、3个高空气象观测站、10个天气雷达站、3个卫星地面站、14部应急指挥车等组成的天空地一体化综合气象观测系统。初步建立由282个应用气象观测站组成的农业、交通等专业气象观测网。建成安阳国家气候观象台。建成气象信息共享平台。省级虚拟化服务器集群的管理能力达 100 核 CPU，内存总量 7582 GB，存储容量 527 TB。建立气象大数据云平台河南分中心（“天擎·河南”）和气象大数据分中心。建立气象综合业务实时监控系统（“天镜·河南”）。精细化气象预报能力显著提升。基本建立空间分辨率 5 公里的一体化预报业务体系，基于智能网格的延伸期预报实现业务试运行。实现强对流分类预警自动识别、靶向提醒、自动留痕等。预报预测准确率不断提高，暴雨预警信号准确率从 60%提升到 89%。气象灾害预警应急体系不断健全。省市县三级全部成立气象灾害防御及人工影响天气指挥部，实现气象灾害防御规划、气象灾害应急预案省市县全覆盖。联合自然资源、应急等涉灾部门签订合作协议或联合印发通知，共同推进气象灾害防御工作。构建标准化、规范化的决策气象服务流程。公共气象服务体系更加完善。建立“河南气象”全媒体智能发布平台，打造“天象”APP 气象服务品牌。建立新媒体发布阵列，总用户 112 万人，提升气象信息网络传播力、影响力。省级突发事件预警信息发布系统建设完成并投入使用，市县发布系统建设稳步推进。

2. 发挥气象综合保障作用。积极开展应对气候变化研究。完成河南省气象灾害风险区划。编制完成河南省近 50 年气候变化公报和年度气候变化监测公报，牵头完成黄河流域气候变化报告的编制。完成《河南省应对气候变化方案》和《河南省应对气候变化规划》等编制，向政府提供《气候变化对河南农业生产的影响》等决策咨询报告。农业气象服务成效显著。制定高标准粮田气象保障能力建设标准和气象为农服务标准，建立 54 个高标准粮田气象保障能力标准化示范区，为 39000 余个新型经营主体开展“直通式”服务。累计推广应用农业气象科技成果 10 余项。目前，全省所有县（市）均具备 2 种以上农业气候区划产品，5 万亩方以上高标准粮田气象保障全覆盖。黄河流域气象业务服务体系更加健全。完善流域会商、联防、合作等各项机制。建设流域气象业务服务系统。开发流域降水监测预报服务、气候监测预报服务、卫星遥感监测服务、气候变化服务等 7 大类 40 余种业务服务产品。建设小浪底水利枢纽智慧化气象保障服务系统。交通气象保障初见成效。在部分高速公路路段布设 26 套交通气象观测设备，平均建设间隔约 15 公里，观测频次 1 分钟，初步形成交通气象观测站网。开展高速公路气象灾害风险普查，初步形成全省交通气象灾害普查数据库。

3. 科学合理开发利用气候资源。做好气候资源的普查和规划利用工作。推动出台《河南省气候资源保护与开发利用条例》。完成郑州、洛阳等城市通风廊道规划工作。完成河南省气候风险区划，初步建成生态气象观测网。构建气候变化对主要农作物生产影响和农业气候资源利用评估体系。推动创建“中国天然氧吧”11处、“避暑旅游目的地”10处。加强人工影响天气工作。初步建成人工影响天气专业监测网。基本实现飞机作业省域面积全覆盖，地面作业控制面积占全省总面积的60%，地面固定作业站点标准化率达90.3%。中部区域人工影响天气能力建设项目落地，投资9.03亿元，建成综合性人影指挥系统和科学试验示范基地。做好风能、太阳能开发利用气象服务。完成河南省风能资源详查，向河南省政府提交《关于河南省风能资源开发和风电建设工作的建议》，开展风电场风能资源评估项目20多项。完成全省贫困县的光伏发电资源分析评估。参加河南省发展改革委组织的河南省“金太阳”工程可行性论证和《河南省新能源发展规划(2009—2020年)》制定工作。强力推进气候可行性论证工作。推动省政府出台《河南省气候可行性论证项目指导目录》，16个省辖市将气候可行性论证工作纳入工程建设项目区域评估流程。制定《河南省区域性气候可行性论证工作管理办法》《河南省气候可行性论证报告评审指南》，加强与地方部门的沟通对接，形成气候可行性论证监管合力。完成63项开发区和15项大型工程建设气候可行性论证项目。

4. 推进气象工作的法制、体制和机制建设。气象法规与标准体系不断健全。形成由《河南省气象灾害防御条例》等4部地方性法规、3部政府规章组成的具有地方特色的气象法规体系，修订《河南省气象条例》。制定完成2项国家标准、7项行业标准、28项地方标准。加强统筹规划与管理。创新规划管理举措，推行“串联+并联”审批模式。强化规划督察制度，推进专项督察及试点工作。“十二五”时期以来，河南省政府批准实施空中云水资源开发利用、气象灾害防御、高标准粮田建设、气象信息化建设等6个重点建设项目。加快气象科技创新。构建以创新团队为核心、以省部共建“农业气象保障与应用技术重点实验室”为平台的科研业务融合、开放协同的气象科技创新体系。聚焦关键技术攻关，每年投入科技经费150万元以上，获批省部级以上科研项目稳定在6项以上，年度发表核心期刊论文50余篇。加大财政投入力度。中央财政对气象部门的累计投入较“十二五”时期增长11%，地方财政投入增长16.8%。河南省人工影响天气综合业务楼投入使用，许昌、新乡、焦作等防灾减灾基地基本建成，全省基层气象部门“一流台站”基础设施建设基本完成。加强气象国际交流与合作。印发《河南省气象部门优秀人才海外交流培养管理办法(试行)》(豫气发〔2019〕5号)，2006年至今，河南省气象部门有近30人(次)赴国外考察、学习、培训及参加国际学术交流会。抓好气象人才队伍建设。国家编制人员中，大学本科以上学历人才占比达86.3%；高级职称占比达22.3%，比2010年提高49%。正高级职称专家33人，是2010年的4.7倍。拥有河南省优秀专家1人、河南省学术技术带头人8人、中国气象局首席气象专家4人、青年气象英才1人。

三、工作举措

2006年，河南省政府出台《关于加快气象事业发展的意见》(豫政〔2006〕61号)。2009年7月，中国气象局与河南省政府签署“共同推进气象为河南农业发展服务”合作协议。2013年，河南省政府印发《河南省人民政府关于加快推进气象现代化的意见》，时任中共中央政治局委员、国务院副总理汪洋同志作出重要批示：河南省重视气象这种基础性的公益事业是正确的政绩观的表现，也必将既利当前又利长远。2014年，河南省政府联合中国气象局印发《河南省加快推进气象现代化实施方案》。2009年以来，中国气象局与河南省政府召开8次省部合作联席会议，2014年的第5次联席会议将河南确定为中部地区率先基本实现气象现代化试点省份。2019年7月，中国气象局与河南省政府签署新一轮省部合作协议，将河南作为全国气象部门唯一的“共建乡村振兴气象保障示范省”。2020年，河南省政府印发《河南省人民政府关于加快推进气象强省建设的意见》，推动高质量气象现代化建设。

四、发展建议

存在不足：一是极端灾害性天气监测预报能力不足，气象灾害预警信息传播的无障碍绿色通道未完全打通，预警信息发布“最后一公里”问题未完全解决；二是大气垂直观测能力不足，应用气象观测站网不完善，数据质量控制体系有待健全，雷达卫星应用能力有待加强，气象探测环境保护任务依然艰巨；三是气象信息共享能力有待提高，人工智能、大数据等新一代信息技术在气象领域的深度融合应用不够；四是人才驱动发展的体制机制有待完善，特别是基层中高层次人才和核心业务科技骨干紧缺；五是双重计划财务体制需不断完善，地方财政对气象现代化及人员保障经费投入需要进一步细化。

对策建议：一是以推进科技创新和现代信息技术应用为重点，构建智慧精准的现代气象业务体系和开放协同的科技人才体系；二是以建设气象强省为目标，强化规划引领项目带动；三是以完善双重领导和财务体制为途径，加大对气象的投入力度；四是以加强政府主导和部门联动为动力，进一步健全工作机制。

（执笔人：李飞　赵斐苗）

高位推动 精准施策
气象现代化助力湖北中部崛起

湖北省气象局

一、总体评价

2006年以来，在中国气象局和湖北省委省政府领导下，湖北省气象局紧紧围绕国务院三号文件，强化组织领导、科学谋划、统筹协调、精准施策、改革创新、开放合作，扎实推进各项任务落实。经评估分析，各项任务基本完成，为湖北经济社会高质量发展提供了有力气象保障。

2010年，湖北基本建成气象防灾减灾安全保障、空中云水资源开发利用、农业气象和气候生态监测评估、台站探测环境和基础设施改善等四大工程。2020年，基本建成结构合理、功能齐备的现代气象业务体系，强天气预警时间提前量达到44分钟，24小时晴雨预报准确率提高到85.8%，公众气象服务满意度提升到92.5分，2020年全国气象现代化评估排名全国第六名。

二、实施情况

1. 加强气象基础保障能力建设。加快综合气象观测系统建设。自动气象站由400多个增加到2600多个。新建7部新一代天气雷达。卫星遥感综合应用体系基本建立。相继建成交通、环境等专业观测网。建成金沙国家大气本底站，填补了华中区域的空白。推进气象信息共享平台建设。"云+端"技术体制初步形成。建成气象大数据平台、省市县三级高清视频会商系统。省市县气象通信带宽由2 Mbps提升至省气象局接入带宽400 Mbps、市(州)局50 Mbps。高性能计算机运算速度达到138万亿次/秒。完善气象预报预测系统。建立了无缝隙气象预报业务体系，30天内预报空间分辨率达2.5公里，0～3天预报时间分辨率达1小时。建立了全省预报业务服务一体化平台。强天气预警提前量达到44分钟。24小时晴雨、暴雨预报准确率提高到85.8%、32.1%。建立气象灾害预警应急体系。建成湖北省突发事件预警信息发布系统，实现了“集中部署、三级应用”，连接应急、水利等52家单位。成立了湖北省气象灾害防御办公室，出台了《湖北省气象灾害应急预案》《湖北省气象灾害防御条例》《湖北省气象灾害防御实施办法》。健全公共气象服务体系。公共气象服务能力不断增强，重大战略气象保障有力有效，人工影响天气服务领域不断拓展，公众气象服务更加普惠亲民，气象预警信息公众覆盖率达95%以上。

2. 发挥气象综合保障作用。积极开展应对气候变化研究。组织实施《长江流域极端降水影响》《气候变化对粮食作物、湖泊湿地、电网极端负荷等的影响》等15个中国气象局气候变化专项。强化农业气象服务工作。建成31个小气候观测站、46个自动土壤水分站和智慧农业气象服务平台，创建国家级淡水养殖气象服务中心，打造“乡字号”气象为农服务品牌47个。做好交通和空间气象保障。建成179个交通气象观测站、62个航道自动气象站，成立长江航运气象服务联盟，制定湖北高速公路气象服务地方标准。加强城市和公共卫生气象监测。完成13个市州暴雨强度公式的编制，开展城市环境、交通出行、生活指数气象服务。开展了气候条件对新冠肺炎传播影响研究。

3. 科学合理开发利用气候资源。做好气候资源的普查和规划利用工作。完成湖北省综合气候资源区划，编制了《湖北省气候资源保护与利用规划》。开展长江航道大雾风险区划和遥感监测工作，开展湖北植被生态因子遥感监测和服务工作。开展100余项区域性重大工程气候论证。加强人工影响天气工作。建立“三级指挥、四级作业”的人影业务体系，装备高炮160门、火箭239套、烟炉20套。做好风能、太阳能开发利用的气象服务。完成380余份风能太阳能资源评价报告，建立风能太阳能开发利用气象服务技术体系，开发风电、太阳能功率预报系统，在全国80余家新能源电站业务化运行。

4. 推进气象工作的法制、体制和机制建设。健全气象法规与标准体系。出台了《湖北省实施〈中华人民共和国气象法〉办法》《湖北省雷电灾害防御条例》《湖北省气象灾害防御条例》《湖北省气候资源保护和利用条例》等4部地方性法规。制定和修订了10个国家标准、21个行业标准及32个地方标准。加强统筹规划与管理。编制了4个湖北省气象事业五年发展规划，并组织实施。"十一五"期间，80%以上的基层台站实施了改善建设工程。"十三五"期间，40%台站进行了整体环境改善，87%的台站完成了迁建、新建、环境及综合设施改善。加快气象科技创新。长江中游暴雨监测试验基地入选首批中国气象局野外科学试验基地。承担省部级以上项目76项，10项科技成果获省部级以上科技奖励。加大财政投入力度。2020年与2010年对比，中央财政拨款增长率67.43%，地方财政拨款增长率312.69%。加强气象国际交流与合作。武汉暴雨研究所获得"引进国外技术、管理人才项目"稳定支持。抓好气象人才队伍建设。完善了学科带头人、科技拔尖人才的选拔培养体系。加强了国家级气象培训分中心建设。6人入选中国气象局高层次科技创新人才。

三、工作举措

1. 坚持合作联动，建立完善政府主导的气象工作机制。湖北省政府出台《省人民政府关于加快全省气象事业发展的通知》，推动湖北气象事业高质量发展。先后召开8次部省联席会，部省合作形成建设合力。与农业、水利等26个部门建立了联动机制。联合湖北省财政厅下发《关于支持气象事业发展完善财政保障机制的通知》，完善财政支持保障机制。

2. 坚持需求牵引，统筹规划项目推动。紧紧围绕长江经济带建设，科学规划引领气象事业发展。统筹集约项目建设带动发展，集中规划建设重大基础设施和业务系统。抓好规划和重点项目落实，大力推进新型基层台站和强基工程建设。

3. 坚持创新驱动，协调推进气象现代化。与高等院校、科研院所建立合作机制，开展多领域科研合作。成立长江流域气象中心，提升长江流域气象服务能力。建立学科带头人等人才选拔培养体系。

4. 坚持改革推动，适应高质量发展需要。深入推进业务科技体制改革，进一步优化业务布局。深入推进气象服务体制改革，转变服务方式，开展基层公共气象服务标准化建设。深化"放管服"改革，创新安全监管模式，推进防雷减灾体制改革。

四、发展建议

存在不足：一是气象服务供给能力和水平有待提升；二是灾害性天气监测能力不足；三是预报准确率和精细化水平不能满足精细服务的需要；四是科技创新能力不强。

对策建议：以习近平新时代中国特色社会主义思想为指导，深入贯彻习近平总书记对气象工作和湖北发展系列重要指示精神，围绕湖北"建成支点、走在前列、谱写新篇"总体目标，着力提升气象现代化水平，着力深化气象改革，优化事业结构，建设高素质人才队伍，开启气象强省建设，为长江经济带建设提供有力支撑。

（执笔人：彭军　成道）

强化基础能力提升　完善体制机制建设　高位推动湖南气象现代化

湖南省气象局

一、总体评价

湖南省气象局大力加强气象基础保障能力建设，发挥气象综合保障作用，基本建成结构完善、功能先进、保障有力的气象现代化体系，气象事业发展在防灾减灾、乡村振兴、生态文明、社会经济发展等方面成效显著，气象保障服务能力显著提升。

到2020年，地面气象观测站网空间分辨率达8公里，新一代天气雷达从2部增加到11部，自动气象站从97个增加到3411个。已形成逐1小时、5公里分辨率的客观气象预报产品，24小时晴雨预报准确率从85.5%提高到87.5%，短时强降水预警准确率达到80.38%，强对流天气预警提前时间达到39分钟。国省、省市、市县带宽分别达400、120、36 Mbps。因灾造成的经济损失GDP占比由3.6%降低到0.8%，因灾死亡人数从182人减少到52人，气象服务满意度达90%以上。获得省部级科技成果奖励35项。全省财政总投入较10年前增加2.3倍，达4.58亿元。出台气象类规范性文件122件，制定国家标准5项、行业标准2项、地方标准19项，670项气象标准纳入“湖南省气象局执行标准清单”。

二、实施情况

1. 加强气象基础保障能力建设。构建立体化综合气象观测系统。完成了11部多普勒天气雷达、2个风云卫星接收站建设；建设3411个中小尺度区域气象观测站；开展大气成分站、农田小气候站、土壤水分、国省道和高速公路交通气象站、水上交通站等建设。建设集约高效气象信息共享平台。出台了《湖南省气象局信息系统集约化管理办法(试行)》;建成了MSTP、MPLS VPN双备份的气象高速广域网系统,气象信息共享能力大大增强。完善智能精准气象预报预测系统。建成了省市县一体化智能网格气象预报、气象灾害预警服务平台;实现了城镇天气预报站点从地市级向乡镇、街道延伸,全省共编智能网格预报"一张网"。强化气象灾害预警应急体系,健全公共气象服务体系。印发了《湖南省气象局气象灾害应急预案》,所有市、县级政府出台气象灾害应急预案;建立气象灾害预警部门联络员会议制度;已基本建成"纵向到底、横向到边"的立体式气象防灾减灾组织体系,与24家预警发布单位实现了对接,气象预警信息通过短信等方式已覆盖全省所有行政村(社区)。

2. 发挥气象综合保障作用。积极开展应对气候变化研究。开展了湖南省适应气候变化战略研究,构建了洞庭湖地区气候资料序列,揭示了气候变化事实,建立湖南主要城市温室气体二氧化碳监测数据库;完成了多份气候变化咨询报告。强化农业气象服务工作。参与的"两系法杂交水稻技术研究与应用"项目,获2014年国家科技进步特等奖;建立水稻等粮食作物全生育期气象灾害全流程监测、预报和预警业务;完成水稻、油菜等作物的精细化农业气候区划及农业气象灾害风险区划;面向水稻等粮油作物和茶叶、果蔬、烟叶等特色作物开展智慧化、精细化农业气象服务。做好交通等专业专项气象保障。开展了"道安监管云"和"洞庭湖水上交通安全气象保障系统"等重点项目建设;开展交通路线气象保障和气象灾害预警信息服务;联合开展了山洪地质灾害、中小河流洪水、重污染天气等风险预警项目。加强城市和公共卫生气象监测。与住建部门合作完成了市、县两级城市暴雨强度公式订正工作,为城市防涝规划提供了支撑,特别是支持常德成功创建国家海绵城市试点;长沙市建成100个气象防灾减灾示范社区;开展了高温中暑、紫外线、臭氧、负氧离子数等公共卫生气象监测服务。

3. 科学合理开发利用气候资源。做好气候资源的普查和规划利用工作。每年定期完成全省气候资源普查和资料数据库的补充完善;将风能资源详查成果运用到《湖南省风电规划报告》中;与省文旅部门合作开展基于优质气候资源的全省夏季避暑、冬季旅游胜地评价;为美丽乡村开展宜居、宜游气候资源开发;为特色农产品开展气候好品质论证。加强人工影响天气工作。建立了芷江机场飞机人工增雨第二基地,防雹作业区域扩展到全省6市(州)24县(市);服务领域从增雨抗旱向防火、生态保护和城市大气污染防治等多领域拓展。做好风能、太阳能开发利用的气象服务。组织完成了湖南省风能资源详查和评价工作，为多项风能太阳能项目提供气象服务。开展气候可行性论证工作。编制了《湖南省园区区域性气候可行性论证工作规程和技术指南》，完成了31个园区气候可行性论证工作，开展了高速公路、大型桥梁、核电选址、飞机场选址等重大工程的气候可行性论证。

4. 推进气象工作的法制、体制和机制建设。健全气象法规与标准体系，加强统筹规划与管理。颁布实施两部气象类地方性法规，印发气象类规范性文件122件，制定国家标准5项、行业标准2项、地方标准19项，670项气象标准纳入"湖南省气象局执行标准清单"。统筹实施了重要气象设施的建设与业务布局，推进了气象资源的合理配置、高效利用和信息的有效共享。加快气象科技创新。组建13支创新团队；制定成果转化和成果业务准入等规章制度；依托气象防灾减灾湖南省重点实验室开展科技成果转化应用工作，有百多项科技成果投入业务应用。抓好气象人才队伍建设。修订完善职称评审系列管理规定，与南京信息工程大学等院校合作办班，全方位、多层次提高湖南省气象工作者整体素质。完成"中国气象局与澳大利亚气象局气象科技合作联合工作组第十六次会议会谈纪要"项目并投入业务应用。湖南省气象局有5人次赴美，美国国家海洋与大气管理局有6人次顺访。

三、工作举措

1. 谋求高位推动。出台《湖南省人民政府关于加快推进气象现代化的意见》，12个市(州)人民政府与湖南省气象局签订局市合作协议。2015年2月24日，湖南省人民政府在长沙组织召开全省气象工作座谈会，部署推进气象现代化工作。

2. 加强考核评估。湖南省气象局、统计局联合印发《湖南省基本实现气象现代化指标及评价办法》，自2014年起，每年组织对各市(州)气象现代化建设进展情况进行评估，并印发给各市(州)人民政府和省直有关单位，推进当地气象现代化建设工作。

3. 强化项目带动。实施了中小尺度区域自动气象站、多普勒天气雷达、湖南气象预警中心、突发事件预警系统、气象三站搬迁、"道安监管云"气象监测设施、高分卫星气象应用中心等一批重大工程项目建设，倾力满足防灾减灾现实需求，推进气象现代化又好又快建设。

四、发展建议

存在的问题：一是多要素综合气象探测能力不足，灾害性天气监测分析能力较弱；二是气象服务供给能力与精细精准化需求还有很大差距；三是气象科技核心技术能力不强；四是气象综合防灾减灾救灾体系不完备，以预警信息为先导的应急联动机制还不完善。

对策建议：立足新发展阶段，贯彻新发展理念，构建新发展格局，要坚持服务国家服务人民，以问题和需求为导向，加强顶层设计，科学谋划，精准施策，强化改革和创新双轮驱动，以新一轮省部合作为契机，落实并组织实施好省部合作确定好的气象现代化建设重点项目，推动气象事业更高质量发展。

（执笔人：胡爱军　曹思沁）

守正创新 自立自强
建设广东气象现代化体系

广东省气象局

一、总体评价

2006年以来，广东省气象局认真贯彻落实国务院三号文件精神，充分发挥气象部门和地方政府双重领导优势，先后开展三轮气象现代化建设，到2020年，基本建成适应需求、结构完善、功能先进、保障有力的气象现代化体系，气象事业整体实力走在全国前列。建成“9-3-1”GRAPES区域数值预报模式体系，智能网格预报时效延长至10天、网格精度达2.5公里；暴雨预警信号准确率提升至72%，提前量增加至60分钟；龙卷预警实现重大突破，3次提前30分钟准确预警龙卷。气象服务总体满意度连续11年居全省40类政府公共服务满意度前列（前4名）。气象灾害损失占GDP的比重由“十一五”时期的0.65%下降至“十三五”时期的0.19%，因气象灾害致死人数从百位数降至十位数。2019年，广东省气象局获世界气象组织台风委员会颁发的“金塔纳减灾奖”。

相关指标数据详见附表1。

二、实施情况

1. 加强气象基础保障能力建设。综合气象观测系统不断夯实。完成12部S波段新一代天气雷达双偏振技术升级与组网运行。开展相控阵雷达观测试验，建成24部X波段相控阵雷达组网业务应用。新建17部风廓线雷达、6个海洋浮标观测站、17个石油平台气象站。建成国家气象卫星地面广州备份系统。陆地自动气象站平均间距7.3公里、海洋气象监测范围达300公里。气象信息共享平台建设有力。构建全省统一的实时数据传输系统与实时/历史一体化数据库，实现观测数据一分钟到桌面、基本气象数据60年在线。通过“天擎”，对接“天镜”、数据共享标准接口等，逐步实现全省业务系统集约化管理。融入广东数字政府建设，打造基础数据信息“一张图”和防灾减灾“一张网”，气象服务嵌入防灾减灾救灾全链条各环节。气象预报预测系统更加完善。自主创新发展区域数值天气预报(GRAPES_GZ)模式，其中1公里短临模式为全国首个超高分辨率业务模式。率先建立精细化智能数字网格预报业务。研发冰雹自动识别预警技术，发展雷达定量降水估测优化技术。气象灾害预警应急体系逐步建立。建立完善“标准高、覆盖广，技术强、网络全，反应快、效能好”的气象防灾减灾体系，全国示范建成省市县三级突发事件预警信息发布中心102个及一体化的预警信息发布系统，建立各部门多灾种预警信息统一发布机制。在广州、深圳等地率先实施智慧分区靶向预警。公共气象服务体系不断健全。气象服务渠道从5种扩充14种，气象服务产品种类从29种增加到2020年的92种，实现了基于位置的气象服务，建立分区分众的气象信息靶向发布机制。气象服务从面向政府、公众的防灾减灾服务拓展到面向行业、企业的提质增效服务，服务经济社会发展作用进一步提升。

2. 发挥气象综合保障作用。积极开展应对气候变化研究。参与编制广东省适应气候变化方案及应对气候变化“十三五”规划。连续8年发布全省气候变化监测公报，连续2年发布粤港澳大湾区气候监测公报。参与广东国家低碳试点省建设，为省政府提供决策服务材料，其中5篇得到省领导批示。强化农业气象服务工作。2010年以来在45个县开展“三农”气象服务专项建设，助力完成12个生态气候资源品牌评定，有效促进当地经济效益提升。推进气象服务向专业合作社与种养大户延伸。做好交通和空间气象保障。建设交通气象业务平台，制定并实施防范化解恶劣天气交通安全风险工作实施方案，常态化提供港珠澳大桥交通气象服务保障。与生态环境部门合作共建珠三角大气成分超级站及应对大气污染联合会商机制。成立省气象卫星遥感中心，搭建生态遥感九大业务体系，推进风云卫星“一带一路”遥感服务。加强城市和公共卫生气象监测。2006年，在全国首家发布灰霾预警信号。在气象环保方面建立应对大气污染联合会商机制，自2014年起共同发布全省空气质量指数(AQI)预报。广州开展超大城市综合气象观测试验。深圳开展超大城市立体气象监测服务。建成以粤港澳大湾区城市群气候观测为特色的国家级气候观象台。“大城市精细化预报服务深圳模式”向全国推广应用。

3. 科学合理开发利用气候资源。做好气候资源的普查和规划利用工作。开展“广东省太阳能及近海风能评估及区划研究”，形成了《广东省风能资源详查和评估报告》等专题报告，有力推动了《广东省太阳能光伏发电发展规划(2014—2020年)》《广东省陆上风电发展规划(2016—2030年)》的出台。开展生态气象质量监测与评价，发布广东省生态气象监测年度报告。加强人工影响天气工作。加强组织及部门合作，人工影响天气工作从被动应急向主动统筹转化。2006年以来，共实施飞机作业304架次，飞行时间784小时，地面火箭作业1531次，发射火箭弹6643枚。人工影响天气作业支持保障农业抗旱、生态文明建设及重大活动举办。做好风能、太阳能开发利用的气象服务。充分利用广东省风能资源详查及评估工作成果，为相关企业提供风能资源开发服务，加强风电场资源分析评估、风电场选址等服务工作，共预选和评估了60多个风电场，其中大部分风电项目已得到省及相关地市发展改革委的核准，总装机容量超200兆瓦。开展气候可行性论证工作。与广东省自然资源厅联合制定工程建设项目区域评估工作指引等规范性文件。2010年以来，共开展192个大型工程气候可行性论证业务，包括港珠澳大桥、深中通道、广州新电视塔(广州塔)、佛山新机场项目、巴斯夫湛江新型一体化石化基地项目、国家电投广东廉江核电项目等。

4. 推进气象工作的法制、体制和机制建设。健全气象法规与标准体系。现行有效的地方气象法规规章达12部(详见附表2)。推动地方标准公布实施14项。率先确立了以气象灾害预警信号为先导的停课停工机制、气象灾害防御重点单位等制度，推动确定气象灾害防御重点单位3775家。加强统筹规划与管理。科学编制气象发展五年规划和专项规划、粤港澳大湾区气象发展规划及相关配套实施文件，注重规划衔接与落地，落实“平安珠三角”“平安山区”“平安海洋”三大气象保障工程。加强气象资金的使用管理和绩效评价。加快气象科技创新。省部共建区域数值天气预报重点实验室。建设世界气象中心(北京)粤港澳大湾区分中心，推进粤港澳大湾区气象科技融合创新平台建设，建成粤港澳大湾区气象监测预警预报中心(深圳气象创新研究院)与佛山龙卷风研究中心。获国家科技进步二等奖1项。从欧美引进4名高层次人才及1支国外高端专家团队。加大财政投入力度。继续推动落实双重计划财务体制，深化综合预算管理改革，积极探索气象业务运行保障机制。围绕国家气象发展重点领域，推进气象现代化重大工程项目落实。建立更加稳定持续增长的公共财政保障制度，“十三五”时期以来，中央财政和地方财政投入年均增长率达10.2%和13.5%。加强气象国际交流与合作。多次成功承办高规格国际会议，积极参与气象国际会议与交流访问，主动探索“一带一路”建设气象服务和风云卫星国际应用，为面向“一带一路”的中国企业海外生产提供卫星遥感监测服务。推进粤港澳气象业务合作深度融合与全方位发展。抓好气象人才队伍建设。正高级职称人员达59人（位居省级气象局第一），专业技术二级岗位专家7人，中国特聘专家1人，中国气象局领军人才1人、首席专家4人、青年英才2人。入选2019年度广东省“珠江人才计划”引进创新创业团队项目。

三、工作举措

坚持党的领导，坚持以习近平新时代中国特色社会主义思想为指导，深入贯彻落实习近平总书记关于气象工作重要指示精神和习近平总书记对广东系列重要讲话、重要指示精神，全面加强部门党的建设，全面推进气象现代化，全面深化气象改革，全面推进科技创新。创建了党委领导、政府主导、部门共推现代化建设的良好局面，省部共签署3轮合作备忘录，召开5次联席会议，广东省政府共印发了《关于加快我省气象事业发展的意见》等22份重要文件（详见附表3），部署和推进全省气象事业改革发展。

四、发展建议

对照习近平总书记重要指示要求，对照国家战略和广东经济社会发展需求，广东气象事业发展仍存在差距：一是监测预报预警基础能力与“监测精密、预报精准、服务精细”的要求有差距；二是气象科技核心技术水平与气象“科技创新高地”的定位有差距；三是智慧气象服务供给能力与“生命安全、生产发展、生活富裕、生态良好”的需求有差距；四是气象综合防灾减灾救灾体系与“发挥气象防灾减灾第一道防线作用”的要求有差距。

对此，一是建设更高水平的气象监测预报服务体系，构建集约化、智能化、精准化的气象业务新业态；二是提升气象综合科技实力，着力推进气象重点领域业务科技难题和核心关键技术有新突破；三是建设更高质量的智慧气象服务体系，推动广东省政府印发实施《构建智慧气象服务体系 推进防灾减灾第一道防线先行示范省建设的意见》；四是构建粤港澳大湾区气象综合防灾减灾救灾体系，在更高起点上推进改革开放，增创事业发展新优势。

附表1 主要目标指标完成情况

<table>
<tr><th colspan="2">指标</th><th>2010年</th><th>2015年</th><th>2020年</th></tr>
<tr><td colspan="2">探测环境评分</td><td>76.4</td><td>84.9</td><td>88.6</td></tr>
<tr><td colspan="2">地面气象观测自动化率</td><td>人工</td><td>80%</td><td>100%</td></tr>
<tr><td colspan="2">陆地自动气象站平均间距</td><td>9.4公里</td><td>8.3公里</td><td>7.3公里</td></tr>
<tr><td colspan="2">海洋监测范围</td><td>离岸100公里</td><td>离岸250公里</td><td>离岸300公里</td></tr>
<tr><td colspan="2">天气预报空间分辨率</td><td>站点预报，86个站点</td><td>网格预报，
分辨率5公里</td><td>网格预报，
分辨率2.5公里，
网格点1900多个</td></tr>
<tr><td colspan="2">天气预报时效</td><td>5天</td><td>7天</td><td>10天</td></tr>
<tr><td colspan="2">24小时暴雨预警准确率</td><td>59.4%</td><td>58%</td><td>74.4%</td></tr>
<tr><td colspan="2">月气温预测评分</td><td>75.9分</td><td>78.8分</td><td>81.4分</td></tr>
<tr><td colspan="2">月降水预测评分</td><td>56.2分</td><td>81.7分</td><td>81.4分</td></tr>
<tr><td rowspan="3">区域数值预报模式</td><td>南海台风模式分辨率</td><td>36公里</td><td>18公里</td><td>9公里</td></tr>
<tr><td>中尺度模式分辨率</td><td>12公里</td><td>9公里</td><td>3公里</td></tr>
<tr><td>短临预报模式分辨率</td><td>—</td><td>3公里逐小时更新</td><td>1公里分钟级
快速更新</td></tr>
<tr><td colspan="2">南海台风模式24小时路径预报偏差</td><td>123公里</td><td>73.8公里</td><td>60公里</td></tr>
<tr><td colspan="2">争取到的科研经费</td><td>“十一五”9071万元</td><td>“十二五”1.0665亿元
（增长17.57%）</td><td>“十三五”1.2964亿元
（增长21.56%）</td></tr>
<tr><td colspan="2">各级财政对气象事业的投入</td><td>“十一五”20.8亿元</td><td>“十二五”35.7亿元</td><td>“十三五”61.4亿元</td></tr>
<tr><td colspan="2">重大气象工程项目财政投入</td><td>“十一五”8.12亿元</td><td>“十二五”15.02亿元</td><td>“十三五”16.08亿元</td></tr>
<tr><td colspan="2">大学本科以上人员比例</td><td>60.5%</td><td>72.3%</td><td>90%</td></tr>
<tr><td colspan="2">正高级专家数量</td><td>18人</td><td>27人</td><td>59人</td></tr>
<tr><td colspan="2">地方性气象法规和规章</td><td>6部</td><td>8部</td><td>12部</td></tr>
<tr><td colspan="2">公布实施的地方标准</td><td>0</td><td>0</td><td>16个</td></tr>
<tr><td colspan="2">气象服务产品种类</td><td>29种</td><td>59种</td><td>92种</td></tr>
<tr><td colspan="2">气象服务公众满意度</td><td>74.8分</td><td>76.47分</td><td>83.93分</td></tr>
<tr><td colspan="2">气象灾害损失占GDP的比重</td><td>0.65%</td><td>0.36%</td><td>0.19%</td></tr>
</table>

附表 2　广东省地方性气象法规和规章列表

序号	名　　称	备注
1	《广东省气象管理规定》(1997 年 3 月 23 日起施行)	地方性法规
2	《广东省气象灾害防御条例》(2015 年 3 月 1 日起施行)	地方性法规
3	《广东省气象台站观测环境保护暂行规定》(粤府〔1983〕288 号)	地方政府规章
4	《广东省防御雷电灾害管理规定》(1999 年 4 月 1 日起施行,修订后自 2021 年 9 月 1 日起施行)	地方政府规章
5	《广东省气象灾害防御重点单位气象安全管理办法》(2018 年 6 月 1 日起施行)	地方政府规章
6	《广东省气象灾害预警信号发布规定》(2019 年 1 月 1 日起施行)	地方政府规章
7	《珠海经济特区防台风条例》(2020 年 2 月 1 日起施行)	地方性法规
8	《汕头市防御雷电灾害条例》(2005 年 8 月 1 日施行,修订后自 2021 年 3 月 1 日起施行)	地方性法规
9	《珠海市防御气象灾害规定》(2013 年 1 月 14 日施行)	地方政府规章
10	《广州市气象灾害防御规定》(2019 年 4 月 1 日起施行)	地方政府规章
11	《江门市气象灾害防御规定》(2020 年 5 月 1 日起施行)	地方政府规章
12	《深圳市气象灾害预警信号发布规定》(2021 年 3 月 1 日起施行)	地方政府规章

附表 3　推进广东省气象事业改革发展的文件列表

序号	文件名(文号)
1	《广东省人民政府关于印发广东省应对气候变化方案的通知》(粤府〔2011〕5 号)
2	《关于进一步加强突发事件预警信息发布工作的意见》(粤府〔2011〕130 号)
3	《广东省突发事件预警信息发布管理办法》(粤府办〔2012〕77 号)
4	《中国气象局 广东省人民政府加快气象现代化试点省建设合作备忘录》(2012 年 3 月)
5	《广东省气象灾害应急预案》(粤府函〔2012〕139 号)
6	《广东省人民政府办公厅关于贯彻落实中国气象局与我省合作备忘录的实施意见》(粤府办〔2012〕76 号)
7	《广东省人民政府办公厅关于印发广东省率先基本实现气象现代化考核评价办法的通知》(粤办函〔2012〕814 号)
8	《广东省人民政府办公厅 中国气象局办公室印发 2013 年底省部联席会议纪要的通知》(粤办函〔2014〕68 号)
9	《广东省人民政府关于批转省气象局〈广东省全面深化气象管理体制改革实施方案〉的通知》(粤府函〔2014〕185 号)
10	《广东省人民政府办公厅 中国气象局办公室关于印发广东省人民政府与中国气象局联席会议纪要的通知》(粤办函〔2015〕101 号)

续表

序号	文件名(文号)
11	《广东省人民政府办公厅关于印发〈广东省突发事件预警信息发布系统运行管理办法(试行)〉的通知》(粤办函〔2015〕610号)
12	《中国气象局 广东省人民政府全面推进气象现代化合作备忘录(2016—2020年)》(2016年1月)
13	《广东省人民政府办公厅 中国气象局办公室印发广东省人民政府与中国气象局联席会议纪要的通知》(粤办函〔2016〕117号)
14	《广东省发展改革委气象局关于印发广东省气象发展"十三五"规划的通知》(粤发改农经〔2016〕522号)
15	《广东省人民政府办公厅关于贯彻落实中国气象局与我省全面推进气象现代化合作备忘录的实施意见》(粤府办〔2016〕84号)
16	《广东省人民政府办公厅关于做好优化建设工程防雷许可有关工作的通知》(粤府办〔2016〕131号)
17	《广东省人民政府办公厅 中国气象局办公室关于印发广东省人民政府与中国气象局联席会议纪要的通知》(粤办函〔2017〕653号)
18	《广东省气象灾害防御重点单位气象安全管理办法》(广东省人民政府令第254号,2018年6月1日起施行)
19	《广东省气象灾害预警信号发布规定》(广东省人民政府令第255号,2019年1月1日起施行)
20	《中国气象局关于印发粤港澳大湾区气象发展规划(2020—2035年)的通知》(中气函〔2020〕39号)
21	《中国气象局 广东省人民政府共同推进气象防灾减灾第一道防线先行示范省建设合作备忘录(2021—2025年)》(2020年9月)
22	《广东省人民政府 中国气象局关于印发推进粤港澳大湾区(广东部分)气象发展三年行动计划(2021—2023年)的通知》(粤府函〔2020〕385号)

(执笔人:熊亚丽　蔡晶)

项目带动发展
加快推进广西特色气象现代化建设

广西壮族自治区气象局

一、总体评价

广西深入贯彻落实国务院三号文件，自治区政府出台《关于加快广西气象事业发展的意见》。经过不懈努力，三号文件提出的各项任务得到较好落实，推动广西气象事业发展取得历史性成绩。基本建成结构科学、功能先进的气象现代化体系，气象防灾减灾能力切实增强，气象监测预报预警水平显著提高，气象服务效益更加突出，气象工作的地位和作用在经济社会发展中更加重要。到2020年，广西综合气象观测系统建成，其中新一代天气雷达由2部增至10部，区域气象自动站个数提升了8.5倍。自治区-市网络带宽提高50倍，自治区-县网络带宽提高10倍。预报产品空间分辨率由县精细化到5公里，时间分辨率由24小时提高到逐3小时。24小时台风路径预报平均误差为67.7公里，减少48.6公里。预警信息发布覆盖率达92.6%，灾害性天气预警时间提前量达56.8分钟。公众气象服务满意度得分由2012年的80.8分提升到2020年的94分（排在全国第3）。气象人才队伍本科以上学历比例达84%，提升47个百分点；正高级职称人员增至33人，增长近5倍。台站基础设施现代化达标率由2014年的30%提升至93.48%。出台气象法规规章由3部增至9部，发布气象标准从零项增至44项。气象防灾减灾救灾体制机制更加完善，气象灾害年均直接经济损失占GDP的比重降至0.6%。

二、实施情况

1. 加强气象基础保障能力建设。综合气象观测能力明显增强。建成由10

部新一代天气雷达、91个国家级地面气象观测站、2850个区域气象站、覆盖全域的广西乡村雷电监测网等组成的广西综合气象观测系统。气象信息化水平显著提高。建成广西气象数据中心,广西气象大数据云平台投入业务试运行,气象信息支撑气象业务能力进一步增强。气象预报能力稳步提升。建成广西气象监测预报中心,广西智能网格预报业务平台、短时临近预报一体化业务系统等智能预报预警业务系统投入使用。预报产品空间分辨率由县精细化到5公里,时间分辨率由24小时提高到逐3小时。气象灾害预警机制不断健全。推动出台《重大气象信息报告各级党政主要负责人的规定》等"叫应、响应、绩效考评"制度。建立了以气象灾害预警为先导的"三融入"一线气象服务机制,气象服务深度融入地方防汛指挥、应急联动和抢险救援体系。建成全区多部门约1800个单位共用的广西突发事件预警信息发布中心。公共气象服务能力不断提升。完善和拓宽电视广播、网络新媒体等11种公众气象信息服务渠道,其中气象预警大喇叭12000套,覆盖90%的行政村。开展个性化、定制化气象信息服务。

2. 发挥气象综合保障作用。应对气候变化研究取得新进展。开展广西生态植被监测、石漠化防治研究等工作。编制广西适应气候变化方案。农业气象服务取得新成效。与农业部门加强粮食安全保障。建成甘蔗气象服务中心,开展甘蔗全产业链和世界主产国甘蔗产量预报服务。为9000多个新型农业经营主体和44个特色农业示范区开展"直通式"气象服务。交通气象保障取得新成绩。联合铁路等部门,做好交通专业气象保障服务。建成广西公路交通气象灾害监测预警服务系统和北部湾港口气象服务平台。城市和公共卫生气象服务取得新突破。开展海绵城市、城市防内涝等气象服务。城市预警信息接收率达到98.6%。协助地方政府发布新冠肺炎疫情防控短信超70亿条,居全国气象部门前列。

3. 科学合理开发利用气候资源。气候资源普查和规划利用有序开展。收集广西气象灾情基础数据,形成基层气象防灾减灾基础数据"一本账"。参与广西生物多样性保护战略与行动计划编制。人工影响天气工作成效凸显。建成广西人影综合业务系统及115个人工影响天气地面标准化作业站。人影作业年均增加降水超11亿立方米。做好风能、太阳能开发利用气象服务。开展风能资源普查,为风电场选址提供服务。开展辐射观测业务。气候可行性论证不断加强。建立广西气候可行性论证系统。完成城乡规划、园区和重大建设工程项目等气候可行性论证项目208项。保障生态文明建设有力有效。与生态环境厅联合加强污染防治攻坚战气象服务。植被生态质量监测评估和石漠化生态气象业务服务获得自治区政府好评。协助完成广西生态红线保护划定。

4. 推进气象工作的法制、体制和机制建设。气象法规与标准体系不断健全。《广西气候资源开发利用和保护管理办法》是全国首部气候资源开发类政府规章。市级气象立法工作工作有突破。组建标准委员会,开展标准化综合试点2个。气象科技创新不断深化。省部级以上科技项目238项,科研经费总计3941.6万元。建设北海国家气候观象台等创新平台。形成台风预报预测、甘蔗长势遥感监测等一批适用于广西本地的业务核心技术。建成气象科普教育基地29个。加强统筹规划与管理。与自治区发展改革委联合印发气象事业"十一五""十二五"和"十三五"发展规划,落实突发事件预警信息发布、人工影响天气等气象事业发展重点项目。财政投入力度不断加大。双重计划财务体制得到较好落实,"十一五"时期以来地方财政总投入26.56亿元。自治区本级财政自2015年起连续每年安排5000万元气象现代化项目专项资金。开放合作持续扩大。中国气象局和自治区政府创办中国—东盟气象合作论坛,已成功举办2届。论坛通过《中国—东盟气象合作南宁倡议》,填补我国与东盟国家机制性气象区域合作空白。举办了5届中国—东盟气象装备与服务展。中国气象局—东盟大气探测合作研究中心启用。人才建设取得新成果。1人享受国务院特殊津贴,40人次入选中国气象局高层次人才计划,10人次入选省级地方人才工程,近50人次获省部级奖励。人均年培训时间超100学时,增长超5倍。

三、工作举措

1. 坚持政府主导。促成自治区政府印发《关于加快广西气象事业发展的意见》《关于全面推进气象现代化建设的意见》等12个政策性文件;自治区财政厅、气象局联合下发《关于落实气象双重计划财务体制的通知》;中国气象局和自治区政府每两年召开部区合作联席会议,共推气象事业发展;自治区、市、县三级将推进气象现代化和气象防灾减灾纳入本级政府绩效考评。

2. 坚持项目带动。广西气象基础薄弱,没有项目带动就难以实现气象现代化。多年来,持续谋项目、抓项目,加快推进广西北部湾经济区气象监测预警服务系统工程、广西西江流域致洪暴雨监测预警系统工程、广西农业气象服务和灾害监测防御系统工程等一批重点项目建设。

3. 坚持改革开放。在全国率先开展地面观测业务无人值守改革。利用中国—东盟博览会平台作用,发挥“南宁渠道”作用,创设中国—东盟气象合作论坛,在促进“一带一路”气象国际合作中推进广西气象发展。

4. 坚持科技创新。注重现代化建设成果效用的发挥,提升软实力,研发广西天气预报服务等综合性集约化系统平台在县气象局推广使用。强化科技人才支撑,组建10个创新团队聚焦短临预报等核心技术攻关,解决业务科技上的难点问题。

四、发展建议

广西气象事业发展虽取得长足进步,但面对新形势、新机遇、新挑战,仍存在一些亟待解决的突出问题,比如气象预报准确率和精细化水平离监测精密、预报精准、服务精细要求还有差距,气象科技创新能力不够,高层次领军人才缺乏,气象改革和科学管理距离治理能力现代化还有差距,基层基础能力依然薄弱等。

下一步,广西将深入贯彻落实习近平总书记对气象工作、广西工作重要指示批示精神,落实好推进气象高质量气象发展部署。一是持续营造良好发展环境。深化部区合作,发挥气象部门双重领导管理体制机制优势。加大部门合作、局校合作、局企合作。二是推进《气象高质量发展纲要(2022　2035年)》和广西实施意见目标任务落实。坚持以项目带动,补短板、强弱项,不断提高气象服务广西经济社会高质量发展的能力和效益。三是强化科技创新。完善创新驱动体制机制,统筹推进以高层次领军人才和青年人才建设为重点的人才协调发展。四是提升气象治理能力。加强气象法治建设,深化重点领域改革,夯实基层基础,发挥好中国—东盟气象合作论坛平台作用。

(执笔人:全文杰　杨黎明)

一体推进气象现代化
高质量赋能海南自贸港建设

海南省气象局

一、总体评价

2006 年《国务院关于加快气象事业发展的若干意见》(国发〔2006〕3 号)印发以来,海南省气象局全面部署贯彻落实相关工作,气象综合实力和核心竞争力得到显著提升,科技创新能力明显提高,气象监测预警与防灾减灾服务支撑能力得到极大提高,到 2020 年,基本建成了具有海南特色、结构完善、布局合理、功能先进的气象现代化体系。自动气象站乡镇全覆盖,平均间距小于 8 公里,灾害性天气监测率达 86%。气象预报更加精准,智能网格预报分辨率达 1 公里。气象服务更加精细,从简单的服务产品发展为面向不同用户的智能化、专业化气象服务产品。气象防灾减灾成效显著,自 2010 年底到 2020 年底,气象灾害造成的经济损失占 GDP 的比例由 3%~6%下降到 1%以下,公众气象服务满意度由 85 分提高到 90 分以上。

二、实施情况

1. 加强气象基础保障能力建设。综合气象观测系统进一步完善。建成"一中心三基地"(中国南海气象预警中心,三亚六道岭、西沙永兴岛、南沙美济礁气象综合观测基地)的南海综合气象观测站网。新增各类气象观测站 654 个,陆基站网平均间距小于 8 公里,观测资料实现分钟级采集并实时汇集和共享;海基站网向南推进近千公里,填补了南沙海域气象观测空白。推进气象信息共享平台建设。建成四大通信运营商线路负载均衡的气象广域网络,省内传输带宽提升至 50 Mbps；完成省级大数据云平台（“天擎”）、“天镜”等建设；建成面向气象服务的数据环境，实现资源按需分配、观测设备在线管理、业务系统实时监控、业务平台集约化，信息技术应用、系统运维能力大幅提升，有力推动与各行业间的资料共享和应急联动。完善气象预报预测系统。建立了集约化、智能化无缝隙的现代气象预报业务体系，建成省、市县高分辨率智能网格气象预报预警一体化平台，发展短临监测预警、基于影响的预报和风险预警等业务，加强南海热带气旋生成、秋季暴雨预报预警等关键技术研发，大幅提升灾害天气精准预报能力。2020 年，24 小时城镇晴雨、气温预报准确率分别达 78.2％和 89.5％，暴雨预警准确率达 90.6％，大雾预警准确率达 89.9％，强对流预警时间平均提前量达 24 分钟。建立气象灾害预警应急体系。建成了省、市县级突发事件预警信息发布中心，实现与应急等 16 个高气象灾害涉灾部门的对接和预警信息的权威发布，预警信息第一时间直达 3 万多防灾应急责任人的手中，充分发挥气象防灾减灾第一道防线作用。健全公共气象服务体系。建立健全气象预警信息传播“绿色通道”和重大气象灾害信息“全网”发布机制，完成全省基层气象防灾减灾“六个一”能力建设，气象预警信息覆盖率超过 90％，实现全省 218 个乡镇和 2589 个行政村气象协理员和信息员的全覆盖，打通气象服务“最后一公里”。

2. 发挥气象综合保障作用。积极开展应对气候变化研究。建立气候变化研发团队，开展近海风电风资源评估技术、近百年气温和降水等基础数据集重建、气候变化不确定性评估和检测归因、海口气候适应性城市建设等系列研究；编制了《海南省应对气候变化战略》《海南省经济特区应对气候变化办法》《海南省森林碳汇的增汇对策研究》等决策服务材料；揭示海南省近 50 年气候变化事实，提出应对建议，受到省领导的高度重视。强化农业气象服务工作。率先开展了橡胶、冬种瓜菜等特色气象服务，组建了全国橡胶特色农业气象服务中心和国家热带农业气象试验站。建立海南省冬季瓜菜、热带水果等为农气象服务平台，实现服务产品省级“一张网”格点化制作，开发“海南农气”APP，“直通式”服务覆盖全省 90％以上新型农业经营主体；2020 年农业气象产量预报评分 97.67 分，高于全国平均评分 96.8 分。做好交通和空间气象保障。建成琼州海峡立体气象观测网，开展分港区、分区域航线预报预警的通航气象服务。依托北斗系统气象预警信息平台为 6000 多艘渔船提供可视化预报预警服务；建设三沙海洋气象预警短波电台，实现了中英双语预报预警服务南海全覆盖；开展西沙、南沙各岛礁等30条航线预报；为平价菜保供惠民行动专班提供灾害性天气预报服务；完善交通气象专业监测站网建设，提供精细化道路交通气象服务。加强城市和公共卫生气象监测。在海口等城市开展内涝风险普查、城市内涝监测预警服务。开展天气气候变化对疾病的影响和海南康养气候条件研究，发布《海南康养气候条件评估报告》、康复气象条件预报等多种公共卫生气象服务产品，助力海南大健康产业高质量发展。

3. 科学合理开发利用气候资源。做好气候资源的普查和规划利用工作。完成海南省风能、太阳能资源的详查、评估工作，促进气候资源详查成果转化，为政府或企业提供风电场选址、风电开发、太阳能规划和利用等技术支持服务。完成全省精细化农业气候资源区划和农业气象灾害风险区划，编制橡胶海南种植适宜性分析和海南主要经济作物种植气候适宜性区划报告，为海南热带高效农业及十四五规划中橡胶树种植布局和规划提供参考。加强人工影响天气工作。加强随机化效果外场试验、暖云地面发生器人工增雨实用技术等关键技术研发，建成基于风暴追踪的热带对流云人工增雨作业指挥系统，人影业务水平得到显著提高，在多次抗击严重旱灾中发挥重要作用。开展气候可行性论证工作。积极针对城市规划编制、重大基础设施建设、重大区域性经济开发项目开展气候可行性论证工作，完成港口码头、岛礁建设、跨海桥梁、海上风能等领域的重点工程建设项目气候可行性论证近50项。

4. 推进气象工作的法制、体制和机制建设。气象法规与标准体系进一步健全。《海南省气象灾害防御条例》《海南省实施〈中华人民共和国气象法〉办法》《海南省气象台站探测环境保护规定》陆续颁布实施和重新修订，出台各类规范性文件22件。制定修订国家标准1部、行业标准3部、地方标准12部。制定权责清单，积极推行行政执法“三项制度”，2006年以来共纠正各类违法案件863起，气象事业发展法治环境不断完善。统筹规划与管理进一步加强。加强全省20个基层台站基础设施和业务能力建设，业务用房面积从200平方米增至2000平方米，形成“2个平台＋1个系统＋气象文化＋基础设施”的基层台站模式，全省气象业务软硬件条件实现了质的飞跃。气象科技创新取得显著成绩。成立了南海气象防灾减灾重点实验室、3个国家气候观象台、三沙海洋气象野外科学试验基地、三沙院士工作站，打造海洋气象协同创新基地。创建海南省“双百”人才团队1个、气象科技创新团队6个，承担40项国家级、141项省部级、466项厅局级项目，落实科研经费7128万元。获省科技进步奖17项、自然科学奖1项，发表核心以上期刊论文352篇，出版专著8部，登记软件著作权40个、获专利5项。财政投入力度逐年加大。全省气象部门2020年财政拨款2.4亿多元，较2006年增加5.2倍。加强气象国际交流与合作。主办热带气象水文减灾论坛，协办了首届风云卫星国际用户大会、中国—东盟气象灾害防御国际研讨会和国际工程科技发展战略高端论坛等国际性会议。2011—2019年连续举办9届南海风云论坛。选派科技人员到美国、荷兰等13个国家和地区参加学术交流访问和培训，与奥地利、澳大利亚开展技术合作。抓好气象人才队伍建设。截至2020年年底，3人入选中国气象局“十百千”人才计划，20人取得正高资格，3人成为海南省“515人才工程”第二层次人选，7人入选海南省“南海名家”。较2006年同期相比，硕士及以上学历人员同比增加28.5％，本科及以上学历同比增加49.8％；副高级以上职称同比增加14.3％，中级以上职称同比增加34.3％。

三、工作举措

一是加强顶层设计。落实国务院三号文件配套措施，完成气象业务技术体制改革；出台《海南省气象灾害防御条例》《关于加快推进气象现代化意见的通知》等12个相关法规和政策文件。二是高位推动发展。签署两轮省部合作协议，召开全省气象防灾减灾暨现代化工作会议；中国气象局党组出台支持海南全面深化改革开放的政策文件，2017年底海南基本实现气象现代化评估。三是优化体制机制。构建基于大数据的新型气象业务技术体制；完善以业务需求为导向的科研立项、产学研协同攻关机制；实施气象人才优先发展战略，推进科技协同创新平台建设，完善支撑研究型业务发展的体制机制。

四、发展建议

海南气象事业虽然取得了长足进步，但仍存在一些不足，表现为：气象监测、预报、服务距离精密、精准、精细要求还有差距，信息化建设不能满足新业态的需求，气象科技协同创新还不够，气象高层次人才依然缺乏，气象法治及财政等支撑保障能力还不够等。下一步，海南将深入贯彻落实习近平总书记关于气象工作和海南工作的重要指示批示精神，以海南自贸港发展为契机，着力补齐短板，高位推动新时代海南气象事业高质量发展。一是强化规划引领，统筹推动气象监测、预报预警、服务能力及信息支撑能力建设。二是坚持创新驱动，建立健全科创平台工作机制，多方争取科技资源投入，推进关键核心技术攻关。三是突出重点领域，强化气象防灾减灾、海洋气象、旅游气象、生态气象和农业气象等服务保障能力建设。四是创新人才发展机制，发挥区位优势，推进法治保障体系建设，持续完善双重计划财务管理体制。

（执笔人：冯文　田光辉）

融入新发展格局
加快建设智慧气象现代化体系

重庆市气象局

一、总体评价

重庆市气象局按照中国气象局和重庆市委市政府决策部署，认真贯彻落实《国务院关于加快气象事业发展的若干意见》(国发〔2006〕3号)文件精神，坚持"跳出小气象、做实大气象"工作思路，主动融入、精准施策，扎实推进重庆气象各项规划落地落实，加快建设智慧气象现代化体系，气象服务重庆经济社会发展和重大战略部署的能力显著提升，重庆气象现代化综合实力基本达到西部领先水平。到2020年，基本建成卫星、雷达、地面气象站构成的综合立体观测体系，地面观测空间分辨率提高到6.3公里，时间分辨率提高到分钟级，"气象+"大数据基础云平台存储能力达2 PB,CPU计算能力达3600核。数值预报实现从无到有，构建了3公里分辨率、逐3小时更新实时同化雷达的快速更新同化预报系统。强对流预警时间提前至37分钟，天气、气候预测网格空间分辨率分别达到2.5公里和45公里。公众气象服务满意度达91.3分，气象预警信息发布公众覆盖率达95.6%。

二、实施情况

1. 加强气象基础保障能力建设。加快综合气象观测系统建设。建成由1个风云卫星接收站、5部新一代天气雷达、3部风廓线雷达、2091个地面观测站、453个应用气象观测站、1个高空气象观测站、5台微波辐射计、5部微雨雷达组成的综合观测系统，地面观测时间分辨率达到分钟级，空间分辨率达到6.3公里。推进气象信息共享平台建设。初步建成"天枢"智能探测系统，"气象+"大数据云平台存储能力达到2 PB,计算能力达3600核CPU,市-区(县)广域网带宽达60 Mbps。完善气象预报预测系统。初步建成“天资”智能预报系统,构建分辨率达3公里的高分辨率数值预报系统,基本建成0～10天时空分辨率为1～3小时、1～2.5公里的无缝隙、精准化、多要素智能网格天气预报系统及11～30天时空分辨率为24小时、5公里的气候要素智能网格预报系统。预警响应3分钟及时率接近100%、1分钟及时率超过90%,24小时晴雨、气温预报、暴雨预警准确率分别为81.3%、80.3%、83.6%,月气候预测水平达到79分。建立气象灾害预警应急体系。紧扣防范化解重大风险攻坚战、保障和改善民生行动计划,不断完善气象灾害防御体系,成立了市、区(县)气象灾害防御指挥部,推动市委市政府建立防汛救灾指挥决策“四重分片包干责任制”,建成市、区(县)一体化智能预警信息发布平台,形成了四级预警工作体系和六级预警信息发布体系。初步建成“御天”智慧防灾系统,不断提升面向各种突发公共事件的气象预警和应急保障能力,重大灾害性天气预报预测预警服务以及洪涝灾害、地质灾害、森林火灾、空气污染等气象风险预警准确及时,及时多渠道发布气象灾害预报警报信息,最大限度地减少重大气象灾害造成的损失。健全公共气象服务体系。初步建成“知天”智慧服务系统,气象服务政府决策、公众生活、行业发展能力不断提升,公众服务满意率达88.7分。

2. 发挥气象综合保障作用。积极开展应对气候变化研究。开展重庆气候变化趋势、未来气候变化预估、气候变化对重点行业和领域影响及应对研究,常态化发布《重庆市气候变化监测公报》《重庆市气候变化影响评估报告》,向重庆市委市政府专题报送《气候变化对重庆水资源影响评估报告》《重庆森林工程碳汇作用初评报告》等多篇决策报告,并获市领导批示,积极参与气候变化规划、气候投融资等地方应对气候变化工作。强化农业气象服务工作。实施“三农专项”,推进农村气象灾害防御体系和农业气象服务体系建设。选派110人驻村扶贫,统筹扶贫资金3566万元,助力脱贫攻坚。建成271个农业气象观测站点和江津国家级现代农业气象试验站,建成5个市级山地特色高效农业气象服务中心、5个国家级和21个市级标准化农业气象服务区县,保障粮食安全和现代山地特色高效农业发展的气象服务更加精细,“直通式”服务覆盖60%的新型农业经营主体。做好交通气象保障。全面融入“一带一路”和长江经济带发展,加强渝黔桂新、中欧班列(重庆)、重庆—东盟公路交通沿线、长江黄金水道沿线重要节点城市天气预报服务。在长江干线重庆段,完成与长江航道的数据对接,实现船舶企业、用户的直通式气象服务。开展面向高速公路、铁路、机场的气象预报预警服务。加强城市和公共卫生气象监测。针对发电、输电、用电调度与安全,向能源管理部门和企业提供城市能源气象保障服务。制作重庆市百名清凉乡镇分布图,开展物候预报、山城特色气象景观预报服务。与卫生部门建立合作机制,开展高温中暑、感冒传染病等健康气象风险预警服务。

3. 科学合理开发利用气候资源。做好气候资源的普查和规划利用工作。完成重庆高分辨率太阳能资源分布式模拟研究和资源详查。完成重庆市气象旅游资源普查,初步建立气象旅游资源数据集,将气象旅游融入重庆市全域旅游发展规划。完成重庆立体气候和避暑、康养、冰雪等气候适宜区区划,持续打造国家级生态气候品牌 6 个、重庆市生态气候品牌 34 个。加强人工影响天气工作。编制重庆市人工影响天气发展规划,有组织、有计划地开展人工影响天气工作。积极开展人工增雨防雹作业,人工增雨作业覆盖面积达 7.3 万平方公里,防雹保护面积达到 3.54 万平方公里。强化污染防治攻坚战气象服务保障,持续开展污染防治蓝天行动人影作业。做好风能、太阳能开发利用的气象服务。完成重庆风能资源评估和重庆市风电场规划,参与编写《重庆市风电场规划(二期工程)》,为多家企业 15 个风电场提供风资源评估报告。完成重庆市高分辨率太阳能资源分布模拟、屋顶可用太阳资源评估、18 个深度贫困乡镇太阳能资源评估及石柱中益乡安装太阳能路灯气象条件分析等,专题报告获市领导批示,受益贫困户 6944 户,安装太阳能路灯 2000 余盏。探索开展风能太阳能资源预测。开展气候可行性论证工作。将气候可行性论证纳入重庆市深化工程建设项目审批制度改革事项,完成 50 个工业园区、高新开发区的区域气候可行性论证;积极开展重大规划、重点工程建设项目气候可行性论证服务,2006 年以来,完成暴雨强度公式编研、社会投资项目用地、海绵城市、通风廊道、低碳试点、生态评估、核电、输变电工程、机场、高铁、轨道交通等气候可行性论证专题服务项目 32 项。

4. 推进气象工作的法制、体制和机制建设。健全气象法规与标准体系。气象法规标准体系不断健全,出台 2 部地方性法规和 4 部地方政府规章,发布 3 项国家标准、13 项行业标准、44 项地方标准和 3 项团体标准。各项改革深入推进,全面完成防雷减灾体制改革，持续深化“放管服”改革，全面启动业务技术体制改革，稳步推进气象服务供给侧改革和国有企业改革，基层台站综合实力明显提升。加强统筹规划与管理。坚持规划引领，科学编制实施全市气象发展五年规划并推进实施，优化气象设施建设和布局，推进气象资源合理配置、高效利用和开放共享。大力发展智慧气象业务技术体系，统筹推进气象业务、服务、管理的协调发展。2006—2020年，中央和地方各级财政累计投入项目资金29.27亿元，助推重庆气象高质量发展。利用地方资金建设的气象探测设施全部纳入国家气象观测网络的总体布局，由重庆市气象局实行统一监督、指导，实现了资源配置合理、高效利用和信息的有效共享。加快气象科技创新。气象科技创新能力不断增强，推进研究型业务发展，成立12个创新团队，加大核心技术攻关，2006年以来，获科研项目国家级18项、省部级196项，发表核心期刊论文486篇(EI、SCI论文57篇)，科技成果登记158项，科研经费投入1.58亿元。加大财政投入力度。积极落实双重计划财务体制，多渠道筹措资金，努力建立健全稳定增长的财政投入机制。2006—2020年，各级财政累计投入46.86亿元，年均增长率达12.39%。加大气象重大工程建设及业务运行维持经费投入力度，将气象能力建设纳入中央及地方财政预算，推动气象事业高质量发展。积极落实“地方政策地方保”，主动协调地方相关部门，按属地化原则，职工医疗、养老、失业等社保全部完成当地参保。加强气象交流与合作。气象开放合作力度逐步加大，与应急、农业、环保、供销、水利等部门推进信息资源共享，与百度、阿里、腾讯等共同发展智慧气象，与美国俄克拉何马大学、成都信息工程大学、国防科技大学等联合开展关键核心技术攻关，深度参与长江经济带数值预报联盟研发团队。抓好气象人才队伍建设。2006年以来，高层次人才数量和质量大幅度提升，研究生及以上学历占比从3.7%提高到23.4%，副高及以上职称占比由6.7%提高到26.9%，中级以上职称占比达83%；博士人数由0人增长到16人，正高人数由4人增长到20人。1人被聘为二级岗，1人入选中国气象局首席预报员，2人入选“中国气象局西部优秀青年人才”，2人入选中国气象局气象“十百千”人才计划；制定出台了《重庆“两江之星”气象英才计划实施办法》《重庆“两江之星”气象英才计划具体措施》，实施重庆“两江之星”气象英才计划，评选首批气象英才27人；组建导师库，首批入库学术导师45人。

三、工作举措

1. 建立完善部市合作机制。中国气象局和重庆市政府签订2轮部市合作备忘录，召开4次部市合作联席会议，不断加大支持力度。中国气象局将重庆纳入全国气象现代化、全国气象为农服务示范、突发事件预警信息发布和自然灾害应急联动示范、防雷减灾体制改革试点。重庆市政府印发《关于加快气象事业发展的决定》《重庆在西部率先基本实现气象现代化行动方案》《关于加快推进重庆气象事业高质量发展的意见》等指导性文件，召开3次全市性气象工作会议，将气象工作同地方经济社会发展统筹部署推进。

2. 扎实推进气象现代化建设。重庆市气象局接续实施3个五年规划，制定印发气象现代化建设指导性文件4个，推动气象现代化建设情况纳入地方政府考核内容。截至2020年，气象现代化建设既定目标基本完成，达到西部领先水平。

3. 推动落实双重计划财务体制。推动建立稳定的财政保障机制，2015年，重庆市财政局印发关于进一步落实气象事业双重计划财务体制文件。2006年以来，中央财政投入20.29亿元、市级财政投入15.11亿元，区县财政投入11.46亿元，有力保障了重庆气象事业快速发展。

四、发展建议

对照《国务院关于加快气象事业发展的若干意见》要求，重庆市气象局在气象现代化建设上取得了一定成效，但仍存在一些不足：一是气象科技创新动能仍须增强，科技人才激励机制有待完善，关键核心技术攻关还须持续开展，高层次人才队伍有待增强；二是基础业务能力有待提升，监测精密、预报精准、服务精细能力还须提高，气象灾害防御工作尚有短板；三是气象融入重庆经济社会发展有待进一步深入，推动高质量发展、创造高品质生活新篇章，建设内陆开放高地、山清水秀美丽之地新篇章，成渝地区双城经济圈建设新篇章的气象服务保障有待提高。

下一步，重庆市气象部门将全面落实习近平总书记关于气象工作重要指示精神和对重庆提出的系列重要指示要求，深入推动《气象高质量发展纲要（2022—2035年）》落地实施，一是在科技创新和人才体系建设上厚植新优势，积极推动西部（重庆）科学城气象科技创新中心建设，加快集聚优质气象创新资源，努力打造国家级吸引和聚集人才平台；二是在智慧气象业务技术体系建设上跃上新台阶，深入推动监测精密——天枢·智能探测系统、预报精准——天资·智能预报系统、服务精细——知天·智慧服务系统、第一道防线——御天·智慧防灾系统建设，夯实雷达、卫星、数值预报、信息网络“四大支柱”；三是在经济社会发展气象服务保障上开创新局面，立足新发展阶段，贯彻新发展理念，坚持“跳出小气象、做实大气象”，以高质量气象服务保障重庆经济社会高质量发展。

（执笔人：喻桥　朱赟赟）

需求牵引 精准发力
四川气象现代化建设迈上新台阶

四川省气象局

一、总体评价

在中国气象局和四川省委省政府领导下，四川省气象部门认真贯彻落实国务院三号文件，持续推进气象现代化建设，气象服务保障能力不断增强，气象防灾减灾水平显著提高，气象人才队伍不断优化。到2020年，基本建成以智慧气象为重要标志，适应需求、结构完善、功能先进、保障有力的四川气象现代化体系，气象服务保障在防灾减灾、乡村振兴、生态文明、社会经济发展等方面成效显著，国务院三号文件确立的两个奋斗目标基本完成。到2020年，全省156个国家级气象观测站全面实现自动化，建成5664个区域气象观测站，平均站点间距缩小到约9公里，初步实现区域站乡镇全覆盖。构建3～9公里分辨率数值预报模式系统。建立5公里智能网格预报业务，天气预报准确率达82%，暴雨预警准确率达90%，强对流天气预警时间提前至37分钟。预警信息公众覆盖率达93%，公共气象服务满意度达91.4%。高性能计算能力达到38万亿次/秒，网络带宽提高10倍以上。科技投入和产出持续增长，经费投入累计约2.35亿元，承担省部级科研项目115项，获省部级科技奖励48项。气象人才队伍进一步优化，高级职称人员比例达到16.2%，中级职称比例达到46.8%，本科以上比例达到81.8%。公共财政保障率达到75.3%。

二、实施情况

1. 加强气象基础保障能力建设。综合气象观测体系不断完善。地面气象观测实现自动化，数据传输时效从1小时提升至1分钟。新建温江国家气候观象台。地面气象观测站平均站点间距缩小到约9公里，实现乡镇全覆盖。建成7部探空雷达、9部风廓线雷达，初步形成大气廓线连续观测能力。新一代天气雷达增至12部，距地1公里雷达覆盖率增长至32.5%。建成风云三号、四号卫星接收站，气象卫星遥感应用体系初步建立。气象信息共享平台建设持续推进。全省气象广域网系统实现了双宽带准负载均衡，网络带宽提高10倍以上，达到省-市双60 Mbps、市-县双20 Mbps，主要观测资料到达业务人员桌面时效缩短至(>90%到达时间)1分钟。高性能计算机系统峰值计算能力达到38万亿次/秒，存储容量达到500 TB。建成省级分布式数据环境和基础设施资源池，初步形成“省级部署、省市县三级应用”的“云+端”主体业务格局，网络安全联防联动初步实现。精细化气象预报预测系统初步建立。构建3～9公里分辨率数值模式系统，分辨率由2005年的25公里精细到3公里。建立智能网格/站点一体化预报业务体系，0～10天网格预报空间分辨率从50～100公里(站点)提升到5公里，时间分辨率实现0～2小时10分钟、逐10分钟更新，0～24小时1小时、逐小时更新，1～10天3小时、逐12小时更新。2020年，天气预报准确率达82%，暴雨预警准确率达90%，强对流天气预警时间提前至37分钟。气象保障服务能力显著提升。建立了气象综合减灾指挥调度、联合会商、督导检查、预警信息全网发布机制，建成14个部门共用、多手段发布的突发事件预警信息发布系统，深度融入地方应急、防汛、减灾指挥决策体系，气象灾害造成的经济损失占地区生产总值比率从年均1.7%降低到1%以下。打造融媒体智慧平台和全媒体直播平台，组建了移动传播矩阵，网络用户覆盖率提升到50%。

2. 发挥气象综合保障作用。应对气候变化科技支撑能力不断提升。加强气候变化对农业、水资源、生态系统、粮食安全等的风险综合分析评估技术研究，强化气候变化监测与数据支撑能力建设。开展暴雨洪涝、特色农业等气候变化风险评估，为省市县三级应对气候和气候变化提出适应性措施。发布2次西南区域气候变化评估报告。农业气象服务能力更加突出。农业气象服务精细化水平不断提升，粮食安全气象保障服务实现对全省重点粮油作物的全覆盖，粮食产量预报业务质量位列全国第一。完成精细化农业气候区划、服务指标等620余个。围绕“10+3”现代农业布局，面向新型农业经营主体开展“直通式”服务。开展3种农产品气候品质评估，开展宜宾南溪血橙、乐山沐川茶叶、广元旺苍猕猴桃等189

个重要农产品以及35个特色农产品的针对性气象服务。做好生态和专业气象保障。研发水电、铁路、公路交通等专业气象服务平台10个，专业气象服务规模提升40%。气象服务对电力、交通等行业的总体贡献率提高近30%。构建了生态气象监测评估、环境气象潜势预报、大气污染评估有机衔接的生态气象服务体系。与生态环境、卫生等部门完善合作机制，在17个省级应急预案中明确了气象部门职责。

3. 科学合理开发利用气候资源。气候资源开发利用能力大幅提升。四川省人民政府出台《四川省气候资源开发利用和保护办法》。制定《四川省气候资源开发利用可行性管理实施细则》，建立一体化资源评估系统。完成全省风能、太阳能资源普查和精细化评估工作，编写资源评估报告。创建"四川特色气候小镇"11个、"中国天然氧吧"2个。完成21个市(州)暴雨强度公式编制，开展机场、隧道等气候可行性论证30余项。人工影响天气工作进入新阶段。建立了人影作业和应急处置的规章制度和规范，完善了作业空域申请存档机制。固定作业点建设标准化提高至78%，人影弹药实现省级物联网系统100%入库，基层站点物联网装备使用率达到82%。"十三五"期间，全省年均实施飞机增雨(雪)作业40架次，地面增雨约2300批次，防雹作业约3500炮次，年均人工增雨(雪)和防雹面积分别约26万平方公里和4万平方公里。较"十二五"期间，地面增雨(雪)和防雹批次分别增长15%和17%，全省增雨和防雹保护面积分别增长10%和5%。

4. 推进气象工作的法制、体制和机制建设。气象法规与标准体系更加健全。出台地方性法规2部、省政府规章4部，发布实施国家标准2项、行业标准8项、地方标准55项；建立四川省气象局指导监督、市县两级气象部门组织实施的气象行政执法体系；深化气象行政审批制度改革，实现防雷、升放气球安全监管全覆盖。规划与管理统筹不断加强。联合四川省发展改革委印发四川气象事业"十二五""十三五"发展规划，将气象建设任务纳入黄河流域生态保护、应急等专项规划。与水利、自然资源等相关部门合作，推进气象资源的合理配置和信息共享。19个市(州)将气象工作纳入党和政府的全局工作部署和目标考核。气象科技创新体系进一步完善。初步建立以创新质量、贡献、绩效为导向的分类评价体系。新建高原与盆地暴雨旱涝灾害四川省重点实验室、中国气象局高原陆气相互作用野外科学试验基地2个省部级创新平台。建成了沿30°N东西剖面、100°E

南北剖面的青藏高原及周边关键区大气综合观测体系，外场观测试验应用成效突出。2006年以来，承担省部级科研项目115项，获省部级科技奖励48项。2010—2020年，各类科研项目经费共2.35亿元。财政投入力度不断加大。“十一五”期间，各级财政累计投入22.1亿元；“十二五”累计投入37.1亿元，增幅67.9%；“十三五”累计投入56.9亿元，较“十一五”增长157.5%，较“十二五”增长53.4%。全省各级气象部门等地方事业机构所需人员经费、业务运行维持经费全部纳入地方常规预算，区域自动站等为地方气象事业服务开展工作所需经费不同程度纳入同级财政保障。气象人才队伍建设持续优化。深入实施“5131”人才工程和“161”人才计划，组建2个西南区域创新团队和8个省级气象创新团队，培养高层次领军人才及学科带头人23人、骨干人才40人、青年人才115人，高层次人才培养在全国各省气象局中排名第9。

三、工作举措

2010年，中国气象局和四川省政府签订共同推进气象防灾减灾和农业发展服务合作协议，并分别于2011、2013、2015和2018年分别召开4次联席会议，加强沟通协作，不断完善气象防灾减灾体制机制。

推动四川省委、省政府出台《四川省气象灾害防御条例》《四川省雷电灾害防御管理规定》《四川省灾害性天气预警信号发布与传播规定》《四川省气象灾害预警信号发布与传播规定》《四川省气候资源开发利用和保护办法》《四川省气象灾害应急预案》等法规规章制度，印发《四川省人民政府办公厅关于全面推进气象现代化建设工作的意见》《四川省人民政府办公厅关于印发四川省全面推进气象现代化建设实施方案的通知》《四川省人民政府办公厅关于加强人工影响天气工作的通知》等文件。与自然资源、应急、水利、农业、环保等部门签订合作框架协议，进一步加强气象部门与地方人民政府及组成部门的沟通联系，进一步形成了多方合作的运行机制。各地气象部门在省级合作框架下开启与各级政府部门及组成部门的良性互动，广泛开展项目合作、资源共享等工作。

四、发展建议

四川省气象现代化虽然取得了较大进展，但对标新时代新征程对气象工作提出的要求，气象事业发展水平与社会经济发展需求还存在一定差距：一是大量地面观测装备超期服役、观测要素结构偏低、重点流域等关键区域覆盖不够、观测站网维持保障机制仍未健全；二是气象预报业务核心关键技术发展缓慢，数值预报模式对预报的支撑能力不足，业务平台集约化、智能化、自动化水平还不高；三是基层防范化解气象灾害风险能力与现实需要仍然存在较大差距；四是气象科技创新能力不足、对业务支撑能力不够，高层次人才匮乏、青年后备人才和业务科研骨干人才不足；五是双重计划财务体制发展不平衡，受区域经济发展差异影响，部分单位基本支出和运行维持投入不足的问题日益突出。

下一步，四川省气象局将从五个方面发力。一是加强顶层设计，坚持地空天立体布局原则，升级优化地面观测站网；构建全省大气廓线观测网，加速构建农业、交通及旅游等专业观测网。二是聚焦复杂地形降水机理与预报技术研究，加强区域数值模式检验评估和改进。基于省级气象大数据云平台，加强实况分析产品和智能网格预报的气象服务应用，建设气象预报业务全流程检验评估体系，建立集约贯通的业务流程。三是健全新时期气象综合防灾减灾救灾体系，构建广覆盖、高时效的预警信息发布体系。发展满足人民对美好生活需求的公众气象服务和保障相关行业高质量发展的专业气象服务。四是滚动支持重大专项立项，建立面向成果应用实效的项目考核机制，协同推进创新平台建设。继续实施“161”人才计划，加强创新团队建设，大力培养高层次科技人才和创新型青年人才。以成渝地区双城经济圈建设气象合作为契机，加强科技人才交流。五是完善落实双重计划财务体制，深化中央与地方财政事权和支出责任划分，建立稳定的财政投入机制。统筹考虑东中西部发展不平衡，对艰苦边远地区予以特殊照顾，争取将其所需经费全额列入中央财政事权予以全面保障。

（执笔人：陆其峰　周天华）

创新驱动 协调发展
推动更高水平气象现代化建设

贵州省气象局

一、总体评价

2006年，国务院印发了《国务院关于加快气象事业发展的若干意见》(国发〔2006〕3号)，同年，贵州省人民政府印发了《贵州省人民政府关于进一步加快气象事业发展的通知》(黔府发〔2006〕41号)。贵州省气象部门按照文件要求，围绕全面推进气象现代化核心任务，创新性地开展工作，气象事业发展在贵州省防灾减灾、生态保障、社会经济发展等方面取得显著成效，基本完成各项奋斗目标。到2020年，贵州省气象观测站网更加完善，实现自动气象站乡镇全覆盖，观测站点间距平均为6.87公里，突发气象灾害监测率达78.3%；预报更加精准，24小时精细化预报准确率提高到81.86%，灾害性天气预警信号命中率提升到89%，强对流天气预警提前量增加到35分钟；气象防灾减灾体系更加健全，预警信息公众覆盖率达96.92%，全省因气象灾害造成的人员死亡人数由2006年前平均每年250人左右下降到平均每年65人左右。经评估，贵州基本实现气象现代化水平测评达到96.8分，从全国落后水平赶超到西部先进水平，部分指标达到全国中上水平，达到与全国同步基本实现气象现代化目标。

二、实施情况

1. 加强气象基础保障能力建设。加快综合气象观测系统建设。气象综合观测体系不断夯实。建成由2套气象卫星地面接收站、13部天气雷达、3086个气象站组成的天地空立体观测站网，乡镇自动气象站全覆盖。推进气象信息共享平台建设。气象数据走上“云端”。统筹气象大数据云平台建设，优化21项数据资源接入数据共享交换平台，在全省实现部门内和部门间数据100%共享。完善气象预报预测系统。预报业务体系不断完善。建成包含“预报、预警、检验”的现代智能网格预报业务平台。完善“DERF2.0模式预测应用及检验平台”等气候预测业务系统。建立气象灾害预警应急体系。应急联动机制不断健全。建立了“三个叫应”气象灾害防御机制，形成具有贵州特点的“一图三区三个叫应”基层气象防灾减灾标准化建设模式，在全国率先建成省、市、县三级突发事件预警信息发布中心。健全公共气象服务体系。公共气象服务能力不断增强。发展面向微信、微博等新媒体的气象信息传播服务技术，建立全媒体融合发展的气象服务信息传播体系。

2. 发挥气象综合保障作用。积极开展应对气候变化研究。出版《贵州省气候变化影响评估研究》《贵州省干旱灾害风险评估及其气候预估》等专著。完成“西南区域气候变化评估报告”项目子课题“气候变化对西南气象地质灾害”研究。强化农业气象服务工作。建立省、市、县三级联动的为农气象服务体系。开展“直通式”气象服务，完成百香果等12个特色农产品的气候适宜性精细化区划，开展了湄潭绿茶等40多种农产品气候品质认证，建立山地农业气象保险指数。做好交通气象保障。建设贵州省交通气象服务系统和智慧交通精细化气象服务平台，实现基于GIS(地理信息系统)地图的智慧交通个性化功能定制服务，针对影响交通安全的灾害天气提供气象预警信息快报企业微信号服务。加强城市和公共卫生气象监测。在主要城市建设105套城区自动气象站，与生态环境厅建立重污染天气监测预警会商机制，实现信息共享，联名发布城市空气质量预报和重污染天气预警提示等。

3. 科学合理开发利用气候资源。做好气候资源的普查和规划利用工作。深度挖掘贵州生态旅游、气候经济价值。开展生态旅游气候资源普查评估，协助地方政府打造了毕节“中国花海洞天避暑之都”国家级旅游气候品牌以及罗甸县“贵州最佳避寒地”、大塘镇“云上大塘·避暑茶乡”2个省级旅游气候品牌。加强人工影响天气工作。建成贵州省冰雹防控技术工程中心。形成由460门高炮、230套新型火箭、1架飞机组成的地空立体作业体系，重点开展农业坝区、水库、重大活动保障和保护中国天眼(“FAST”)的人工影响天气作业服务。做好风能、太阳能开发利用的气象服务。通过35个风能资源详查站、6座70米以上测风塔、11个太阳能辐射观测站完成了风能、太阳能开发利用规划和资源评估项目近150项。开展气候可行性论证工作。发布贵州省地方标准《贵州省重大建设项目气候可行性论证技术规范》，开展威宁等5个机场建设项目和中石化织金聚烯烃等重大工程项目气候可行性论证。

4. 推进气象工作的法制、体制和机制建设。健全气象法规与标准体系。由贵州省人大和省政府颁布实施《贵州省气象条例》《贵州省气象灾害防御条例》《贵州省气候资源开发利用和保护条例》《贵州省人工影响天气条例》和《贵州省气象预报预警信息发布与传播管理办法》。主持编制1项气象国家标准、1项气象行业标准及30余项气象地方标准。加强统筹规划与管理。科学合理地编制贵州气象事业发展的五年规划，统筹实施重要气象设施的建设与业务布局，以规划为引领，充分发挥国家和各级地方政府投资效益，推动了气象事业快速发展。加快气象科技创新。建立气象科技创新平台、大数据应用平台、众创众筹平台，开展科研项目158个，争取“云贵静止锋研究”“冰雹防控技术研究”等重大科学研究立项。到2020年，省部级项目立项71项，获得省部级以上科技进步奖41项，专利9项，软件著作权59项，标准12项。加大财政投入力度。中央和地方各级财政累计投入67.02亿元（中央财政39.39亿元、地方财政27.63亿元），年平均增长率为10.36%。全省气象部门职工的医疗、养老、失业等社会保障工作均已步入正轨。抓好气象人才队伍建设。实施气象人才工程，培养和引进博士7名，培养正研28名。入选中国气象局首席预报员1人、首席气象服务专家2人、西部优秀青年气象人才13人；中国气象局首席气象专家3人、西部优秀气象人才1人；贵州省管专家1人；贵州省高层次创新型人才“百”层次1人、“千”层次18人。

三、工作举措

1. 加强省部合作，加快贵州气象事业发展。贵州省人民政府与中国气象局于2012年、2019年两次召开省部合作联席会议，签署合作协议。贵州省人民政府印发推动气象现代化建设指导文件，中国气象局和省人民政府双方切实加强领导，加大对贵州气象事业发展的投入，贵州省气象局认真扎实抓好各项工作落实，取得了明显成效。

2. 深化气象重点领域改革，着力提升预报准确率。以提高预报预测准确率为核心，推进无缝隙、精细化、专业化气象预报预测系统建设，强化预报员队伍建设，建立了预报员积分制和预报员分级管理制度，初步形成省、市两级首席预报员团队，着力提高预报准确率，为公共气象服务提供有力的支撑。

3. 以需求为导向，提升"赋能"社会经济发展本领。凝练具有贵州特色的基层人工影响天气"威宁模式"在全国推广，建成中国天眼（"FAST"）冰雹灾害防控体系。依托贵州农经网实施"农经云"应用工程，率先在贵州启动农村电子商务行动，建成"互联网＋乡村"智慧平台，全省推广"大数据村域经济服务社"。

四、发展建议

1. 气象重点业务体系还不完善，不能满足气象服务工作需求。下一步要健全垂直观测体系，提升观测数据对预报精准、服务精细的支持。强化科研技术开发和成果转化应用，深入开展本地极端天气气候、气象灾害形成机理等研究，提升预报技术对防灾减灾气象服务的支撑。

2. 人才总体素质与全国平均水平相比仍有较大差距，高层次人才匮乏。下一步要结合中国气象局《新时代气象高层次科技创新人才计划实施办法》和贵州气象部门实际，制定《贵州省新时代气象高层次科技创新人才计划实施办法》，加强对人才的引进、选拔和培养，为贵州气象事业发展提供有力的人才保障。

3. 资金保障不足，地方能够投入气象现代化建设的经费支撑较少。下一步要继续推进省部合作，多举措贯彻落实省部合作协议和省部联席会议精神，以贵州乡村振兴、大数据、大生态三大战略需求为气象事业发展方向，争取中央和地方支持，形成以政府投入为主、上级部门补助为辅、鼓励社会资金参与的多渠道、多层次资金投入机制。

（执笔人：李登文　陈焰䘵）

以云南气象现代化保障
服务边疆民族美丽红土高原经济社会发展

云南省气象局

一、总体评价

云南省气象局坚持政府主导，推动云南省、州（市）人民政府先后出台贯彻《国务院关于加快气象事业发展的若干意见的实施意见》（国发〔2016〕3 号）以及一系列加快气象事业发展的政策文件。中国气象局、云南省人民政府 2012 年签署《提高气象对云南省面向西南开放重要桥头堡建设服务保障能力合作协议》，2016 年签署《“十三五”期间推进云南省气象现代化，加强气象防灾减灾体系建设合作协议》，2018 年签署《共建“面向南亚东南亚气象服务中心”合作框架协议》，助推云南气象事业加快发展，气象现代化建设取得显著成效。2018 年 12 月，按照中国气象局《省级气象现代化指标体系和评价实施办法》评估，云南气象现代化综合水平迈入全国位于中上水平，在西部位于前列。“十三五”时期，云南省气象事业发展环境进一步优化，气象现代化建设成果丰硕。建成由 3323 个地面气象站、5 个高空气象站、11 个国家天气雷达站、3 个风云气象卫星直收站、1 个卫星测距站组成的综合气象观测网，初步搭建了高原特色农业、生态、雷电、交通、旅游等应用气象观测站网。智能网格预报业务化运行，预报产品最小时间分辨率 1 小时、最小空间分辨率 3 公里。全省暴雨预警信号准确率大幅提高至 88%，强对流天气预警提前量达到 35 分钟。建成气象信息基础设施资源池，初步建成数算一体的云南气象大数据云平台，实现与省级业务系统融入对接，数据、算力、算法支撑能力大幅提升，数据传输、处理时效由原来的分钟级提高到秒级。16 个州（市）气象局改建完善了基础设施，112 个县级气象台站达到气象现代化建设标准，新增业务用房面积近 3.5 万平方米。

二、实施情况

1. 加强气象基础保障能力建设。综合气象观测系统建设方面,建成乡镇全覆盖的3323个地面气象站、5个高空气象站、11个国家天气雷达站、3个卫星省级直收站、1个卫星测距站组成的综合气象观测网。建成香格里拉国家大气本底站和大理国家气候观象台。结合云南实际建设高原特色农业、生态、雷电、交通、旅游等应用气象观测站网。气象信息共享平台建设方面,建成省级基础设施资源池。建成省级气象大数据云平台("天擎")、省级气象综合业务实时监控系统("天镜")。建成多种方式的省-州(市)-县气象通信专网,北斗卫星应急通信实现县气象局全覆盖。气象预报预测系统建设方面,建成云南短临预报预警一体化业务系统、精细化预报系统、智能网格预报系统、智能化气候综合业务服务系统、高分辨率多源融合实况分析产品系统。实况产品分辨率10分钟、1公里;智能网格预报产品空间分辨率5公里,0~24小时逐小时间隔,1~10天逐3小时间隔;气候预测空间分辨率达到县级。气象灾害预警应急体系建设方面,省、州(市)、县政府全部出台气象灾害应急预案。全省气象部门建立了灾害性天气"内响应、外联动"机制,实现灾害性天气和气象灾害监测预警省、州(市)、县三级"一张网"。云南省突发事件预警信息中心年均发布气象灾害预警信息2万条,政府决策人员接收2000万人次,公众接收1.2亿人次。健全公共气象服务体系方面,拓宽服务领域,服务产品覆盖交通、健康、旅游、安全、生态、农业生产等众多方面。在电视、广播电台、主流网站等主要公共媒体发布基础上,大力开拓新媒体发布渠道,有效扩大气象信息的公众覆盖面,夯实气象部门在气象预报预警方面"第一时间、权威发布"的法定地位。2020年,气象服务满意度评分92.9分,创历史新高。

2. 发挥气象综合保障作用。开展应对气候变化研究方面,组织开展"云南气候变化基本事实及极端气候事件研究"等11项气候变化研究项目,出版14部专著,15项气候科技研究成果荣获科技奖励。《云南未来10~30年气候变化预估及其影响评估报告》、厄尔尼诺事件可能影响等决策气象服务材料得到云南省委省政府领导批示。农业气象服务方面,依托中央"三农气象服务专项"建设云南农业气象服务体系和农村气象灾害防御体系,覆盖全省129个县。5个县、45个乡镇分别被中国气象局认定为全国标准化气象为农服务县、全国标准化气象灾害防御乡镇。充分利用云南得天独厚的气候条件，建立上下联动、“气象＋社会组织＋公司＋农户”等多元化服务模式，服务“绿色食品牌”高原特色农业产业发展。服务云南产业发展方面，建成云南省旅游气象服务系统和云南省高速公路交通气象服务系统，智慧旅游气象服务融入云南省政府“一部手机游云南”。开展绿色能源水电企业、大中型水电站气象预报服务。

3. 科学合理开发利用气候资源。气候资源的普查和规划利用方面，云南省气象局与云南省发展和改革委联合发文加强云南风能资源开发管理工作。参与《云南省风能资源详查与评价》《云南省风电场规划报告》编制，完成云南省太阳能资源县域规划以及光伏电站太阳能资源专项评估。出版《云南省气候图集》。《云南省气候资源保护和开发利用条例》于2020年1月1日正式施行。人工影响天气方面，积极推进空、地结合的人工增雨（防雹）作业，全省有地面作业点1049个、高炮508门、火箭892具。2013年开始租用2架飞机开展增雨工作，每年作业时间跨度近10个月，增雨受益国土面积约17万平方公里。防雹保护农经作物1515万亩（烤烟416万亩）。加大标准化作业点建设力度，推进作业装备弹药物联网监控系统建设。开展气候可行性论证工作方面，与云南省住房城乡建设厅联合推进暴雨强度公式编制（修订）成果在城市规划建设中的应用。云南省气象局与省住建、发改等部门联合印发《云南省工程建设项目区域评估操作规程》，区域性气候可行性论证纳入云南省工程建设项目区域评估事项。制定《云南省区域性气候可行性论证工作管理办法（暂行）》《云南省气象局区域性气候可行性论证报告评审办法（试行）》。

4. 推进气象工作的法制、体制和机制建设。气象法规与标准体系建设方面，出台了5部地方性法规、2部地方政府规章、4部政府规范性文件。履行气象部门社会管理职责，依法依规开展气象行政审批和执法监督检查。有41项气象标准获准立项，21项发布实施。云南省气象标准化技术委员会获云南省政府“标准化创新贡献奖”。加强统筹规划与管理方面，云南气象事业“十一五”发展规划由云南省气象局与云南省发展改革委联合印发；“十二五”发展规划由云南省气象局印发；“十三五”发展规划报请云南省人民政府批准后，由云南省气象局印发。云南90%的基层县级台站完成了基础设施建设和改善。加快气象科技创新方面，实施云南省气象局2014—2018年科技研究计划、2016—2020年专项科技研究计划。打造“一个中心、两个基地”(横断山区(低纬高原)灾害性天气研究中心和大理山地气象野外科学试验基地、昆明准静止锋科学试验基地)集约攻关创新平台。深化部门、局校合作,强化人才联合培养、技术联合攻关。建立李崇银院士工作站。2006 年以来,云南省气象局承担省部级以上科研项目 135 项(国家自然科学基金项目 28 项),获省部级科技奖励 42 项、二等奖以上奖励 9 项。加大财政投入力度方面,云南各级地方政府对气象的支持逐渐增加。2016—2020 年,省级财政安排 4.36 亿元用于气象工作。气象人才队伍建设方面,全省职工学历和职称结构显著提升,在职在编职工本科以上学历占比为 84.9%,大气科学相关专业占比 52.5%。高层次人才培养力度加大,获聘专业技术二级岗 4 人,正研级高工 35 人,具有副研级专业技术资格以上人员占比 17%。

三、工作举措

1. 积极争取地方支持。云南省各级气象部门积极争取地方党委政府出台加强气象工作的政府规章、政策文件,将气象部门列入地方工作领导小组成员单位,为加快气象事业发展提供政策依据和保障支持。

2. 以省部合作助推云南气象事业加快发展。2016 年省部合作协议重点推进 11 项重点工程建设,累计投入资金 11.23 亿元(其中,省级财政 4.36 亿元、中国气象局 6.87 亿元),气象业务核心能力和发展能力有效提升,推动云南气象现代化水平大幅提高。

四、发展建议

云南气象事业发展虽然取得了长足进步,但云南省气象现代化建设基础差、底子薄的问题依然存在。按照中国气象局气象现代化建设新的指标体系和评估办法,云南得分在全国排名 27 位,还有很大的努力空间。

下一步,云南省气象局将以习近平总书记关于气象工作重要指示精神和考察云南重要讲话精神为引领,把新发展理念贯穿事业发展各领域,固根基、扬优势、补短板、强弱项,加快推进云南更高水平气象现代化,开启云南气象事业高质量发展新征程。

(执笔人:黄玮　杨志强)

省部合作 高位推动
西藏与全国一道基本实现气象现代化

西藏自治区气象局

一、总体评价

西藏认真贯彻落实《国务院关于加快气象事业发展的若干意见》(国发〔2006〕3号)文件精神,牢固树立新发展理念,扎实推进气象现代化工作,到2020年初步建立了结构完善、功能先进、布局合理、适应需求的气象现代化体系,综合气象观测向智能化迈进,气象预测预报能力显著提高,气象软实力和干部人才队伍、台站基础设施条件不断适应气象现代化建设需求,气象干部职工工作生活条件全面改善,服务保障西藏经济社会发展和长治久安的能力和水平显著提升,整体综合水平达到西部地区的平均水平。到2020年,西藏地面气象观测站网间距达38.5公里,数值天气预报时间分辨率3小时,强对流天气预警提前量30分钟,预警信息公众覆盖率88.5%,网格预报准确率提高了20%~30%,网格气温预报准确率提高27%,公众满意度保持在85%以上。32个国家基本气象站全部完成现代化改造。

二、实施情况

1. 加强气象基础保障能力建设。智能观测业务渐趋完善。建成各类气象探测站点共计943个,实现了乡(镇)全覆盖,覆盖率从2006年的0.32个/万平方公里跃升到6.73个/万平方公里;建成集L波段雷达探空和GPS自动探空的高空观测系统;实现天气雷达组网应用;组建了高分西藏中心,获取风云系列、国内外其他8颗卫星影像资料,并常态化开展5颗高分专项卫星的资料应用储备;风云三号、风云四号卫星数据省级直收站建成并投入业务应用;建成了气象基础资源池、核心机房、数字化档案馆、气象大数据平台以及实时业务综合监控系统;与民航、部队等有关部门建立了数据专线，实现气象数据有效共享，与水利、林业、环保等相关部门积极合作，并根据其需求提供气象数据信息。智能预报业务稳步推进。自主研发了青藏高原短时临近预报预警等6个预报系统，建设了5个气候业务系统，完成了多个国家级卫星、天气预报和气候预测系统的本地化应用，实现延伸期、月季年时间尺度的无缝隙客观化气候预测。国家气象中心业务援藏建立了西藏智能网格预报系统（NBF-TIBET）、西藏强天气诊断分析平台和多普勒雷达交互分析系统（GR2A），能实时生成5公里网格和全区1032个站点的预报产品，实现了0～2小时及0～12小时、水平分辨率1～2公里、10～15分钟更新的客观化、格点化、精细化强对流预报预警产品制作。建成了西藏短时临近灾害性天气预报监测和预报预警系统。西藏强天气诊断分析平台和GR2A实现了西藏短时临近预报专业平台零突破，城镇预报准确率提高了6%，气温预报准确率排名提高到了全国中等水平，正技巧评分跃居全国前5名。灾害预警体系全面构建。自治区人民政府印发了《关于进一步加强气象灾害防御工作的意见的实施意见》（藏政发〔2007〕65号）、《西藏自治区气象灾害防御规划》（藏政发〔2012〕106号）、《突发事件预警信息发布管理办法》（藏政办发〔2016〕4号）等指导性文件，自治区、地区、县三级成立了气象防灾减灾指挥部（自治区成员单位42家），气象信息服务站实现乡镇全覆盖，气象信息员实现村级全覆盖，构建了具有西藏特点的区、地、县、乡、村五级气象防灾减灾体系。西藏自治区预警信息发布中心正式成立，突发事件预警信息发布系统与维稳指挥部等17个自治区重点部门实现对接，预警信息实现全网发布。与9个自治区相关厅局签订了灾害防御合作协议，联合自然资源等部门开展火险气象等级、山洪地质等灾害预报预警服务。公共气象服务不断加强。成立了由公共气象服务、专业气象服务、气象融媒体、突发事件预警信息发布等业务综合集约的自治区气象局灾害技术防御中心，建设了14个县级公共气象服务平台并推广至74个县（区）。与广播电视局、公安等部门建立插播灾害预警信号、预报预警信息警务站发布机制。运营了西藏农经网（藏汉双语），通过网站、微信、微博等提供卫星云图、交通实景、拉萨实景、气象播报服务，天气实况服务时效达到10分钟更新一次，开展了基于位置的预警信息靶向发布服务；建立了语音外呼系统。制定印发了《西藏自治区气象信息联络员制度》，与自治区10个厅局建立了气象信息联络员制度，组建了气象信息员队伍，气象信息员从1512人跃升至8.1万人，为解决预警信息“最后一公里”传播提供了重要支持，公众满意度保持在85%以上。

2. 发挥气象综合保障作用。气象保障服务精准有效。重大气象灾害预报准确、预警及时、响应到位，最大限度地降低了灾害损失。有效应对2008年山南林芝暴雨(雪)灾害、2019年初夏晴热少雨及盛夏持续强降水等重大灾害天气。重大活动专题气象保障服务针对性强，确保了2008年奥运会火炬珠峰展示、自治区成立50周年、西藏民主改革60周年庆典、2020年珠峰高程测量等重大活动的顺利开展。为2013年拉萨墨竹工卡山体滑坡、2015年尼泊尔地震、2018年金沙江江达段及雅鲁藏布江米林段4次山体滑坡导致堰塞湖、2020年林芝森林火灾等重大突发事件提供气象应急保障。开展了青藏铁路、拉日铁路、拉林铁路、拉洛水利枢纽、藏青电网等重点工程气象保障服务，自治区党委政府领导同志数次肯定气象服务工作。农业气象服务成效明显。扎实推进“两个体系”建设，“三农”服务专项累计投资10303.22万元，覆盖74县(区)，推进64县(区)建立了“涉农专家联盟”。累计投入3930万元，实现685个乡(镇)气象信息服务站全覆盖，“五有”服务站达到90%。山南勒布沟、林芝鲁朗先后被授牌“中国天然氧吧”，隆子黑青稞获“中国气候好产品”认证，设立了685个自动站公益扶贫岗位。陆续建设了45个气象为农服务示范点，“直通式”气象服务覆盖87%的新型农牧业经营主体。交通气象服务有序开展。与交通厅、公路管理局签订信息共享协议，建成25套积雪实景监控系统，融合了39个交通站点实景数据，整合建设“区地两级气象服务产品制作及共享”系统，实现了气象监测数据和公路交通预报预警信息在交通应急指挥平台的实时推送，以及主要公路、渡口沿线视频监控信息的共享。围绕高速国道沿线，开展春运及重大节假日公路交通沿线天气预报服务。试点开展了公路交通气象灾害风险普查。联合青海省气象局开展青藏铁路气象服务。为川藏铁路建设提供资料数据，开展气候分析论证、气象灾害风险分析评估等服务。

3. 科学合理开发利用气候资源。应对气候变化行动积极开展。加强大气成分监测分析、大气环境容量承载力评估研究，建立自治区、地(市)、县(区)三级环境气象业务。实施了“西藏自治区应对气候变化研究与对策”项目，协助自治区发展改革委开展了应对气候变化统计核算研究。《雅鲁藏布江曲水至泽当段(北岸)沙化成因分析及对策建议》为自治区防沙治沙提供重大决策科技支撑。开展了川藏铁路、“电力天路”、拉萨“河变湖”“树上山”等大型项目的气候论证，加强太阳能、风能、水能等清洁能源精细化区划研究，为太阳能光伏电站、风电场等提供建设选址技术评审和技术指导服务20余项。积极开展了积雪、植被、湖泊、湿地、河流、冰川等生态卫星遥感监测评估，制作了全区20条区级河长和地市级河长河湖监测图，出版了《西藏气候》等多部专著。人工影响天气工作成效突出。成立西藏自治区人工影响天气工作领导小组，设立自治区人工影响天气中心，全区6个地(市)、40个县(区)成立人工影响天气管理机构。出台人影地方政府规章和规范性文件各1部，颁布国家行业标准和地方标准各1项，初步形成以《西藏自治区人工影响天气管理办法》为主体的人影法规制度体系。搭建了自治区、地(市)、县三级作业指挥平台，设置196个人影固定作业点和46个移动作业点，装备87门37毫米人影高射炮、163套人影火箭发射系统和4套地面碘化银燃烧炉，基本形成覆盖全区主要农区和生态保护区的科学化、规范化、标准化作业布局。作业人员数量从2006年的300余人逐步增加至2020年的428人，年均作业1745次，用弹7400余枚，可保障面积2.9万平方公里。科技创新能力不断加强。与国际山地中心和挪威贝尔根大学建立了科研合作关系，并派出科技人员出国开展合作研究。参与第二次青藏高原综合科考、中国气象局第三次青藏高原大气科学试验，签订了4大项、13小项合作任务书，3～5年项目经费突破1000万元，110名业务科研骨干参与；开展了农业院士工作站建设，建成了首个野外综合观测基地，日喀则、墨脱挂牌国家观象台，墨脱观象台挂牌中国气象局野外科学实验基地，开展了西藏高原大气环境科学研究所改革。组建了三支创新团队，建立了23名首席专家队伍。近10年来，获批国家自然科学基金项目12项、自治区科技厅项目40余项、中国气象局关键技术应用和气候变化等创新发展专项项目52项、支持局设科研项目90余项，荣获自治区科技进步奖一等奖1项、二等奖3项、三等奖3项。

4. 推进气象工作的法制、体制和机制建设。法规标准建设不断健全。先后出台了地方性法规2部、政府规章3部，印发了《西藏自治区人民政府办公厅关于进一步加强雷电灾害防御工作的通知》。出台了西藏气象部门标准化执行清单；与自治区市场监管局联合出台了《西藏自治区气象标准体系建设规划(2020—2030年)》；制定修订并出台国家行业标准1项、地方标准5项。科学管理规划不断强化。统筹编制和实施重要气象设施的建设与布局规划，在省部合作框架下新成立了33个县级气象机构并施行片区化管理，实现了县县有局，完成32个国编基层台站综改全覆盖。“十一五”时期以来，中央、地方及其他渠道投资的气象项目建设资金约21.28亿元，其中中央投资占比85%。中央部门预算投资稳步增长，地方部门预算保障稳定，西藏专项项目投资重大气象工程力度不断加大，医保、养老保险参保工作顺利开展。人才队伍水平不断提升。编制增至1218个(地方编制增加172个，国家事业编制增加8个)，地方事业机构从无到有，增加了2个地方事业单位、3个地方事业机构，14个片区设置地方县级气象机构。正高级工程师达23人，副高级工程师达169人。全区气象部门已实现“四险”正常参保，达到在职和退休职工全覆盖。

三、工作举措

自治区层面，向各委办厅局召开专题宣讲会议，向自治区人大、自治区人民政府报告了贯彻落实情况。自治区人民政府出台了《关于加快气象事业发展的决定》(藏政发〔2006〕41号)，各地(市)人民政府、行署陆续出台了配套文件。与中国气象局签署了两轮省部合作协议，与国防科工局、中国气象局签署协议和备忘录，成立了高分西藏中心，并先后配套印发了加强气象灾害防御、防雷减灾、灾害监测预警等系列规范性文件。

中国气象局层面，认真贯彻第五次、第六次、第七次中央西藏工作座谈会精神，第一时间召开全国气象部门援藏暨西藏工作会议，出台了贯彻落实意见和对口支援西藏工作方案。对口支援单位扩展到了9个国家级业务科研单位、24个兄弟省气象局、2个气象局属企业，受援单位覆盖8个自治区级直属事业单位、7个地(市)气象局及所属46个县气象局(站)。期间，选派援藏干部88人次，业务科技援藏44项，资金援藏投入7970万元，推进西藏基层县气象局与支援方地(市)气象部门捆绑发展，鼓励支援单位和对口市(县)局深度融合、一体化发展。

西藏自治区气象局层面，联合自治区编办、财政等发文对新设县气象局建设提供政策保障和有力支持；与自治区发展改革、住房城乡建设、生态环境、自然资源等部门形成联动机制，强化探测环境保护。与水利、民政、农牧、交通、民航、应急等区内单位，中国气象科学研究院、中国科学院青藏高原研究所、兰州大学、南京信息工程大学、成都信息工程大学等科研院所和院校签署了战略合作协议，着力解决西藏气象现代化、业务服务和科研创新工作中的难题、“瓶颈”。

四、发展建议

存在的问题：一是省部合作协议落实不够，与双重领导管理体制相适应的中央与地方事权和支出责任体系亟须完善。二是地面气象观测站点还不能满足业务发展的需求，全区大气垂直探测能力还不足，天气雷达观测覆盖率较低，专业气象服务观测站网有待完善，气象网络支撑能力还须提升，气象装备保障能力有待加强。三是数值预报模式和智能网格化预报在高原的适用性不强。四是西藏保障生态文明、军民融合、强边固边等重大战略任务愈来愈重，灾害性天气预报预警服务的准确率、时效性、精细化水平，与上级决策和社会需求有较大差距；专业气象服务的开展缺乏有效的指导、推进缓慢。五是人才待遇落实和激励性不够，绩效评价考核的“指挥棒”作用缺失，气象标准化工作有待加强，气象法治建设明显滞后于业务技术体制改革和气象治理步伐。

对策建议：一是顶层设计上，落实好“十四五”规划，成立工作专班抓好省部合作协议督办落实和跟踪报告，吸收兄弟单位的好做法推动自治区政府部署安排自治区、地（市）、县（区）现代化一体化发展，积极融入地方重大战略保障和重点工作中，争取更大财政保障力度。二是基础业务上，突出边境一线、生态文明、乡村振兴、防灾减灾等需求导向，科学编制西藏气象观测站网布局设计方案；加强存储和网络基础支撑能力建设，构建气象数据业务支持体系，重点提升地（市）级气象装备保障能力。三是科技创新上，继续争取科研院校、援藏技术支持，加快数值预报模式和智能网格预报在高原的释用研究，提升局地范围、中小尺度、短临预报预警水平。四是气象服务上，在公众气象服务外理顺专业气象服务体制机制，提供政策法规支持，针对重大战略保障成立专业服务团队、建立专业服务平台，提高基础预报预警产品在行业、专业领域的适用度。五是内部治理上，构建以科学标准为基础、高度法治化的现代气象管理体系，及时制修订绩效评价考核体系，提升部门的人才软实力，全面加强气象标准和气象法规体系建设，加强管理信息化能力建设，提高管理、业务和服务的决策治理水平。

（执笔人：蒲强　冀坤）

行民之所需　强气象合力
——记陕西气象现代化进展

陕西省气象局

一、总体评价

陕西省气象部门全面贯彻落实国务院三号文件，到2020年，基本建成"满足需求、注重技术、惠及民生、富有特色"的陕西特色气象现代化体系。预报精细化水平大幅提高，气候预测客观化和格点预测取得进步，综合观测能力不断提高，气象服务保障水平显著提升，气象信息化再上新台阶，全面完成既定任务和目标。暴雨预警准确率达85%以上，预警平均提前量达30分钟。预警信号智能提醒产品命中率达到75%～90%。区域站点超过1800个，多要素站点占比达60%，平均间距11公里。全省气象通信专网带宽较2006年增加50倍。综合气象服务满意度达到93.2分。标准化人影作业点比例从66%提高到84%。85%基层台站基础设施达到"一流台站"要求。研究生以上学历人员所占比例由2010年的5.49%上升至15.77%，副高级以上专业技术人员比例由12.56%提高到20.65%。2006—2020年，全省共获气象科技进步成果二等奖2项，陕西省科技进步二等奖9项、三等奖14项，陕西农技推广成果一等奖1项、二等奖6项、三等奖9项。

二、实施情况

1. 加强气象基础保障能力建设。加快综合气象观测系统建设。2010年末，全省建成1538个区域站、3个辐射观测站、7部多普勒天气雷达站、21个闪电定位站。2020年年底，完成原有站点升级，新建3部X波段雷达、2部风廓线雷达、7部微波辐射计、2部激光测风雷达，建成6个气溶胶监测站、4套多旋翼无人机观测系统、2 套复合翼无人机观测系统。国家级自动气象站实现全要素自动化观测，国家自动气象站业务可用性由 99.91%提高至 99.99%。推进气象信息共享平台建设。陕西气象科学数据共享网建成运行，2010 年年底访问量超过 80 余万次，注册会员 376 人，数据下载量为 3.5 GB。2020 年年底，建立全省统一集约化气象数据环境，服务接口总访问量 12.5 亿次，数据服务总量 317.3 TB。与 6 部门建立数据共享机制。完善气象预报预测系统。建成陕西智能网格气象预报业务平台（“秦智”），实现全省 0～10 天网格预报同步共享，灾害性天气监测预警协同一致，中短期预报分辨率达 3 公里和 1 小时，临近降水预报空间分辨率达 1 公里、6 分钟滚动更新。预警信号智能提醒产品分辨率达 1 公里和 10 分钟。建立 11～45 天逐日延伸期网格预报，空间分辨率达 5 公里；建立网格化月预测业务。建立气象灾害预警应急体系。以气象灾害应急指挥部为纽带与 28 个部门建立应急响应联动机制。初步建成省、市、县、乡、村五级气象防灾减灾组织管理体系。完成暴雨洪涝灾害风险普查，建立地质灾害、森林草原火险等基于影响的气象灾害风险预警业务。出台气象灾害预警应急预案、气象灾害防御规划及气象灾害应急准备认证管理办法。健全公共气象服务体系。建立气象服务信息传播矩阵。研发了决策、公众、农业等气象服务 APP，注册用户超过 20 万人。开通气象部门官方微博 128 个、微信公众号 24 个，关注人数达 611.5 万人；电视气象服务节目 198 档，中国气象频道受众 600 余万户；与通信部门共建气象灾害手机短信“绿色通道”；自建及共享农村大喇叭 7300 余套。

2. 发挥气象综合保障作用。积极开展应对气候变化研究。建立气候系统观测数据集，研究陕西气候变化趋势以及特定时段、特定区域气候变化特征及高影响天气事件气候变化特征。常态化发布《陕西省气候影响评价》，编写《陕西气候变化评估》《西北黄土高原气候变化影响评估》。发布《陕西 1961—2019 年降水和气温变化趋势》等。对近 50 年秦岭山区气温、降水、积雪变化进行研究。强化农业气象服务工作。编制 13 种经济林果及 3 种粮食作物气候适应性区划与气象灾害风险区划。在全国率先开展果品气候品质认证。创建国家级苹果气象服务中心。完成 3 类粮油作物、12 类经济林果作物物候期和病虫害及 22 类农事活动的气象指标库建设。研发一体化农业气象业务系统和智慧农业气象 APP。做好交通气象保障。完成重点路段交通气象灾害普查和风险区划，开展汉江航道立体交通气象灾害风险普查工作。建成西北区域公路交通气象预报预警系统、交通气象服务共享平台等。开展面向铁路、公路、机场的气象服务。加强城市和公共卫生气象监测。开展城市内涝、城市交通以及供水、供电、供气等气象服务。完成西安城市通风廊道气候评估论证、西咸新区海绵城市建设气象保障服务。全力做好新冠肺炎疫情防控气象保障服务工作，与卫生健康、生态环境等部门开展天气气候对疾病发生的综合研究。

3. 科学合理开发利用气候资源。做好气候资源的普查和规划利用工作。编写《陕西省太阳能、风能资源开发建议》《陕西省太阳能开发中长期规划》和《陕西省风能资源详查及评估报告》等。审查10余家企业26个风电场资源评估报告。加强人工影响天气工作。建成国家级飞机增雨（雪）作业保障基地2个，新舟60作业飞机交付使用，形成国省市县“横边纵底”陕西特色人影业务体系。研发3项人影核心业务系统。2006年以来共开展飞机人工增雨作业674架次。组织高炮、火箭防雹增雨作业3.3万炮（箭）次。做好风能、太阳能开发利用的气象服务。指导30多家企业太阳能电站、风电场选址和测风塔建设。建立风能、太阳能资源评估服务技术体系，完成76个风电场和10多个太阳能电站资源评估。建成陕西风功率预报系统。完成全省11个地（市）66个县（区）3235个贫困村的太阳能资源审核。开展气候可行性论证工作。编写《输电线路覆冰气候可行性论证技术指南》《太阳能电站选址评估气候可行性论证指南》和《火电厂空冷机组设计气候论证技术指南》，并以中国气象局文件印发。完成重大工程选址4项、火电空冷气象服务27项、污染物长距离传输评估2项气候可行性论证。

4. 推进气象工作的法制、体制和机制建设。健全气象法规与标准体系。出台了《陕西省气象灾害防御条例》《陕西省气候资源保护和利用条例》两项地方性法规。完成24件地方标准、5件行业标准、6件国家标准制定修订工作。加强统筹规划与管理。出台《陕西“十三五”基层气象台站基础设施建设规划》，制定了《陕西省气象部门一流台站基础设施建设方案（2013—2015年）》和《陕西省气象部门台站规划建设方案》。强化基层台站基础设施功能设计和布局，突出重点、分步实施，到2020年年底，全省基层气象台站基础设施得到全面改善，85%基层台站基础设施标准达到“一流台站”要求。加快气象科技创新。持续推进气象科技创新体系建设，滚动修订并实施《陕西气象科技创新研究计划（2016—2018年）》

《陕西气象科技攻关计划(2020—2022年)》。申报并建成中国气象局秦岭气溶胶与云微物理野外科学试验基地。成立秦岭和黄土高原生态环境气象重点实验室,7个市气象局与当地政府或中国科学院等共建气象科技创新平台。加大财政投入力度。通过省部、局市合作协议撬动地方财政资金,全省地方政府年均支持气象部门业务维持和建设经费16319.53万元,职工津补贴补助4150.6万元。加强气象国际交流与合作。与韩国清州气象支厅建立了定期互访机制。与以色列希伯来大学等在高分辨NPP卫星云微物理反演和环境气象等领域持续开展研究合作。抓好气象人才队伍建设。出台系列激励政策,实施优秀年轻人才、青年拔尖人才等"人才工程"。至2020年年底,新增正高34人、副高249人,享受国务院政府特殊津贴专家1人,中国气象局首席预报员1人,享受中国气象局西部人才津贴17人次。

三、工作举措

1. 省部合作,凝聚推进气象现代化建设合力。促成中国气象局和陕西省政府签署三轮合作协议。省政府10余次印发关于气象工作的文件。每年组织召开气象现代化建设联席会暨气象灾害应急指挥部会议。

2. 深化改革,增强气象现代化建设动力。推进省、市、县业务一体化,实现了网格预报业务全省集约。推进地面观测业务自动化改革,实现全省网络扁平化。

3. 加快科技创新和人才队伍建设,激发气象现代化建设活力。成立秦岭和黄土高原生态环境气象重点实验室,建立秦岭气溶胶与云微物理野外科学试验基地、众创空间等气象科技创新平台。建立创新团队,开展核心业务技术攻关。完善人才评价激励机制。

四、发展建议

面对新形势新要求,陕西多维度、多元化防灾减灾气象服务和个性化、专业化气象服务能力与需求还存在差距,下一步将以省部合作协议重点项目为抓手,强化大数据、5G等新技术应用,以农业、生态、交通等行业气象服务为突破口,深化基于风险的预警和基于影响的预报关键技术研究,构建智慧化"气象+"服务新业态,全力提升气象服务供给能力。

(执笔人:杨文峰　陈高峰)

守正创新 夯实基础
实现甘肃气象事业跨越式发展

甘肃省气象局

一、总体评价

为认真贯彻落实《国务院关于加快气象事业发展的若干意见》(国发〔2006〕3号)文件精神,15年来,甘肃省气象局始终以高质量发展为主线,推动完善气象服务、业务、科技、治理体系。到2020年,甘肃已基本建成结构完善、功能先进的气象现代化体系,气象整体实力大幅度提升,气象事业发展在防灾减灾、乡村振兴、生态文明、经济社会发展等方面成效显著。全省观测站网空间分辨率达到10公里,区域站乡镇覆盖率达到95.81%,贫困县乡镇覆盖率达100%。24小时晴雨预报准确率平均为86.9%,气温预报准确率为75.7%。强对流天气预警时间提前量平均为37分钟。24小时暴雨预警准确率79%。气象预警信息覆盖率100%。气象服务公众满意度91.5分。全省气象灾害造成的直接经济损失占GDP的平均比率1.21%。1088个乡(镇)制定气象灾害应急预案,约1.9万人纳入全国气象信息员管理平台,乡镇气象工作站和村级气象信息员覆盖率达100%。

二、实施情况

1. 加快气象基础保障能力建设。综合气象观测业务不断优化。新增262套国家级天气观测站,新建陇南新一代天气雷达、临夏CCJ雷达和金昌雷达,区域站乡镇覆盖率达到95.81%,贫困县乡镇覆盖率达100%,地面观测基本实现自动化。气象观测数据质量不断提高。升级区域站采集器及4G通信模块,观测数据传输用时从分钟级提高至秒级。建立气象观测质量管理体系,实现基于风险的全流程、精细化、标准化的质量管理。信息化水平与网络安全防护能力不断提升。建成省级集约化基础设施资源池，完成核心业务集约化建设及云化改造。建成省-市 100 Mbps、市-县 30 Mbps 气象数据传输网。严格落实网络安全工作责任制、等级保护制度和信息通报机制，构建信息网络及安全防护体系。无缝隙集约化业务体系不断健全。建立无缝隙强对流天气监测预警技术体系，预报时间分辨率从 12 小时提升至 3 小时，空间分辨率从站点转变为 5 公里格点。24 小时气温预报准确率提高 3%，暴雨预警准确率达 79%，强对流天气预警时间提前量达 37 分钟。西北区域高分辨率数值模式不断发展。成立西北区域数值预报中心，加入大北方区域数值预报联盟，升级西北区域数值预报业务试验系统，建成新能源高分辨率数值预报系统。

2. 发挥气象综合保障作用。基层防灾减灾能力不断提高。全面完成基层防灾减灾“六个一”标准化建设，乡镇气象工作站和村级气象信息员覆盖率达 100%，气象防灾减灾科普知识纳入基层应急责任人培训内容。生态安全气象保障能力不断提高。建立省、市、县三级生态气象和卫星遥感中心，实时动态综合监测祁连山生态及气象关键要素，发布《干旱生态环境气象监测预警公报》,《祁连山区生态气候环境状况分析及建议》《甘肃祁连山区气候生态环境监测报告》等得到甘肃省委省政府充分肯定。气象灾害防御机制不断健全。召开省部合作第三次联席会议，修订《甘肃省重大突发性气象灾害应急预案》。成立甘肃省预警信息发布中心，建成突发事件预警信息发布系统并实现稳定化业务运行。部门间应急联动、信息共享、联合会商和保障服务机制不断完善。形成多渠道融合的预警自动传播矩阵，气象预警信息覆盖率达 100%。公共气象服务能力逐步提升。发展气象官方新媒体服务，建成甘肃气象虚拟演播室，公众气象服务涵盖衣食住行健康等多个方面，气象服务公众满意度平均 91.5 分。专业气象服务信息时空分辨率由 12 小时以上 100 公里提高到逐小时 5 公里，以省级为龙头、市级为骨干的行业气象服务体系初步形成。

3. 科学合理开发利用气候资源。气象灾害风险管理水平不断提高。建成全省暴雨洪涝灾害风险普查数据库，绘制完成重点山洪沟山洪灾害风险区划图谱，开展气象灾害综合风险普查试点。人工影响天气能力逐步提升。成立西北区域人工影响天气中心，基本完成“祁连山及旱作农业区人工增雨(雪)体系建设项目”，成功首飞“甘霖-I”人工影响天气无人机。气象为农服务水平不断提高。制定特色作物地方标准或农业气象观测方法，创建4个国家级标准化现代农业气象服务县，开展优势产品气候品质认证，成立省、市、县气象为农服务专家团57个，发展直通式气象服务对象19058个，建成智慧农业气象服务平台2个。应对气候变化能力不断增强。建成适于甘肃地域特色的气候评估和极端气候事件定量化评价体系，完成《第二次西北区域气候变化评估报告》，完成30余项城市规划和重点工程的气候可行性论证。创新开展“甘肃特色气候小镇”评选、授牌活动。

4. 推进气象工作的法制、体制和机制建设。气象科技创新体系日趋完善。建立科技创新业务发展协同机制，成立兰州大气科学联合研究中心。国家自然科学基金委资助项目26项，获省部级科技奖励14项，其中一等奖2项。气象人才发展机制逐步优化。坚持实施人才强局战略，组建5个创新团队，6人取得专业技术二级岗位资格，34人取得正高级职称，206人取得副高级职称。本科以上人员占比由69.7％增加到85.9％，硕士研究生及以上人员由8.4％增加到12.2％。气象依法行政能力不断提高。《甘肃省气象条例》《甘肃省灾害防御条例》修订工作列入省人大立法计划，聘请专业律师为省气象局法律顾问，健全“双随机”抽查机制，开展规范性文件“废、改、立”。气象标准化工作不断增强。标准工作纳入目标管理考核体系，及时更新执行标准清单。立项3个气象行业标准、1个预研究项目，发布实施28项地方标准，复审29个地标项目。气象基础设施不断改善。争取中央资金1.8亿元，改善20个基层台站业务用房，完善80个站次配套设施，基层台站业务用房、配套设施达标率达80％以上，为气象业务现代化建设提供了坚实保障。

三、工作举措

1. 省部合作共建，政府主导推进气象现代化。政府重视，将推进气象现代化列入重要议事日程。甘肃省政府印发《关于加快推进气象现代化的意见》，成立气象现代化建设领导议事机构，每年召开全省气象防灾减灾暨人工影响天气工作会议，定期与中国气象局召开省部合作联席会议，政府主导气象现代化发展工作机制不断健全完善。

2. 完善绩效考核，合力推进气象现代化。充分发挥政府考核的指挥棒作用，加快推进气象现代化。省、市、县各级政府将气象工作纳入目标任务考核内容，部分县(区)开展乡镇气象工作绩效考核。“政府主导、部门联动、社会参与”的气象防灾减灾工作机制基本建立，对气象事业发展的投入不断加大。

3. 加强顶层设计，以重大项目带动气象现代化。甘肃省政府印发甘肃省“十一五”“十二五”“十三五”气象事业发展规划，落实工程项目资金，通过重大项目建设带动了全省气象现代化加速发展。

4. 强化系统谋划，扎实推进国务院和省政府文件落实。甘肃省气象局认真贯彻落实中国气象局和省委省政府决策部署，细化分解国务院三号文件及省政府文件任务，并将其列入省气象局党组重点工作和全省气象工作要点，纳入目标任务考核，持之以恒抓落实。

四、发展建议

随着甘肃气象事业发展不断进步，面对一些新问题和新挑战：一是气象发展方式与高质量发展的要求不适应，气象治理体系和治理能力现代化水平亟待提升；二是气象服务供给依然不平衡不充分，次生灾害气象风险研判与影响评估技术的科学性、定量化不足；三是气象预报预测的准确性、提前量、精细化、针对性有待提高，智能网格预报业务核心技术亟须提升；四是气象监测站网仍需完善，观测要素的完善度、站网精细化水平亟待提高；五是人工智能、大数据等新一代信息技术在气象领域的深度融合应用不够，数据质量亟待提高，数据价值有待深入挖掘；六是气象科技创新体系整体效能不高，人才驱动发展体制机制有待完善，科研与业务融合发展环境亟须改善。

下一步，集中精力持续深入推进省部合作，签署新一轮省部合作协议。认真谋划实施甘肃省“十四五”气象事业发展规划，促进甘肃气象事业高质量发展。围绕“监测精密、预报精准、服务精细”的目标要求，强化气象基础能力建立建设，推动甘肃气象事业实现更大发展。

（执笔人：孙安平　刘宏谊）

构建青海气象现代化体系
赋能青藏高原生态文明建设

青海省气象局

一、总体评价

在中国气象局和青海省委省政府坚强领导下，青海气象部门认真贯彻落实国务院三号文件，全面推进气象现代化。经过多年建设，青海省气象综合防灾减灾效益显著，气象监测预报水平大幅提高，气象保障国省重大发展战略作用凸显，生态气象保障服务示范省建设稳步推进，科技创新和人才工作机制逐步完善，气象事业发展环境不断优化，为青海经济社会发展和人民生活福祉提供有力的气象保障服务。到2020年，观测站网密度达11.09个/万平方公里，较10年前增长约6倍，气象观测数据可用率达97.77%。天气预报和气候预测准确率分别为77%、77.89%，气象灾害预警信号平均准确率为85%，强对流天气预警时间提前量为33分钟，较10年前增长18分钟。智慧气象服务供给不断丰富，气象服务公众覆盖率达94%，公众满意度为92分。人工影响天气工作在全国的影响力不断提升，作业面积覆盖率达60%，较10年前增长约1倍。科技人才队伍建设更为合理，大气科学类人员比例由2010年的45.9%增长为57.8%，正高级职称人数由2010年的5人增长为23人。

二、实施情况

1. 加强气象基础保障能力建设。综合气象观测系统全面实现自动化。推进立体综合气象观测站网建设，站网密度达11.09个/万平方公里，乡镇自动站覆盖率100%，率先在全国实现高海拔艰苦台站无人值守。气象信息共享平台建设基本完成。建成气象大数据云平台，完善气象业务全流程监控运维体系，构建“云+端”业务技术体制，完善网络安全和数据管理体系。气象预报预测系统不断完善。构建智能网格预报业务体系架构，建成3小时、5公里分辨率的智能网格预报业务和无缝隙气候趋势预测业务，完成青海省定量降水格点预报、客观化预测等业务系统建设。气象灾害预警应急体系进一步建立。出台气象灾害防御规划和重污染天气应急预案，完成全省暴雨洪涝风险普查。建立中小河流洪水和山洪地质灾害气象风险预警业务系统，联合发布地质灾害、山洪灾害气象风险预警。公共气象服务体系日益健全。建成省突发事件预警信息发布系统，完成与自然资源、水利、应急等15个部门对接，实现26类预警信息通过13种手段一键式发布，全省预警信息发布覆盖率达94%。

2. 发挥气象综合保障作用。应对气候变化研究深入开展。成立青海省气候变化监测评估中心，出台青海省应对气候变化办法和地方方案，发布全省及生态功能区气候变化评估报告及监测公报21期。建立气候变化科技支撑平台，参与地方应对气候变化工作。农业气象服务工作有效提升。建立特色农业、设施农业气象服务指标，开展产量预报、病虫害预报及气象灾害监测预警评估。完成精细化农业气候和主要农业气象灾害风险区划。都兰等4个县通过中国气象局标准化现代农业气象服务县认定。交通和空间气象保障能力不断提高。开展部门间信息发布设施共建共享，利用多种方式发布大风横风、路基冻胀与消融、航路颠簸等3大类10余种产品。公路交通气象服务纳入政府购买服务目录。城市和公共卫生气象监测全面深入。开展全省城市内涝风险普查，建成西宁内涝监测预警系统。与生态环境部门合作开展重污染天气预报预警、空气质量预报，建成东部城市群雾霾天气预报预警系统。联合卫健部门发布传染病、流行性疾病、疫情防控等信息。

3. 科学合理开发利用气候资源。气候资源的普查和规划利用初见成效。完成高分辨率风能、太阳能资源数值模拟研究和资源详查。应用“3S”(遥感、全球定位系统、地理信息系统)技术开展农牧业气候资源评价、“名特优”产品专题区划。人工影响天气工作实现新突破。实现全年常态化生态修复、水源涵养等综合型作业，建立五段式实时业务，增雨效率为12.4%，人工防雹作业保护面积近400万亩，防雹减灾率达80%。人影业务现代化和安全管理获得“双优”。风能、太阳能开发利用科学合理。优化风能、太阳能资源评估技术，建立预报系统，开展光、风功率预报预测专项服务。参与风能、太阳能资源开发利用项目和发展规划报告审查工作。气候可行性论证工作全面覆盖。气候可行性论证纳入住建厅工程建设项目强制性评估事项。完成火电工程、太阳能、风电场资源观测及评估、民用机场建设、输电线路和公路建设气候可行性论证专题服务项目近50项。

4. 推进气象工作法制、体制和机制建设。气象法规和标准体系进一步健全。《青海省气象条例》《青海省气象灾害防御条例》等8部地方性法规和政府规章、27部地方标准颁布实施，省气象局荣获法治政府创建优秀单位。统筹规划与管理支撑有力。在基础设施、业务系统、信息化建设等方面统筹中央和地方资金共计9.26亿元，将利用地方资金建设的气象探测设施全部纳入国家气象观测网总体布局。气象科技创新能力不断提升。累计争取科研经费5340余万元，科研立项921项，科技成果认定212项。两个基地入选首批中国气象局野外科学试验基地。建立省气象局创新团队，参与大北方区域数值模式体系协同创新工作。制定《进一步深化科技人才领域创新发展的若干措施》《科技成果认定实施细则》。财政投入力度显著增强。重大气象工程、气象科学基础研究和技术开发等项目建设运行总计投资11.97亿元，54个基层气象台站配套设施完备达标49个。完成青海气象部门职工医疗、养老、失业等社会保障缴费属地化管理。气象国际交流与合作持续推进。选派业务专家、技术人员参与国际气象科技合作技术交流培训，涉及气象设备业务、生态环境、人工影响天气、城市应急减灾等领域。气象人才队伍不断壮大。制定事业单位岗位设置管理及高级专业技术岗位考核实施细则，有正高级专家22人、副高级工程师256人。出台人才发展规划，入选地方人才2人、中国气象局人才51人次、青海气象部门人才382人次。

三、工作举措

中国气象局和青海省委省政府领导高度重视、关心支持青海气象事业发展。2019年，胡春华副总理视察慰问果洛州气象局，全省气象部门干部职工工作荣誉感空前提升，工作责任心显著增强。2014年以来，青海省政府办公厅先后印发《关于加快推进气象现代化的指导意见》《青海省生态气象保障服务示范省建设方案》《关于进一步加强人工影响天气工作的实施意见》，明确发展目标和具体任务。2016年和2019年,中国气象局与青海省政府相继签署两轮合作协议,共谋青海气象事业发展大局。省政府分别召开青海省全面推进气象现代化工作会议和中国大气本底基准观象台建台25周年座谈会,对青海省气象局积极参与全球气候治理和实现更高水平气象现代化、促进生态文明建设具有重要意义。

四、发展建议

存在的不足主要表现为气象核心业务发展能力不足,气象信息化支撑能力不够,气象科技贡献率和人才总体素质程度仍有突出短板,地区间、单位间、业务板块间发展不平衡、不协调的问题依然突出。

发展建议主要有以下四方面。一是强化规划顶层设计。充分对接“十四五”气象事业发展规划和青海“十四五”国民经济发展规划,编制青海气象事业发展规划和各类专项规划,推动省政府出台《推进青海气象事业高质量发展若干措施的通知》。二是深度融入国省战略需求。聚焦国省生态文明战略定位,重点谋划青海省应对气候变化和科技创新发展顶层设计,凝练工程措施,储备工程项目,融入地方发展,推进应对气候变化样板省创建。三是解决气象现代化发展瓶颈。以科技支撑为重点,推动研究型业务,加快解决制约监测精密、预报精准、服务精细的“卡脖子”难题。重视基层气象现代化建设短板,整体布局,整体带动。四是推进科技与人才体系建设。建立气象科技评价体系,积极落实全省气象人才发展规划,重点抓好高层次人才队伍建设,着力培养青年后备人才,夯实基层人才队伍建设。

(执笔人:高顺年　高铭)

新气象 心服务
加快推进宁夏气象现代化

宁夏回族自治区气象局

一、总体评价

为贯彻落实《国务院关于加快气象事业发展的若干意见》(国发〔2006〕3号)，推动宁夏气象现代化水平迈上新台阶，自治区人民政府印发了两份推进气象事业发展的政策性文件。截止到2020年，宁夏已初步建成了结构完善、功能先进、协调发展的气象现代化体系，气象防灾减灾、公共服务和治理能力得到明显提升，公众气象服务满意度稳居全国前列，基本完成了国务院三号文件确立的两个发展阶段目标任务。气象防灾减灾成效显著。2020年预警信息公众覆盖率达到94%；公众气象服务满意度为94.2分，较2009年提高了4.5分；气象灾害造成的经济损失占宁夏回族自治区生产总值的比例从2006年的2.31%下降到2020年的0.31%。预报预警能力不断提升。2020年暴雨预警信号准确率达93%，强对流天气预警提前量达38分钟以上。2020年灾害性天气和气候预测准确率比2006年分别提高6.6%和7%。综合气象观测网逐步完善。综合气象观测站由2006的38个增加到2020年的1283个，气象观测站网密度平均达到8公里，乡镇覆盖率达到100%，地面观测全面实现自动化。气象信息业务快速发展。建成宁夏智能化综合气象业务服务共享管理平台，实现各类业务系统一级部署三级应用、气象数据统一共享和全流程监控。科技创新能力不断提升。2020年，获批省部级以上科研项目17项、经费662万元，为2006年的4.3倍，获专利4项、软件著作权17项，出版专著3部，均较2006年大幅提升。科研所在全国省所评估中排名第4。人才工作机制逐步完善。获批人工影响天气中心等4个地方机构，核定16人编制。

制定10余项人才工作制度，入选省部级以上人才工程20余人次。

二、实施情况

1. 加强气象基础保障能力建设。加快综合气象观测系统建设。建成集1283个地面气象观测站、3个天气雷达站、1个高空气象观测站、2个风云气象卫星省级接收站、37个自动土壤水分站、111个农田小气候站于一体的综合气象观测体系。气象信息建设取得长足进步。气象基础设施资源CPU核数由不足百核发展至近万核，数据存储容量由不足1 TB发展至3000 TB，气象广域网带宽由2 Mbps提速至200 Mbps。与民航等10余个部门实现信息共享和数据融合应用。完善气象预报预测系统。建成智能化集约化天气预报业务系统、智能化气候预测业务系统，有效提高预报预测客观化自动化水平。建立气象灾害预警应急体系。制定《宁夏回族自治区气象灾害应急预案》等5项制度文件，建立气象灾害联防联动机制。国家突发事件预警信息发布系统部署至县级。建立电视、大喇叭、短信等9种发布渠道。健全公共气象服务体系。面向交通、旅游、生态、农业、环境、能源等行业和公众提供智慧气象服务产品，新媒体年阅读量超过900万人次。

2. 发挥气象综合保障作用。积极开展应对气候变化研究。开展气候变化及生态移民对六盘山国家自然保护区气候旅游资源的影响评估等研究12项，专题咨询报告为决策提供科学依据。强化农业气象服务工作。建设智能化农业气象服务平台，实现区市县服务产品一体化自动生成和智能制作。获批农业优势特色产业综合气象服务中心。强化气象助力精准脱贫示范区建设，形成"闽宁气象扶贫模式"。做好交通和空间气象保障。建设交通气象观测站20个，开展主要高速公路高影响灾害性天气分区段预报预警。加强城市和公共卫生气象监测。建设城市气象观测站60个，开展城市空气污染气象条件预报及城市积涝预警预报业务。

3. 科学合理开发利用气候资源。做好气候资源开发和可行性论证工作。出台《宁夏回族自治区气候资源开发利用和保护办法》《宁夏回族自治区气候可行性论证区域评估工作规程》，完成气候可行性论证项目90余项。加强人工影响天气工作。建成区、市、县三级人工影响天气作业指挥和评估系统，建成65个标准化作业点，形成由52门高炮、100部火箭发射架、18个烟炉组成的地面作业网。15年累计增加降水约164亿立方米、防雹保护面积34.8万平方公里。做好风能、太阳能开发利用的气象服务工作。完成全区风能、太阳能资源评估，编制《宁夏回族自治区风能资源详查和评估报告》。建设3个太阳辐射监测点，组成宁夏太阳能资源监测网，开发风能与太阳能预报预测系统并开展服务。

4. 推进气象工作的法制、体制和机制建设。健全气象法规与标准体系。陆续出台《宁夏回族自治区气象灾害防御条例》等6部地方性法规和政府规章。构建由2部地方性法规、5部政府规章组成的地方气象法规体系。出台气象行业和地方标准25项。建立“双随机、一公开”检查机制。加强统筹规划与管理。按期编制气象事业发展综合规划及专项规划，形成了完善的规划体系。以规划为引领，充分发挥国家和各级地方政府投资效益，推动气象事业快速发展。加快气象科技创新。出台科技创新制度17项。建成中国气象局旱区特色农业气象灾害监测预警与风险管理重点实验室。建设六盘山地形云野外科学试验基地和3个特色农业气象野外试验基地。获省部级科技进步奖15项、专利11项，140余项科研成果投入业务应用，出版专著8部。加大财政投入力度。积极落实双重计划财务体制，2006—2020年中央和地方财政投入达24.7亿元，年均增长10%以上。加强气象国际交流与合作。先后派专家赴德国、瑞士、韩国等地进行访学或开展学术交流。抓好气象人才队伍建设。2020年，全区气象部门正研级专业技术人员24人、硕士及以上学位人员152人，分别较2006年增长了3.8倍和7.4倍。本科及以上学历人员比例达到94.9%。

三、工作举措

一是坚持高位谋划推动。紧紧围绕国务院三号文件部署的工作任务，自治区人民政府分别于2006年和2014年相继出台了《宁夏回族自治区人民政府加快气象事业发展意见》《自治区人民政府关于加快推进气象现代化的意见》，从自治区发展战略全局出发安排部署气象工作重点任务，汇聚各部门工作合力，有力推动了全区气象事业发展。

二是坚持省部合作带动。充分发挥省部合作平台重要作用，自治区政府分别于2011年和2019年签订两份合作协议，立项实施项目4项，投资金额达1.3亿元，有力提升了气象观测、人工影响天气、气象为农服务、气象保障生态文明建设等方面的能力，助力经济社会高质量发展。

四、发展建议

在推进工作中，宁夏气象仍然遇到新问题和新挑战：一是局地突发气象灾害的监测预报和中长期气候预测能力需要持续提高；二是基于人工影响天气的气象服务需要尚不能满足服务需求；三是气象事业高质量发展的支撑保障能力需进一步提升；四是智慧气象应用实践不足，数字化、智慧型的新型气象业务体系尚不健全。

下一步，加强针对国家战略的服务保障，对于“先行区”“示范区”“试点省”加大支持力度。继续完善双重计划财务体制，进一步明确中央和地方对气象事业投入的事权和责任。加大省部合作项目的支持力度。充分利用社会技术力量，借力引智，促进气象事业智慧型发展。

（执笔人：陈楠　施新民）

立足新疆 面向中亚
新疆气象现代化建设取得新成效

新疆维吾尔自治区气象局

一、总体评价

2006年以来，新疆气象紧密围绕贯彻落实国务院三号文件部署要求，主动融入国家战略和自治区经济社会发展大局，以气象事业高质量发展为主题，加快科技创新，补短板、强弱项。到2020年，基本建成适应需求、结构完善、功能先进、保障有力的现代气象业务体系、服务体系、科技创新体系、治理体系，气象服务国家战略和自治区经济社会发展能力显著提高，气象事业取得长足的发展。

综合观测能力取得新进展。全疆地面气象观测站数量2010年的523个增加到2020年的2192个，增长3.2倍，乡镇覆盖率从32.3%到100%覆盖。新一代天气雷达从11部增加到15部，覆盖范围增加10万平方公里。预报预测质量稳步提升。2010年，城镇晴雨预报准确率87.9%、温度预报准确率63.9%，月气候趋势预测综合评分71.5；2020年，城镇晴雨预报准确率91.9%、温度预报准确率76.1%，月气候趋势预测综合评分78.2。公共气象服务和防灾减灾成效显著。气象服务满意率从2010年末的79.1%提高至2020年93.9%。气象灾害造成的经济损失所占GDP比值从2010年的1.3%下降至2020年的0.38%。

二、实施情况

1. 加强气象基础保障能力建设。气象综合观测能力不断增强。地面、探空、雷达、卫星立体式探测体系不断完善。地面气象观测站实现乡镇全覆盖，平均站间距缩小至28公里，六要素以上气象站占比提升至83%。105个国家级地面观测站全部实现无人值守。建成新一代天气雷达15部，地面1公里高度监测覆盖已达到49.7万平方公里。气象卫星遥感监测范围西延1500公里。气象信息化能力大幅度提升。全疆形成了国-省800 Mbps、区-地100 Mbps带宽的通信传输宽带，观测数据传输时效从1小时提升到1分钟，雷达传输时效从442秒提升到50秒。搭建气象大数据云平台，高性能计算机计算能力达到28万亿次。基础资源池存储能力达到3.5 PB。构建"云+端"服务模式，与水利、环境、交通等28个部门实现数据共享。气象预报预测更加精准。建成5公里×5公里空间分辨率，0～24小时逐小时、1～10天逐3小时的无缝隙智能网格预报业务。研发了高分辨率数值模式系统RMAPS-CA。区地县一体化监测预报预警业务平台建成并应用。11～30天天气过程预报、月气候预测准确率稳步提高。中国新疆及中亚天气气候机理研究持续深入。预警产品空间分辨率精细到乡镇，暴雨(雪)预警准确率达到85.6%，强对流预警时间可提前42分钟。气象灾害预报预警体系更加完善。形成区地县乡四级较为完备的气象灾害防御组织体系。完成县级气象部门"六个一"气象灾害防御标准化建设。自治区及87%的地(州、市)、98%县(市)建成预警信息发布中心，与28个部门建立应急联动机制，建立"叫应"机制，预警信息实现30分钟内"靶向"全网发布，信息覆盖率达到90%。重大气象灾害预报准确、预警及时、响应到位。健全公共气象服务体系。城乡公共气象服务均等化、普惠化水平明显提升。"行业+气象"服务领域不断拓展，建立针对交通、旅游、能源等行业的气象服务平台。气象信息实现电视、广播、新媒体等14种手段一键式发布。开展了交通、旅游、健康、空气质量等公众气象服务。气象知识普及率逐年上升，公众服务满意度稳定在90%以上。

2. 发挥气象综合保障作用。应对气候变化积极有效。成为首批"自治区温室气体排放第三方核查机构"，完成了"十三五"期间CO_2排放量估算。发布《第二次新疆区域气候变化评估报告》。参与编写的《新疆应对气候变化的政策与行动》《新疆气候"暖湿化"事实及影响分析的报告》等报告为政府提供了决策参考。发挥树木年轮研究优势，建立区域气候变化基础数据库，为制定应对气候变化对策提供科学依据。气象助力农业提质增效。构建区地县三级为农气象监测站网。成立自治区农业气象台，开展主要农作物、特色林果和畜牧气象灾害的预报预警服务。推进棉花气象服务中心能力建设，开展棉花种子培育、棉铃虫防治等气象服务。新疆特色农产品气候品质认证和产地溯源效益凸显。农业门户网站"新疆兴农网"影响力进一步扩大。面向新型农业经营主体"直通式"气象服务覆盖率达85%。交通和空间气象保障有力。成立能源交通气象服务中心，开展交通定制化气象服务。构建从建设到运营全过程铁路沿线气象灾害防御服务保障体系，完成新疆公路气象灾害风险区划，开发"公路智能气象服务系统"。构建"气象＋旅游"融合发展格局，打造精品旅游线路气象服务保障示范工程。在温泉建成全球第四架太阳磁场望远镜，在塔什库尔干建成太阳光球色球及射电望远镜，空间天气监测取得新进展。大城市运行保障服务积极有效。加强城市重点区域气象站网建设，编制乌鲁木齐等城市暴雨强度公式，联合发布地质灾害气象预警。加强城市空气污染气象条件预报和环境气象影响评估，开展重污染天气监测预警工作。

3. 科学合理开发利用气候资源。气候资源挖掘利用成效显著。开展新疆风能、太阳能资源的普查。编制《新疆风能资源详查和评估报告》，完成全疆县级太阳能精细化评估，为新疆风电、光电产业建设发展提供科学支撑。深入挖掘新疆特色气候资源，创建"中国雪都·阿勒泰"等一批国家级气候标志品牌。人工影响天气工作持续发展。构建了"三级指挥、四级作业"的人影防灾减灾业务体系，地县级人影机构覆盖率分别提升至93.3%和72.2%，标准化作业点建成率达到90%以上。实施"新疆绿洲可持续发展人工增水及防雹保障工程"等重点工程。人工增水作业面积年均50万平方公里，年增水9亿～12亿吨。建成9大防雹区域，保护面积4万平方公里，年减少雹灾损失70%左右。气候可行性论证有位有为。气候承载能力评估等纳入政府相关决策程序，气候可行性论证纳入自治区建设工程区域评估环节。开展了重大基础设施、公共工程和大型工程建设气候可行性论证工作，涉及交通、电力、石油、旅游、能源多个领域，有效避免或减轻项目建设对气候产生的影响。

4. 推进气象工作的法制、体制和机制建设。气象法规与标准体系不断完善。《新疆维吾尔自治区气象条例》《新疆维吾尔自治区气候资源保护和开发利用条例》等4部地方性法规相继颁布，《新疆维吾尔自治区气象探测环境和设施保护规定》等6部政府规章出台。建立了区地两级气象法制机构和执法机构。完成3项国家标准、4 项行业标准、27 项地方标准的制定修订。气象科技创新成效显著。推进科技体制机制改革，以中国气象局乌鲁木齐沙漠气象研究所为龙头的科技创新体系基本形成。“三站一室”科研基础设施建设再上新台阶。区域数值模式、暴雨（雪）及大风沙尘等灾害性天气机理、空中云水资源开发利用等技术研究为业务能力提升提供有力支撑。科技创新成果丰硕，2006—2020 年，气象科研经费达 3.0 亿元，获批省部级以上科研项目 368 项。科技成果获 WMO（世界气象组织）奖励 1 项，获国家级奖励 1 项，获省部级科技进步奖 12 项。财政支撑保障稳步提升。2006—2020 年，各级财政投入 98.7 亿元，其中中央财政 89.2 亿元，区级地方财政 9.5 亿元。山洪地质灾害气象保障、新一代天气雷达、风云卫星工程、“三农”气象服务等重大工程项目投资 46.6 亿元。人员公用经费投入 52.1 亿元，职工收入稳定增长，社会保障缴费基本纳入财政预算安排，区级直属事业单位规范性津贴补贴中央财政保障率达 90%，全疆气象部门顺利完成了养老保险制度改革。气象科技国际合作交流日益频繁。与“一带一路”部分沿线国家签署《中亚气象防灾减灾及应对气候变化乌鲁木齐倡议》。成功举办 5 届中亚气象科技国际研讨会和“上合组织气象灾害防御综合技术系列培训班”。在中亚区域新建 6 个自动气象站。成立中亚气象预报中心。在巴基斯坦瓜达尔港设立气象服务办事处，开展面向海外中资企业的气象服务。人才队伍建设成效明显。实施人才强局战略，制定吸引毕业生来疆工作优惠措施和高层次科技创新人才、业务和管理骨干培养办法，完善职称评审等制度，加强高层次人才培养。全疆气象干部职工中本科及以上学历人员占比 71.9%，中高级职称人员占比 63.7%，正高级职称 44 人。1 人入选国家“万人计划”，1 人入选中国气象局“领军人才”，1 人入选中国气象局“首席气象专家”，15 人次入选中国气象局人才工程，44 人次入选自治区人才工程，101 人次入选新疆气象人才工程。

三、工作举措

一是提高政治站位，坚决贯彻落实国务院三号文件中的各项任务。将国务院三号文件作为指导新疆气象事业发展的纲领性文件，制定方案，细化分工，明确职责，分阶段落实，客观评估贯彻落实成效。

二是紧贴经济社会发展需求，提升气象服务质量和效益。主动融入国家战略，精准聚焦新疆总目标、防灾减灾、生态文明、乡村振兴等气象服务需求，深化气象服务供给侧改革，推动气象服务均等化、惠普化，加快建立“气象＋”多领域融合发展新业态，提升气象服务质量和效益。

三是强化科技创新驱动，加快提升气象业务现代化水平。深化科技创新体制机制改革，完善科技创新体系，搭建创新平台，出台系列激励政策，加快推进研究型业务体系建设，加快科技成果转化，着力解决制约业务发展的核心问题，为业务现代化建设提供强大引擎和有力支撑。

四是加大人才队伍建设，为气象事业发展储能蓄劲。强化顶层设计，实施人才强局战略，完善人才培养机制，出台系列人才成长激励政策，营造良好发展环境。加大人才引进力度，加强高层次创新人才培养，开展“上挂下派”，鼓励人才双向流动。强化局校合作，完善教育培训体系，提升人才队伍整体素质。

四、发展建议

在推进气象现代化工作中，新疆气象还存在不足：一是核心业务能力不能满足“监测精密、预报精准、服务精细”的战略任务发展需求。综合监测站网布局仍需优化和完善，垂直探测能力不足。无缝隙、全覆盖、精准化智能网格预报业务体系尚不完善，数值预报等关键核心技术发展滞后。二是气象科技创新及人才保障支撑能力不足。相对于中东部地区，在气象综合观测能力、天气机理研究、核心业务技术研发等方面积累相对薄弱，人才流失严重，基层人员短缺明显，一定程度上制约着新疆气象事业高质量发展。三是服务国家战略和自治区经济社会发展气象保障能力亟须提升。基层气象防灾减灾防御能力薄弱，气象服务供给不平衡，气象服务不能满足乡村振兴、生态文明、旅游兴疆等建设需求等短板比较突出。四是气象双重计划财务体制有待加强。各级地方政府尚未形成对气象部门稳定的投入机制，为地方经济社会服务的气象现代化建设投入相对不足。

下一步，要加强顶层设计，精心谋划气象强国建设总体布局，理清发展思路，统一部署，分阶段协调推进。以科技创新和人才队伍建设为抓手，推动“监测精密、预报精准、服务精细”战略任务实施。出台系列科技创新和人才队伍建设的激励措施，制定并部署核心业务发展规划。从更高层面进一步推动落实双重计划财务体制，深化中央、地方事权和支出责任划分，建立稳定的财政投入机制。强化省部合作，深化合作内涵，健全地方气象事业公共财政保障机制，推动共建重点项目落实见效，提升合作效益和质量。

（执笔人：何清　曹兴）

加快推进气象现代化建设
高水平保障大连“两先区”建设

大连市气象局

一、总体评价

大连市气象局认真学习贯彻落实国务院三号文件，大力推进气象现代化建设。到2020年，大连市基本建成适应需求、结构完善、功能先进、保障有力的气象现代化体系，气象防灾减灾能力切实增强，气象监测预报预警水平显著提高，气象服务效益更加突出，气象工作的地位和作用在经济社会发展中更加重要，基本实现气象现代化的阶段性目标，气象业务现代化整体实力再上新台阶。观测站网空间分辨率达7.3公里，网格预报产品空间分辨率达到1公里，0～24小时晴雨(雪)预报准确率达到91%，全市灾害性天气预警提前量达到65分钟，预警信息公众覆盖率达到97%。气象信息化支撑能力进一步提高，“云＋端”气象现代化业务服务新模式基本建立。气象科技创新整体效能得到有效提升，海洋灾害性天气预报预警技术获得新进展。气象改革发展环境持续得到优化，防雷减灾体制改革全面完成，形成防雷安全管理大连模式。全部基层台站完成现代化改造。

二、实施情况

1. 提升气象基础保障能力。加快综合气象观测系统建设。气象观测不断精密，初步建成涵盖雷达观测、高空观测、地面观测、环境观测、海洋观测和雷电监测组成的综合气象观测站网，陆地站网平均间距7.3公里。大连站获得世界气象组织百年气象站认定。推进气象信息共享平台建设。打造“云＋端”气象现代化业务服务新模式，业务数据环境和基础计算资源支撑明显改善。开展数据梳理工作，完成数据资源整合。建成统一管理的市级虚拟化基础设施资源池，存储资源达 110 T。完善气象预报预测系统。建成大连海洋气象预报预警业务平台，实现预报、预警、决策服务产品一体化制作。建成大连精细化网格预报系统和客观预报订正平台，制作发布 0～72 小时 1 小时间隔、4～6 天 6 小时间隔，空间分辨率 1 公里智能网格预报产品。建成 0～2 小时 10 分钟间隔、空间分辨率 1 公里，10 分钟滚动更新的定量降水预报系统。建立气象灾害预警应急体系。初步建立了以气象灾害预警为先导的部门应急联动机制。多部门共享共用的大连市突发事件预警信息发布系统投入使用。农村气象防灾减灾“六个一”标准化建设成效显著，基层气象灾害风险有效降低。气象科普措施有力，有效发挥出气象防灾减灾及其趋利避害社会效益和经济效益。健全公共气象服务体系。创新气象服务模式，公共气象服务有效供给能力得到提升。气象预报预警信息实现全媒体发布，“大连气象”公众气象服务品牌影响力显著提升。开展 6 大港区 26 个作业区精细化气象服务，开展黄海、渤海海域 11 条客运航线安全气象服务。开发景区、花期以及彩叶观赏预报等气象荐游服务产品。

2. 发挥气象综合保障作用。积极开展应对气候变化研究。气候适应性规划融入大连城市发展。《大连城市通风廊道专项规划》《国土空间规划气候与气象灾害风险评估专题研究》《气候适应性国土空间规划专题研究》成果纳入大连城市总体规划，有效支撑城市国土空间规划设计。强化农业气象服务工作。直通式为农气象服务助力乡村振兴。与农业农村局联合发布面向新型农业经营主体的专项气象服务产品。联合大连海洋大学，开展针对浮阀贝类及海参等海珍品养殖的高影响气象条件风险提醒服务，制作海洋牧场气象服务专报。做好交通和空间气象保障。应用大数据＋智能网格预报技术，融合行业管理信息和数据，开展客运航线小时级精细化的航线预报和航行风险等级预报业务。引入船舶 AIS 数据，变常规静态的航线预报为动态航线预报，实现了基于船舶位置的船舶全航程动态跟踪服务。加强城市和公共卫生气象监测。组建大气环境预报中心科室，与大连市生态环境局联合开展大连空气质量预报工作。建立城市防洪、扫雪铲冰、冬季供暖、春运等专项气象服务机制，发布水库面雨量和降水落区精细化预报，开展城市内涝和山洪地质灾害风险预警业务，确保城市生命线稳定运行。

3. 科学合理开发利用气候资源。做好气候资源的普查和规划利用工作。针对樱桃、油桃、苹果等特色作物以及设施农业完成了农业气候资源区划。开展樱桃、油桃、苹果等特色农产品气候品质评估服务。加强人工影响天气工作。建立人工增雨和防雹综合决策指挥系统投入业务运行，在全国同行业中获得广泛推广和应用。完善作业站点标准化建设，实现对弹药和作业信息的实时监控和科学管理。常态化开展人工影响天气作业，年均增加降水 3 亿立方米。开展风能、太阳能开发利用气象服务。开展大连市风能和太阳能资源详查和评估工作。提供海上风电场和渔光互补光伏发电项目的风能和太阳能资源评估服务。开展气候可行性论证工作。暴雨强度公式和暴雨雨型研究成果应用于海绵城市规划建设和城市排水管网改善；化工园区区域气候可行性评估，大连地铁、新机场等重大工程项目气候可行性论证，为保障服务大连城市安全运行提供科技支撑。

4. 推进气象工作的法制、体制和机制建设。健全气象法规与标准体系。气象法治建设和社会管理得到加强。先后颁布了《大连市气象灾害防御条例》《大连市防御雷电灾害管理办法》等气象相关地方性法规、规范性文件。制定《大连市气象局深化标准化工作实施方案》，构建常态化的标准培训、宣贯机制。加强统筹规划与管理。统筹编制和实施重要气象基础设施建设与布局规划，编制大连气象事业发展“十一五”至“十三五”规划，统筹集约重点工程项目建设。行政审批制度改革、气象业务技术体制改革、气象服务体制改革、防雷减灾体制改革等各项重大改革稳步推进。加快气象科技创新。气象科技创新取得新成效。完善科研管理机制，强化专家团队建设。制定从科研立项、监管、验收、奖励及科研成果转化等一系列管理办法。建立了多部门科研合作机制，与南京信息工程大学、南京大学大气科学学院签署全方位的科技和人才培养合作协议；与大连海事大学创新团队共同研究设施农业气象服务自动化技术。加大财政投入力度。截止到 2020 年，中央和地方财政事业经费 15 年实际总投入为 112080 万元，现代化项目地方年度实际投入 1575.5 万元，地方中央财政支撑匹配率、政府财政支撑满足率和地方现代化项目经费到位率均实现 100%，气象经费保障能力显著提升。加强气象国际交流与合作。加入中国和韩国沙尘暴联合监测网络项目，建设沙尘暴联合监测站，开展激光雷达气溶胶、PM_{10}、TSP 等项目观测。与韩国光州地方气象厅建立双边科技合作，定期开展气象科技交流。抓好气象人才队伍建设。

大力实施人才强局战略，科技人才队伍进一步优化。本科以上学历比例提高至93.7%。高工56人（正高4人，副高52人），入选中国气象局首席预报员1人，辽宁省百千万人才工程1人，中国气象局新时代高层次创新人才支持计划人才1人，享受大连市政府特殊津贴专家1人。

三、工作举措

1. 强化组织领导，高位推动。市委市政府高度重视气象工作，市政府印发《大连市人民政府关于推进气象事业发展的实施意见》（大政发〔2006〕84号）、《大连市人民政府关于加快推进气象现代化的实施意见》（大政发〔2014〕44号），为气象事业发展提供了强力政策支持。

2. 强化规划引领，项目推动。聚焦防灾减灾和气象业务能力建设主题主线，紧贴大连各级政府服务需求，编制了大连市"十一五""十二五"和"十三五"时期气象事业发展规划，将上级管理部门和地方政府的统一部署和要求贯彻到专项规划之中，谋划了实施中小尺度区域自动气象站、多普勒天气雷达升级改造、突发事件预警发布系统等一批重大工程项目，大力加强了气象综合观测能力，全面提升了预报预警业务水平，推进气象现代化持续发展。

3. 强化目标考核，狠抓工作落实。市政府将预警信号发布绿色通道、气象防灾减灾宣传教育、极端天气"三停"（停工、停产、停课）安全避险机制、极端暴雨应急演练等工作纳入对下级政府实绩考核，由市气象局代表政府考核完成情况。市委政法委将气象灾害防御工作纳入基层社会治理现代化建设和网格化管理体系，市委组织部将领导干部气象灾害应急处突意识能力纳入干部考核内容。

四、发展建议

气象事业发展虽然取得了长足进步，但是面对新形势、新机遇、新挑战，大连气象仍然存在着一些亟待解决的突出问题。一是气象监测预报预警业务仍存在短板。大连及周边灾害易发区、地形复杂区存在监测盲区。灾害性天气预报预警业务技术研究不够深入，海洋气象预报预警关键技术支撑能力不足。二是气象信息化水平和网络安全保障能力仍显不足。气象数据应用环境存在短板，大数据分析、人工智能等新技术在气象领域的应用尚处于起步阶段，气象数据有效信息识别和推送能力急需提升,气象信息化支撑能力亟待加强。三是科技创新能力存在差距。开放合作的气象科技创新体制机制还不够健全,气象关键技术研究突破仍然不足,高水平创新平台和创新基地亟须建立。四是气象服务供给仍不能满足城市发展需求。气象服务有效供给不足,精准性、针对性、专业化水平不能满足各行业和社会公众不断增长的需求。

下一步,大连市气象局将认真落实习近平总书记关于东北、辽宁、大连振兴发展以及关于气象工作的重要指示批示精神,立足长远,谋划落实《大连市气象事业发展"十四五"规划》的重点任务,建设符合大连城市战略定位、保障城市安全运行、经济社会发展和人民需求的现代气象服务体系,为大连市"两先区"(产业结构优化的先导区和经济社会发展的先行区)高质量发展实现新突破提供强有力的气象保障。

(执笔人:王玲玲　黄振)

聚焦海洋和大城市气象服务
大力推进青岛气象现代化

青岛市气象局

一、总体评价

在中国气象局、山东省气象局和青岛市委市政府的正确领导下，青岛市气象局认真贯彻落实《国务院关于加快气象事业发展的若干意见》（国发〔2006〕3号）和《青岛市人民政府关于加快青岛气象事业发展的意见》（青政发〔2006〕30号），气象现代化建设成效显著，气象服务保障能力不断增强，气象防灾减灾水平明显提高，气象人才队伍不断优化，有效发挥了气象防灾减灾"第一道防线"作用。圆满完成了各项目标任务，多项工作走在全国前列。到2020年，青岛市气象观测站网主城区空间分辨率达3公里，其他地区10公里左右。数值天气预报产品时间分辨率1小时，空间分辨率达5公里，突发暴雨、强对流预警提前量分别达70.2和52.9分钟，24小时晴雨预报准确率达到93.5%，一般性降水预报准确率达65.5%，气温预报准确率为88.9%。网络带宽提高10倍以上。预警信息公众覆盖率达99%。

二、实施情况

1. 加强气象基础保障能力建设。完善综合气象观测系统。建成由33个国家气象观测站、176个区域气象观测站、1部新一代天气雷达、1个L波段探空站、1部对流层风廓线雷达、2个海洋气象浮标站、14个交通自动气象站、16个自动土壤水分观测站、4个GNSS/MET水汽观测站、1个极轨卫星地面接收站构成的国家天气观测网和海洋、交通专业气象观测网。建成以市县一体化保障为主、社会化为辅的气象装备保障业务;建成1套市级移动校准维修系统。综合气象观测业务管理取得ISO 9001质量管理体系认证并业务化运行。强化信息网络保障系统。建成万兆局域网,市县带宽由2 Mbps逐步提升到50 Mbps,并实现双线路备份。建成市县高清会商系统,建成较完备的网络安全防护系统,完成信息系统等级保护。发展气象预报预测系统。建立了空间分辨率5公里、时间分辨率1～3小时的智能网格预报业务;依托省市县一体化平台开展灾害性天气短临预警,定时、滚动开展精细化预报和预警信号质量检验。台风、暴雨、强对流等天气过程监测预警率达100%。研发了基于大数据和人工智能等技术的能见度、海上大风、降水客观预报产品。建立气象灾害预警应急体系。建立气象灾害防御联席会议制度,气象灾害应急预案纳入全市应急指挥管理体系。建成青岛市突发事件预警信息发布中心,市政府印发《青岛市突发事件预警信息发布管理办法》。健全公共气象服务体系。通过《重要天气预报》《天气快报》向市委市政府及时报送气象信息,建立副市级以上领导短信群组及时开展决策服务,建立灾害天气分级叫应机制,在气象应急决策服务等方面发挥重要作用。整合"两微一端"及传统媒体渠道,主动融入青岛主流融媒体矩阵,积极打造"青岛气象"全媒体公众气象服务品牌,气象信息覆盖率达99%。搭建各类专业气象服务平台,专业气象服务专业化、精细化和及时性不断提高。

2. 发挥气象综合保障作用。海洋气象服务方面,市政府出台文件加强海洋气象灾害防御和海洋气象服务,建立海洋气象服务联席会议机制、邮轮雾航通关保障机制,成立青岛海洋气象预警中心和涉海服务专家团队。形成了以港口气象服务为代表,面向海事管理、港口航运、引航等多个涉海行业领域开展数字化、智能化的海洋气象服务业务。主持发布海洋气象服务方面的行业标准、地方标准5项。城市气象服务方面,气象应急智慧服务平台融入政府城市云脑。气象预报、预警信息及时发送至街道、社区和网格管理员。构建多部门联动的城市内涝监测和预警发布机制。建立火险气象风险预报预警业务。与生态环境部门联合开展重污染天气预警和空气质量预报。开展了地铁、供热等城市生命线融入式气象服务。高质量完成奥帆赛、上合峰会、海军节多国海军活动等重大活动气象服务。农业气象服务方面,建成"青岛市气象为农服务平台",编印《青岛市农业气象应用手册》。与市农技中心签订合作协议,年均联合发布气象为农服务产品

100余期。创建了4个省级生态农业特色气象服务示范点，黄岛蓝莓、崂山茶叶等特色农业气象服务成效显著。生态与环境气象服务方面，开展农田干旱、作物长势及浒苔等遥感监测业务，应用“齐鲁火情天眼监测系统”开展火点监测。参与大气污染防治攻坚战，做好重污染天气应急联动工作。

3. 科学合理开发利用气候资源。气候资源开发利用取得明显进展。为政府、有关部门提供保护利用气候资源、气候区划等成果建议13项。助力海绵城市建设，开展青岛市降雨规律研究，完成暴雨强度公式修编、主城区降雨典型年分析和长历时设计暴雨雨型分析。完成重点区域雷电灾害风险评估4项。人工影响天气服务成效显著。市政府成立人工影响天气办公室，建成市县一体化指挥和作业体系，全市建有地面作业点55个，拥有高炮28门、火箭发射装置26部、高山燃烧炉15个，租用高性能飞机1架。完成青岛示范基地和作业点标准化建设。年均增加降水约1亿立方米，减少雹灾损失约0.1亿元，完成多个重大活动保障任务。

4. 推进气象工作的法制、体制和机制建设。健全气象法规与标准体系。出台地方性法规和规章4部。基本建立“市局为主、县局配合”的执法体制，建成54名专兼职结合的气象行政执法队伍。49个气象政务服务事项、13个气象监管事项分别纳入省政务服务事项管理系统和“互联网＋监管”系统。发布行业标准1项、地方标准9项。加强统筹规划与管理。坚持规划引领，制定实施青岛市气象事业发展规划，争取地方财政投资近亿元建设奥帆赛气象服务工程、城市监测预报预警工程和青岛市突发事件预警信息发布中心等4个工程。强化顶层设计，建成了市人工影响天气作业指挥中心、罗家营气象探测中心等，近10年累计投入3.3亿元加强“一流台站”建设。争取地方财政支持。建立了稳定的财政保障机制，气象经费财政保障率达82%，比2006年增长268%，人员经费增长515%。2015年与市财政局联合下发《关于进一步落实气象双重计划财务体制的通知》，地方出台的人员津补贴基本实现全员覆盖、全额落实，项目经费比2015年增长55%。强化创新驱动和人才强局战略。深入实施创新驱动发展和人才强局战略，激发人才科技创新活力。全市有正高级工程师5人、副高级工程师28人。2012年以来，承担省气象局及以上级别科研项目79项、市气象局科研课题158项；发表科技论文300余篇，其中核心期刊、SCI(E)/EI论文约占三分之一；取得软件著作权近

40项。获青岛市科技奖励1项、山东省气象局科技奖励3项。2人获全国气象行业职业技能竞赛个人全能第一，1人荣获全国“五一劳动奖章”，1人获“山东省技术能手”称号。

三、工作举措

1. 坚持政府主导。市人大及政府制定出台4部气象法规规章，市政府制定了国务院三号文件贯彻实施意见，市政府出台5个加快推进气象现代化相关文件，为气象事业发展提供了强力政策支持。

2. 强化顶层设计和项目带动。抢抓机遇，突出青岛特色，围绕奥帆赛、城市、海洋气象服务需求，凝练项目，积极争取中国气象局和青岛市政府支持，大力推进气象现代化建设。

3. 强化监督管理。完善考核评价体系，创新管理模式，制定重点任务分解表、路线图，加强督查，狠抓落实，确保实现气象现代化建设目标。

四、发展建议

青岛气象现代化水平与日益增长的大城市、海洋气象服务需求还存在一定差距，海上观测站点较稀少，垂直观测手段不足，海上大雾、强对流等灾害性天气监测预警、精细化预报和服务能力仍需提高，高层次领军人才缺乏，科技创新和科技成果转化成效还不明显。

下一步，将对标观测精密、预报精准、服务精细，紧扣青岛加快建设现代化国际大都市、全球海洋中心城市的现实需求，着力强化趋利避害并举的现代气象防灾减灾救灾体系、智慧精细的现代气象服务体系、智能精准的现代气象预报体系、精密自动的现代气象观测体系、协同创新的气象科技人才体系、规范高效的现代气象管理体系建设，补短板、强弱项、扬优势，持续推进青岛气象高质量发展。

（执笔人：丁锋　薛允传）

强基固本
多方位服务港城经济社会发展

宁波市气象局

一、总体评价

在中国气象局、浙江省气象局和宁波市委市政府领导下，宁波市气象局认真贯彻落实国务院三号文件，坚持公共气象的发展方向，按照一流装备、一流技术、一流人才、一流台站的要求，加快科技创新，进一步强化观测基础，提高预报预测水平。到2020年，全市基本建成结构完善、功能先进、保障有力的气象现代化体系，气象工作在防灾减灾、乡村振兴、生态文明、经济社会发展等方面成效显著，国务院三号文件确立的两个奋斗目标基本完成。气象观测站网平均间距从8.5公里缩小到2020年的5.4公里，天气预报准确率从82.0%提高到2020年的84.3%。公共财政保障率从26%提高到2020年的94%。

二、实施情况

1. 加强气象基础保障能力。加快综合气象观测系统建设。全市地面自动气象站新增207个，总数增至342个，组建全市雷电观测、雨雪冰冻观测和清新空气监测网。新建风廓线雷达4部、气溶胶激光雷达2部和微波辐射计2部，组成垂直廓线监测网。新增气象应急监测指挥车1辆，完成新一代天气雷达双偏振技术升级。推进气象信息共享平台建设。全面建立气象监测设施规划建设和资源共享协调机制，实现与水利、生态环境、自然资源、海事、港口等13个部门监测数据共享，实时共享数据的气象观测站超700个，向气象部门进行历史数据汇交的气象观测站数超600个。完善气象预报预测系统。建设并优化市县一体化智能预报预警平台，推进智能网格本地化应用及检验，加强智能网格订正技术研究，提高预报预测能力，突发气象灾害预警提前时间突破30分钟。建立气象灾害预警应急体系。建立以气象灾害预警信号为先导的应急联动机制，与应急管理等18个部门建立联动联防机制，气象预警融入基层网格治理体系，与政法委建立“网格＋气象”联动机制。建成全国标准化气象灾害防御乡镇6个、省级气象防灾减灾标准化乡镇(街道)152个、村(社区)954个，提升基层防灾减灾能力。健全公共气象服务体系。将公共气象服务纳入市县两级公共服务体系建设，建立公共气象服务清单制度。建立气象灾害预警信号权威媒体传播渠道，规范和畅通预警信息发布。中国气象频道(宁波应急)落地10频道，覆盖全市数字电视和电信ITV用户。气象信息公众覆盖率达95％。2018年以来，公众气象服务满意度稳定在92分以上。

2. 发挥气象综合保障作用。开展生态气象服务。开展清新空气监测网建设，全市负氧离子监测站增至36个。奉化、宁海、余姚成功创建“中国天然氧吧”，四明山获国家气候标志；10地获评“浙江省避暑气候胜地”，4个村获评“浙江省乡村氧吧”。强化农业气象服务。与涉农部门联合推进农业全产业链气象服务，慈溪牵头浙江省草莓气象服务联盟建设，开展农产品气候品质认证。气象指数保险产品增加至21个，为全市3431个新型农业经营主体提供直通式气象服务。做好港航海事气象保障。加强港航气象服务，构建“1314”港航气象服务模式，发布全球首条航运气象指数。发布近外海范围内13座渔场和象山沿海5条航线精细化气象预报服务产品。加强城市气象服务。推进城市气象服务体系建设，与环保部门联合开展空气质量预报预警服务；与市自然资源和规划局联合发布地质灾害气象风险预报(警)；2018年承担国家城市内涝联合预警试点任务，与市水利、城管等部门建立城市内涝联合工作机制。

3. 科学开发利用气候资源。做好气候资源普查和规划利用。颁布实施《宁波市气候资源开发利用和保护条例》，从法规高度对开发利用和保护气候资源作出明确规定。开展宁波市通风廊道初步分析，完成四明山和梅山湾气候环境、鄞州和奉化生态气候质量及慈溪气候舒适度等分析评估。开展气候可行性论证。气候可行性论证列入《宁波市气象灾害防御条例》《宁波市气候资源开发利用和保护条例》明确的强制性规定。完成全市9个暴雨公式修订，并由住建、气象等4

部门联合发布。对重点建设工程、重大区域性经济开发项目以及大型太阳能、风能等气候资源开发利用项目开展气候可行性论证44项。加强人工影响天气工作。成立市县政府人影协调机构7个。人工影响天气作业方式从单一作业向集约化作业方式转变，建立重点围绕白溪水库、周公宅、皎口、亭下和横山五大水库区域流域化协同作业机制。

4. 完善气象法制体制机制。健全气象法规与标准体系。出台2部地方性法规，2部政府规章。发布实施行业标准1项、地方标准6项。严格落实行政执法三项制度，建成140余名专兼职结合的气象行政执法队伍，推进“互联网＋监管”。加强气象双普宣传，“科普＋普法”覆盖面和影响力不断扩大。加强统筹规划与管理。制定实施市县气象事业三个五年规划，全市统筹实施气象灾害预警与应急系统工程、暴雨精细化监测预警工程等重大工程，落实地方投资约10.72亿元。全市气象部门基本落实了地方财政预算，公共财政保障率达到94％。加快气象科技创新。承担省部级及以上科研项目6项，其中国家自然科学基金项目1项、中国气象局项目3项。承担地方科研项目32项。获宁波市科学技术进步奖二等奖4项、三等奖4项。加强气象国际交流与合作。8人次出国参加培训或出席国际学术交流会议。接待9批次来访。2015年，承办由世界气象组织（WMO）与中国气象科学研究院灾害天气国家重点实验室联合组织的高影响天气研究国际研讨会。抓好气象人才队伍建设。本科以上学历从48.2％提高到96.7％。高工人数从17人提高到54人，其中正高从0增加到6人。11人入选省部级以上人才工程。

三、工作举措

1. 市政府出台政策措施抓落实。气象现代化工作纳入市政府重点工作，市政府印发《关于全面加快推进气象现代化建设的通知》，并成立气象现代化建设领导小组，召开全市气象现代化建设推进会部署气象工作。出台气象灾害防御、城市气象服务、深化改革、人工影响天气等配套文件16个。

2. 市委市政府把气象工作纳入对区（县、市）的重大工作考核体系和绩效考核。气象工作纳入市委市政府生态文明先行示范区、五水共治、乡村振兴等考核体系。市气象局工作纳入市政府绩效考核体系。

3. 发挥气象体制优势推进地方气象事业协调发展。《关于加快宁波气象事业发展的实施意见》(甬政发〔2006〕74号),明确要将气象事业纳入国民经济和社会发展规划,切实加大对气象事业的投入力度,把增强气象能力建设纳入各级财政预算,建立健全气象事业发展公共财政投入机制。全市10个区(县、市)全部有气象局,地方气象机构覆盖率市县级100%,地方气象编制数从0增至113名。

4. 坚持气象工作融入服务中心大局改革创新提质增效。以“最多跑一次”“放管服”改革为引领,推进政务服务数字化改革。稳步推进“大综合一体化”行政执法改革,31个行政处罚事项划转至综合行政执法部门。

四、发展建议

对照新任务新要求,不足主要体现在:一是与综合防灾减灾救灾要求相比,灾害性天气监测预警能力还有待提高;二是气象服务供给不平衡、不充分问题仍然突出,难以满足经济社会高质量发展和人民群众对美好生活的需求;三是气象科技创新能力仍不够强,核心业务科技水平有待提高;四是气象社会治理和综合发展体制机制仍需进一步优化。

下一步,宁波市将深入学习贯彻习近平总书记重要指示精神,为宁波全面建设高水平国际港口名城、高品质东方文明之都,加快打造现代化滨海大都市,争创社会主义现代化先行市提供气象保障。一是加快实施气象监测预报能力提升工程;二是深化研究型业务,提升现代气象核心业务能力;三是推进“一业一策”气象服务,实施“气象+”赋能行动;四是推进治理现代化,助力打造市域治理示范城市。

(执笔人:王镇铭　郝振华)

构建"两高两化"城市气象服务保障体系

厦门市气象局

一、总体评价

2006年以来，厦门市气象局按照《国务院关于加快气象事业发展的若干意见》（国发〔2006〕3号）、《福建省人民政府关于进一步加快气象事业发展的实施意见》和《厦门市人民政府关于推进气象事业发展的实施意见》文件要求，以更高水平气象现代化为目标，构建与海峡两岸经济区重要中心城市相适应的气象服务体系，推进厦门气象事业快速持续发展，不断增强气象防灾减灾能力，气象服务保障城市安全稳定运行能力明显提升，气象灾害损失占GDP的比重下降至0.4%以下。到2020年，我市基本建成结构完善、功能先进的气象现代化体系。全市自动气象站网平均密度达到3公里，重点区域达到1公里。24小时晴雨天气预报准确率达到86.1%，台风路径24小时预报误差68.3公里，强度误差小于4.1米/秒，暴雨预警所有级别命中率达到76%，强对流天气预警提前量达到73分钟，灾害性天气落区预警精细到乡镇，气象要素预报空间分辨率达到2.5公里，时间分辨率达到1小时。实现短时临近预警产品空间分辨率可达到1公里以内，重大活动气象服务产品做到定时定点。

二、实施情况

1. 加强气象基础保障能力建设。综合气象观测系统不断完善。初步建成狐尾山气象园区等四大综合气象观测基地。全市共建成地面自动气象观测站263个，平均密度达到3公里，重点区域达到1公里。完善天气雷达网建设，建成一部双偏振多普勒天气雷达，开展X波段相控阵天气雷达组网科学试验，配套建设了6套雨滴谱仪，建成2部风廓线雷达和5部激光测风雷达。创新性地联合航标管理部门建设2套海上灯塔航标自动气象站。落实气象探测环境保护相关法律法规，市政府批准实施《厦门市气象站网建设及气象探测环境保护规划（2015—2020）》，将气象探测环境保护事项纳入厦门市工程建设项目国土空间、年度空间详细规划编制及前期项目策划生成阶段相结合，从源头上避免建设项目对气象探测环境造成破坏。推进气象信息共享平台建设。建成“双核心”万兆以太网骨干网络，以及千兆交换到桌面的新一代网络系统，缩短探测数据到预报员桌面时间。省市带宽由 48 Mbps 提升到 216 Mbps。综合观测业务平均及时率 99.86%，位列全省前列。实施区域自动气象站社会化保障，综合业务质量连年排名全省前列。与相关部门实现信息共享。完善气象预报预测系统。加强高分辨率数值预报产品和智能网格预报产品解释应用，利用智能网格预报产品形成全市应用“一张网”，实现基于用户位置的按需服务。自主研发双偏振雷达、风廓线雷达、微波辐射计等多源资料融合应用产品。开展X波段相控阵雷达科学试验，开展基于FY-4A高分辨率卫星的评估算法，对海峡地区的对流云目标分阶段进行自动化、定量化监测与评估，研究成果为短临预警业务提供技术支撑。建立气象灾害预警应急体系。建立强降水气象信息地方党政一把手短信直报制度。建立省、市、县三级预警发布工作机构体系，实现“八有”气象防灾减灾镇（街道）覆盖全市，信息员队伍全覆盖，预警信息发布对各级应急责任人送达率97.8%。健全公共气象服务体系。推进创建全国综合防灾减灾示范社区。建成决策、公众和专业服务系统，实现产品自动制作和“一键式”发布。建成14种公共服务产品、13种媒体资源形成气象服务信息发布矩阵。为交通航运、旅游会展等20多个行业部门提供风险预警产品。厦门市青少年气象天文科普基地荣获全国科普基地和中国气象局“十大优秀气象科普基地”称号，多部作品荣获中国气象局“十大气象科普优秀作品”。

2. 发挥气象综合保障作用。积极开展应对气候变化研究。发展月、季极端气候事件和灾害性气候事件影响预测业务。完成长、短不同时间历时的厦门暴雨强度公式和设计雨型的编制工作，为厦门海绵城市和国家生态园林城市的建设和申报工作提供了有力的技术支撑。强化农业气象服务工作。建立农业气象服务专家联盟，针对12种特色农作物产品制作专题服务，开展5家直通式气象服务，推进同安军营村等3家乡村振兴气象服务示范点建设。制作发布气象月刊、农业气象周报和春耕春播专题气象服务等农业气象服务产品。做好交通气象保障。建成“厦门市道路交通气象保障系统”，列入厦门市民生项目和交通改善项目，有力提高交通气象服务的质量和效率。开展相控阵雷达组网观测在航空气象保障服务中的应用，为空中交通管制和飞机起降决策额外争取至少14分钟的黄金判断时间，多预留10～15公里的安全距离，有效提高航空飞行的安全性、节约经济成本。建立海上航标灯塔气象站，有效提升大雾天气条件下通航效率约10%左右。加强城市和公共卫生气象监测。城市重点区域自动站平均站间距小于1公里。开展城市气象服务试点，融入城市基层网格化管理。有效应对1614号台风“莫兰蒂”，精准台风预报对市里提前发布厦门有史以来第一次的“三停一休”(停工、停产、停课、休市)动员令起到关键作用，全市基本实现“不死人、少损失”工作目标，被国家防总高度评价为“台风防御的奇迹”。有力保障300多场重大活动，成功保障2017年金砖国家领导人厦门会晤。气象生态环境两部门建立应对大气污染联合会商机制，联合发布空气污染气象条件等级预报。

3. 科学合理开发利用气候资源。做好气候资源的普查和规划利用工作。开展“清新福建·气候福地”认定工作。完成5条山洪沟和23个主要滑坡点的暴雨洪涝灾害风险普查工作。完成厦门台风灾害风险区划和山洪地质灾害气象服务决策支撑系统建设项目。开发厦门城市暴雨内涝风险监测预警业务系统，制作城市内涝风险淹没图库。加强人工影响天气工作。市政府印发推进人工影响天气工作高质量发展方案，并匹配“十四五”人影发展相应资金。新增3个地面火箭标准化作业点和3个地面烟炉作业点，完善厦漳泉同城化人工影响天气作业机制，常态化开展同城化作业，提高作业成效。开展气候可行性论证工作。将气候可行性论证纳入厦门市区域综合评估范围，出台《厦门市发展改革委关于进一步扩大区域评估范围深入推进区域综合评估工作的通知》，视情开展气候可行性论证。

4. 推进气象工作的法制、体制和机制建设。健全气象法规与标准体系。2007年市政府出台政府规章《厦门市实施〈中华人民共和国气象法〉办法》，2013年8月市人大常委会审议通过《厦门经济特区气象灾害防御条例》。气象标准化水平和气象社会管理现代化评估全省第一。加强统筹规划与管理。气象公共财政保障逐步健全，全市气象部门落实了地方财政预算，公共财政保障较好。

2010—2020年，各级共投入基层台站基础设施建设资金约6.04亿元(其中中央投入约2.22亿元，地方投入约3.19万元，自筹0.63亿元)。其中，项目建设投入4.9亿元(其中，中央投入1.1亿元、地方投入3.8亿元)。加快气象科技创新。成立海峡气象开放实验室，并通过市重点实验室评估确认。连续5年获得国家自然科学基金资助，获得福建省气象局科技进步一等奖、二等奖。“十三五”时期以来，获批(设立)科研课题104项，课题经费总计360.9万元。加强气象科技交流与合作。深化厦台气象科技交流，“两定两常”厦台气象交流机制获台办高度肯定。与中国科学院大气物理研究所、南京大学、台湾大学、南京信息工程大学等院所高校建立了良好的合作关系，共同开展海峡气象应用研究。聘请台湾大学等高校气象知名学者为特聘专家。与金门灾害应变中心实现灾害性天气视频会商。抓好气象人才队伍建设。加强高层次领军人才培育，现有福建气象高层次科技创新人才8人，中国气象局气象高层次科技创新人才、厦门市高层次C类人才实现零突破。气象创新人才高地建设初显成效。2人为省气象局科技创新团队带头人，组建4个市气象局科技创新团队。

三、工作举措

一是强化战略规划。2014年初，中国气象局与厦门市政府签署《关于共同加快推进厦门气象现代化建设会谈的纪要》，市区两级政府全部出台《加快推进气象现代化建设实施意见》。市政府印发气象事业“十一五”“十二五”和“十三五”发展规划。二是强化资金保障。落实气象事业发展重点项目。2010—2020年，各级共投入基层台站基础设施建设资金约6.04亿元，其中项目建设投入4.9亿元。三是强化法治保障。地方性法规《厦门经济特区气象灾害防御条例》颁布实施。相继设立海沧区和集美区气象局，实现岛外四个区气象机构全覆盖。

四、发展建议

对照高质量发展气象服务保障需求，厦门气象发展仍然存在着一些亟待解决的短板弱项。主要表现在：一是气象监测精密能力还需进一步加强，特别是海上气象监测能力不能满足海洋经济发展和国际航运中心建设的需要；二是预报精准水平还需进一步提升，灾害性天气的识别能力及落区预报精准度不高；三是气象科技创新的体制机制还不够完善，高水平科研项目少、高层次领军人才少。

下一步，厦门市气象各级部门将以推动厦门气象高质量发展为主题，以提供高质量气象服务为导向，全力推进以智慧气象为主要特征的气象现代化建设，努力构建科技领先、监测精密、预报精准、服务精细、人民满意的现代气象体系，为厦门更高水平建设高素质高颜值现代化国际化城市、高质量发展引领示范区做出有力保障。

（执笔人：罗昌荣　曾文慧）

创新引领 精益求精
打造“智慧气象+”大城市气象发展新范式

深圳市气象局

一、总体评价

2006年以来，深圳市认真贯彻落实国务院三号文件精神，结合属地气象部门双重管理以地方为主的体制特点，建立了适应需求、结构完善、功能先进、保障有力的气象现代化体系。气象现代化考评和公众气象服务满意度评价连续11年保持全省“双第一”，形成气象防灾减灾机制、31631递进式气象服务、大城市精细化气象服务深圳模式等一批可复制的深圳经验推广全国。气象综合实力位居全国副省级城市前列。建立国内领先的超大城市综合观测体系。建成涵盖天气、气候、海洋、生态环境、天文等五大类的城市气象综合观测体系，气象数据2分钟内为公众提供直接的服务，自动气象站网密度3公里，自动化程度100%，气象灾害监测率98.5%。不断完善陆海一体的精细化气象预警预报体系。在全国率先探索气象灾害分区预警、预警信息靶向发布。预报时效延长至10天，网格精度1公里。预警信息以街道为最小单元的精准分区发布，预警信息公众覆盖率≥99%。形成全国示范作用的大城市精细化气象服务深圳模式。构建以用户为中心，基于各行业气象灾害阈值提供分行业、分灾种、分时段、分区域的精细化气象服务，覆盖城市八大生命线行业2000余家单位，气象服务公众满意度85.6分，多次荣获“街坊口碑金奖”和“金秤砣奖”。不断优化气象现代化发展环境。形成政府规章、规范性文件和标准体系等气象发展坚实支撑，财政支持力度持续加大，人才队伍较2005年增加1倍，高级职称比例增加至39%。

二、实施情况

1. 加强气象基础保障能力建设。综合气象观测实现一张网全面感知。承担国际智慧城市气象示范区观测试点建设，多型号天气雷达和356米高梯度观测塔等为骨干组成城市立体监测网，建成14个海上石油平台自动气象站，海洋气象监测向南海海域伸展300公里，重点区域监测密度达百米级。信息化支撑实现一键式可控全局。构建高效稳定的数据中心，基本气象数据60年在线，实现观测数据50秒到桌面，可提供精细至1公里的实况网格服务。广东省气象数据（深圳）备份中心提供1 PB存储空间。打造便民服务场景，日均共享200多万条数据。精细预报实现一网格全面覆盖。自主研发的时空多尺度同化分析系统等比肩国际先进水平，持续迭代研发短时临近预报技术，冰雹、飑线识别等算法省内共享。建立深圳“格点预报＋精细服务”业务体系，预报产品精细到社区。为第26届世界大学生运动会提供精准气象服务。协同防灾实现一体化四级联动。在全国率先建立以预警信号为先导的气象灾害防御协同化管理机制，线上线下重构气象和防灾部门的防灾减灾应急流程，防灾应急响应平均启动时间由1小时缩短为48秒，成功防御35年来影响最强的“山竹”台风、近10年最强龙舟水等极端天气，无人员死亡。公共气象服务实现一站式智享生活。联动“深圳发布”等25个政务新媒体和网络平台，建立13个渠道媒体矩阵，公共气象服务产品从21种增加到75种，预警信息传播延时由6小时缩短至30分钟，“@深圳天气”微博影响力位居全国气象政务微博前茅，“深圳天气”多次荣获“最受欢迎政务新媒体公众号”。

2. 发挥气象综合保障作用。应对气候变化研究与服务取得积极效益。高质量建设一站多址的深圳国家气候观象台。开展气候变化和极端天气事件对城市影响评估研究，《深圳市气候变化监测报告》等10余篇决策材料保障城市防范气候变化风险。保障农业产业健康发展。建立省、市级农业服务联动机制，与中国农业科学院深圳生物育种创新研究院合作开展农气通量冠层观测，为果场、蔬菜基地、粮食生产、城市观光农业等提供专报和周报服务。做好交通和空间气象保障。地铁轨道交通场景化气象服务模式在全国示范。深圳市天文台连续12年开展全日面色球监测，为大湾区及南海空天环境提供实时空间气象保障，低纬度南天区域大视场快速望远镜实现对人造卫星等空间碎片的过境监测。加强城市和公共卫生气象监测。突发事件预警信息发布业务实现全网短信2小时内覆盖全市2400多万手机用户。联合市卫健委开展生活、疾病与健康气象指数预报服务。开展大气污染防治气象条件预测预估服务，臭氧污染预报服务水平不断提高。

3. 科学合理开发利用气候资源。做好气候资源的普查和规划利用工作。开展全市气候资源普查，支撑4个区成功申报“中国天然氧吧”“中国气候宜居城市”气候标志。通风廊道研究成果写入深圳市国土空间总体规划。城市热岛、暴雨强度公式和设计暴雨雨型等成果应用于海绵城市建设和城市排水管网改善，海绵城市试点建设考核获全国第一。积极组织开展人工影响天气工作。适时开展飞机和火箭人工增雨作业，据不完全统计，估算每年增加水库蓄水5000万～8000万立方米，有效增加深圳和东江流域工农业用水，保障东江供港用水。气候资源开发利用取得新成效。建设了多朝向太阳辐照与光伏发电效率测量系统，完成太阳能风能的资源详查，形成《深圳市太阳能、风能资源评估报告》，开展太阳辐射量评估预报以及太阳能光伏发电量评估预报服务。规范开展气候可行性论证工作。制定《深圳市社会投资项目“用地清单制”气候可行性论证工作指引》等文件规范论证业务，开展了前海深港现代服务业合作区、光明科学城等国家重大战略规划的气候可行性论证。

4. 推进气象工作的法制、体制和机制建设。健全气象法规与标准体系。不断夯实气象事业依法发展的基础，在气象服务、预警发布、智能杆探测、雷电防护上制定11件部门规范性文件。开展全国首个气象服务标准化试点工作，主持编制6项行标和13项地标。做好规划引领和融入发展两篇文章。依靠气象行业大网络，为粤港澳大湾区气象发展规划贡献深圳方案，科学编制深圳市气象发展“十一五”“十二五”“十三五”规划，注重规划衔接与落地。推进气象相关任务纳入市相关专项规划，将气象科技成果应用于社会经济发展。科技创新实现一盘棋共研共用。构建“1＋3＋N”气象科技协同创新网络，粤港澳大湾区气象监测预警预报中心成为大湾区气象科技生力军，通过科技合作、业务合作、引智借脑等联合开展核心技术攻关，多项成果辐射至13省19市。建立了稳定地方财政投入机制。15年间，地方财政累计投入超过25亿元，并呈增加趋势。支持建成深圳市天文台、石岩气象观测梯度塔等基础设施和南方强天气研究重点实验室、

CNAS 雷电实验室等科研装置。打造了气象国际交流与合作窗口。与国际科研机构建立了长期合作伙伴关系，3 次成功协办国际会议，国际气象代表多次来深学习交流，60 余人次出国开展国际交流。牵头政府间科技创新合作项目，联合港澳向世界气象组织成功申报“超大城市智慧气象服务公私参与示范项目”。气象人才队伍整体素质不断提升。加强人才精准培养，利用新型科研单位体制优势和湾区政策优势，汇集了中国气象局领军人才、国家特聘专家、深圳市领军人才、国省气象青年英才等 13 位气象专家和 2 支国省气象科技创新团队。

三、工作举措

一是坚持党的全面领导。市委市政府高度重视气象工作，在气象发展重要节点出台体制改革、基础设施建设、科技创新、人才培养等方面政策，不断加大投入，持续推进了三轮气象现代化建设，夯实了气象监测预警预报和智慧服务的基础设施。二是紧紧依靠气象行业大背景大网络。中国气象局、广东省气象局在顶层设计、数据共享、技术引进、产品指导、人才培养等方面给予深圳大力支持，中国气象局党组专门出台《支持深圳气象保障中国特色社会主义先行示范区建设的实施意见》，支持在 10 方面先行示范和改革探索。三是坚持加强部门间协同合作。主动融入智慧城市建设、市域社会治理、城市生命线工程安全建设、新型信息基础设施建设行动计划，融入市区两级应急管理指挥体系，与规划、生态、应急等部门共建共享，与高校、科研院所和企业共研共用，整合全社会资源，形成发展合力。

四、发展建议

在稳步推进工作中也面临新问题和新挑战：一是应对极端灾害性天气定时定点定量定灾的精准预警预报和风险预估能力与城市精细化管理治理的需求仍有差距；二是精细化预警预报核心关键技术不足，应用新技术新手段守护超大城市气象安全的能力有待提升；三是气象服务体制、业务技术体制、关键岗位技术人员编制配置等体制机制改革还需大力推进。

下一步，将以全国气象高质量发展的排头兵为发展目标，积极探索“全灾种监测、全时域响应、全行业研判、全周期服务、全方位赋能”高质量发展新路子。

继续发挥“创新引领、精益求精”两大法宝作用，力争在气象防灾减灾体系、智慧气象服务、气象科技产业发展等三方面先行示范；在综合气象观测体系、资料同化技术、人工智能气象预报技术、预警靶向精准发布技术等四方面竞标争先。勇担“三大使命”（守好防线、赋能发展、一流服务），守好气象防灾减灾第一道防线，赋能经济社会各行各业高质量发展，提供世界一流、普惠共享的公共气象服务。以改革思维和改革办法完善体制机制，协同推进，形成法治先行、项目带动、人才保障、产业支撑的气象高质量发展保障体系。着力推动气象科技产业发展，在气象助力经济发展上拓展新赛道。

（执笔人：刘德峰　刘敦训）

附录一　贯彻落实2006年国务院三号文件大事记

2006年1月4日，国务院总理温家宝主持召开国务院常务会议，研究部署加快气象事业发展工作，会议审议通过《国务院关于加快气象事业发展的若干意见》。

2006年1月12日，《国务院关于加快气象事业发展的若干意见》(国发〔2006〕3号)印发。文件明确了气象事业发展的指导思想、奋斗目标和主要任务，提出到2010年，初步建成结构合理、布局适当、功能齐备的综合气象观测系统、气象预报预测系统、公共气象服务系统和科技支撑保障系统，使气象整体实力达到20世纪末世界先进水平；到2020年，建成结构完善、功能先进的气象现代化体系，使气象整体实力接近同期世界先进水平。若干领域达到世界领先水平。

2006年1月12—13日，2006年全国气象局长会议在北京召开。会议主要贯彻落实《国务院关于加快气象事业发展的若干意见》(国发〔2006〕3号)精神，明确“十五”计划主要任务，提出按照一流装备、一流技术、一流人才、一流台站的要求，进一步强化观测基础，提高预报预测水平，加快科技创新，建设具有世界先进水平的气象现代化体系。

2006年5月18日，中国气象频道正式开播。这是一个全天候提供权威、实用、细分的各类气象信息和其他相关生活服务信息的专业化电视频道。

2006年5月18—19日，以“合作、创新、发展”为主题的全国气象科学技术大会在北京召开。会议由中国气象局、科技部、国防科工委、中国科学院和国家自然科学基金委员会联合主办，是国内首次由多部门共同主办的全国气象科技盛会。会议讨论修改了《气象科学和技术发展规划纲要》。

2006年7月5日，国务院办公厅印发《关于进一步做好防雷减灾工作的通知》(国办发明电〔2006〕238号)。通知要求切实做好雷电天气预测预报工作，提高雷电天气的预报警报水平，及时发布雷电灾害预警信息，认真落实防雷安全措施，进一步加强防雷减灾管理。

2006年7月26日，中国气象局、国家安全生产监督管理总局联合印发《关于进一步加强防雷安全管理工作的通知》(气发〔2006〕199号)。

2006年9月20—22日，2006年全国气象局长工作研讨会在北京召开。会议主要贯彻《国务院关于加快气象事业发展的若干意见》(国发〔2006〕3号)精神，分析气象事业发展、改革、创新所面临的新形势和新任务，研讨气象为社会主义新农村建设服务、业务技术体制改革问题。

2006年12月8日，中国第二颗业务静止轨道气象卫星——风云二号D星在四川西昌卫星发射中心成功发射，实现了中国静止轨道气象卫星双星观测。

2006年12月28—29日，2007年全国气象局长会议在北京召开。会议提出，以深化业务技术体制改革为动力，推动气象事业又好又快发展，部署了研究型业务建设等重点工作任务。

2007年2月18日，中共中央总书记、国家主席、中央军委主席胡锦涛视察甘肃省气象局时指出，气象工作对于提高防灾抗灾能力、保护人民生命财产安全具有十分重要的意义。同时鼓励气象部门要做好气候变化研究，为经济社会可持续发展提供保障，为人民群众福祉安康服务。

2007年5月7—25日，第15次世界气象大会召开。中共中央政治局委员、国务院副总理回良玉向本次大会发送贺电，呼吁世界气象组织促进世界气象事业的和谐发展。

2007年6月1日，风云二号静止轨道气象卫星(风云二号C星和风云二号D星)正式启动双星加密观测模式，每隔15分钟可获取一张卫星云图资料。

2007年6月3日，国务院印发《关于印发中国应对气候变化国家方案的通知》(以下简称《国家方案》)(国发〔2007〕17号)。通知要求充分认识应对气候变化的重要性和紧迫性，明确实施《国家方案》的总体要求，落实控制温室气体排放的政策措施，增强适应气候变化的能力，充分发挥科技进步和创新的作用等。

2007年6月14日，中国气象局、铁道部联合印发《关于做好铁路运输安全气象保障工作的通知》(气发〔2007〕196号)。通知要求各级气象部门、铁路部门要加强协调和配合，建立铁路运输安全气象保障信息交流机制，努力减轻气象灾害对铁路运输安全的不利影响，共同做好铁路运输安全气象保障工作。

2007年7月5日，国务院办公厅印发《关于进一步加强气象灾害防御工作的意见》（国办发〔2007〕49号）。文件要求大力提高气象灾害监测预警水平，切实增强气象灾害应急处置能力，全面做好气象灾害防范工作，进一步完善气象灾害防御保障体系，加强气象灾害防御工作组织领导和宣传教育，努力提高全社会对气象灾害的防范意识。

2007年7月28日，中国气象局、国家发展改革委联合印发《关于印发〈气象事业发展"十一五"规划〉的通知》（气发〔2007〕253号）。规划提出了"十一五"期间气象事业的发展思路、发展目标、重点任务和政策措施。

2007年8月31日—9月3日，2007年全国气象局长工作研讨会在北京召开。会议提出加强顶层设计和系统规划，加快建设中国特色现代气象业务体系，大力推进业务技术体制改革。

2007年9月18日，全国气象防灾减灾大会在北京召开。中共中央政治局委员、国务院副总理回良玉出席会议并做重要讲话。中国气象局局长郑国光做题为《积极应对气候变化，全面防御气象灾害，为构建社会主义和谐社会提供强有力的气象保障》的报告。会议总结近年来气象防灾减灾工作经验，研究气象灾害监测、预警、信息发布、应急管理和防御等方面工作。

2007年9月28日，中国气象局、中国科学技术协会联合印发《关于进一步加强气象防灾减灾和气候变化科普宣传工作的通知》（气发〔2007〕333号）。文件围绕"节约能源资源、保护生态环境、保障安全健康"主题，要求进一步动员全社会力量，加大气象防灾减灾和气候变化科普宣传工作的力度，加强气象灾害预警信息发布、传播和公众防灾减灾知识的科普宣传工作。

2007年9月30日，中国气象局、信息产业部联合印发《关于进一步做好气象灾害应急预警信息发布和传播工作的通知》（气发〔2007〕357号）。文件要求切实加强气象灾害预警信息发布工作，进一步完善灾害性天气的预警机制，切实做好防灾抗灾减灾工作。

2007年10月29日，中国气象局、国家广播电影电视总局联合印发《关于进一步加强广播电视气象灾害预警信息发布工作的通知》（气发〔2007〕378号）。通知要求各级气象部门不断提高突发性气象灾害预警预报的准确率、时效性和精细程度，气象、广电部门要进一步加强合作，建立稳定有效的沟通合作机制，充分发挥各自优势，加大气象科普和防灾减灾知识宣传力度。

2007年11月5日，中国气象局、科学技术部、教育部、国防科学技术工业委员会、中国科学院、国家自然科学基金委员会联合印发《国家气象科技创新体系建设意见》(气发〔2007〕385号)。文件提出到2020年前后，形成符合创新型国家要求，布局合理、任务明确、开放合作、支撑有力的国家气象科技创新体系。

2007年12月13日，《中国气象局关于发展现代气象业务的意见》(气发〔2007〕477号)印发。文件提出用三年左右时间，初步建立基本满足国家需求、结构完善、布局合理、功能齐备、具有世界先进水平的现代气象业务体系；现代气象业务体系的总体结构主要由公共气象服务业务、气象预报预测业务和综合气象观测业务构成，各业务间相互衔接、相互支撑。

2008年1月11—12日，2008年全国气象局长会议在北京召开。会议提出要科学把握《国务院关于加快气象事业发展的若干意见》(国发〔2006〕3号)确定的发展目标，大力建设现代气象业务体系、国家气象科技创新体系和气象人才体系，为到2020年全面建立气象现代化体系打下坚实的基础。

2008年1月10日—2月2日，中国大部地区，尤其是南方地区连续出现了大范围低温雨雪冰冻天气，给人民群众生产生活带来严重影响。中国气象局启动重大气象灾害预警应急响应，气象部门为抗击低温雨雪冷冻灾害提供气象保障服务。

2008年5月8日，中国气象局公共气象服务中心在北京正式挂牌成立。国务院应急办、交通运输部、国土资源部、水利部、农业部等有关部门领导出席了揭牌仪式。中国气象局公共气象服务中心的成立对于强化国家级公共气象服务系统建设、组织开展公众及行业气象服务业务体系建设有重要意义。

2008年5月12日，四川汶川发生里氏8级地震，中国气象局启动地震灾害气象服务应急响应，各级气象部门及时组织开展抗震救灾的各项气象服务工作，为抗震救灾提供气象保障服务。

2008年5月27日，中国新一代极轨气象卫星风云三号A星在太原卫星发射中心发射成功。

2008年5月30日，中共中央总书记胡锦涛、国务院总理温家宝在中国气象局呈送的风云三号A星成功发射及第一张云图接收情况汇报上作出重要批示。胡锦涛总书记指出，要依靠先进科学技术手段，提高气象预报预测能力，搞好各项气象服务，为经济社会发展和人民群众安全福祉作出更大的贡献。温家宝总理强调，要抓紧风云三号A星业务运行和应用，做好气象保障和防灾减灾服务。

2008年7月2日，中国民用航空局、中国气象局联合印发《关于加强天气会商与资料共享合作的通知》（民航发〔2008〕60号），气象与民航两部门将加强观测与探测资料、预警预报和气候资料的共享，合作开发针对重点航路运行的气象预报预警服务产品。

2008年8月8日，第29届夏季奥林匹克运动会在北京开幕。中国气象局按照党中央、国务院关于全力办好奥运会的部署和要求，围绕"有特色、高水平"奥运气象服务目标，为奥运火炬接力珠峰传递和境内外134个城市的传递、奥运会开闭幕式、奥运会体育赛事、城市运行保障、公众出行观赛等提供了出色的气象服务。气象部门在奥运史上首次成功实施人工消（减）雨作业，保障了开幕式、闭幕式顺利进行。

2008年9月7日，中国气象局印发《现代农业气象业务发展专项规划（2009—2015年）》（气发〔2009〕350号）。规划要求坚持气象为农服务不动摇，坚持把气象为农业服务作为首要任务；依靠科技进步，因地制宜，构建适应需求、符合现代农业发展方向的农业气象服务体系，为稳定农业生产和保障国家粮食安全提供优质气象服务。

2008年9月22—25日，2008年全国气象局长工作研讨会在北京召开。会议主要分析和把握了气象事业科学发展面临的新形势、新要求和新任务，深入研讨了影响和制约气象事业科学发展的思想观念、发展方式和体制机制问题，科学谋划了气象事业科学发展的重点、难点和突破点。

2008年9月26日，第五次全国气象服务工作会议在北京召开。会议提出要坚持公共气象的发展方向，建设公共气象服务体系，明确了公共气象服务的定位、内涵、属性和发展思路，坚持把气象服务作为立业之本，坚持公共气象服务引领气象事业发展，不断提高决策气象服务、公众气象服务、专业气象服务和气象灾害防御的能力和水平，努力实现公共气象服务机构实体化、队伍专业化、业务现代化。

2008年11月14日，中国气象局、国家发展改革委联合印发《人工影响天气发展规划（2008—2012年）》（气发〔2008〕471号）。规划以满足国家战略发展，兼顾区域发展、相关行业发展以及地方需求为目的，加强人工增雨（雪）作业示范区建设，科学开发利用空中云水资源，强化人工影响天气基础设施和科技能力建设，加快推进人工影响天气工作体系与能力建设等。

2008 年 11 月 24 日，中国气象局在充分考虑极端天气气候事件发生的新趋势、布局组网的盲区、行业需求及建设运行维持情况等因素的基础上，本着科学选址、合理布局的原则，提出了《新一代天气雷达建设增补站点布局方案》，报送国家发展改革委。

2008 年 12 月 1 日，中国气象局印发《气候可行性论证管理办法》（中国气象局令第 18 号）。2009 年 1 月 1 日起，与气候条件密切相关的政府部门决策需要进行气候可行性论证，否则，发展和改革部门原则上可以不予审批立项。

2009 年 8 月 20 日，国家发展改革委以《关于新一代天气雷达建设增补站点布局方案的批复》（发改农经〔2009〕2168 号）正式批准《新一代天气雷达建设增补站点布局方案》。

2009 年 11 月 20 日，中国气象局、国家电网公司联合印发《关于做好灾害性天气预警和应对工作确保电网安全的通知》（气发〔2009〕418 号）。双方将建立并完善气象灾害预警及防灾联动机制，提升国家电网公司气象信息应用水平，为保障电网安全稳定运行和电力可靠供应发挥重要作用。

2009 年 12 月 6—7 日，2009 年全国气象局长工作研讨会在北京召开。会议强调要进一步提高对气象事业发展战略规划和顶层设计工作重要性的认识，集中各方面的力量和智慧做好“十二五”事业发展规划编制工作。

2009 年 12 月 8 日，中国气象局成立 60 周年庆祝大会在北京隆重举行，胡锦涛总书记对气象工作作出重要指示。胡锦涛总书记指出，气象事业关系国计民生。随着全球气候变化加剧和我国经济社会快速发展，气象工作的作用日益突出，任务更加繁重。希望各级气象部门和广大气象工作者切实增强责任感和紧迫感，努力探索和掌握气候规律，大力推进气象科技创新，不断提高气象预测预报能力、气象防灾减灾能力、应对气候变化能力、开发利用气候资源能力，进一步推动我国气象事业实现更大发展，为全面建设小康社会、加快推进社会主义现代化提供有力保障，为改善全球气候环境、促进人类社会可持续发展作出积极贡献。

2009 年 12 月 11 日，国务院办公厅印发《关于印发国家气象灾害应急预案的通知》(国办函〔2009〕120 号)，文件明确发生跨省级行政区域大范围的气象灾害，并造成较大危害时，由国务院决定启动相应的国家应急指挥机制，统一领导和指挥气象灾害及其次生、衍生灾害的应急处置工作；高温、沙尘暴、雷电、大风、霜冻、大雾、霾等灾害由地方人民政府启动相应的应急指挥机制或建立应急指挥机制负责处置工作，国务院有关部门进行指导。

2009 年 12 月 11 日，中共中央政治局常委、国务院总理温家宝到中国气象局考察，提出加强气象灾害监测预报、提高气象服务质量、积极应对气候变化、加强气象工作法制建设等四点工作要求。中共中央政治局委员、国务院副总理回良玉一同参加考察。

2010 年 1 月 7—8 日，2010 年全国气象局长会议在北京召开。会议研究部署了气象灾害防御规划、农业气象服务等任务，进一步推动气象事业实现更大发展。

2010 年 1 月 9 日，中国气象局、国家发展改革委联合印发《国家气象灾害防御规划(2009—2020)年》(气发〔2010〕7 号)。这是中国第一个由国家批准的气象防灾减灾专项规划，明确未来十年气象防灾减灾工作的指导思想、奋斗目标、主要任务和保障措施，是指导今后一个时期气象防灾减灾工作的纲领性文件。

2010 年 1 月 20 日，国务院总理温家宝主持召开国务院第 98 次常务会议，审议并原则通过《气象灾害防御条例(草案)》。27 日，国务院公布《气象灾害防御条例》(国务院令第 570 号)。它的颁布实施，标志着我国气象灾害防御工作步入了依法管理的轨道，对于我国的气象法制建设以及加强气象灾害防御工作、保障人民生命财产安全等都具有重要意义。

2010 年 3 月 12 日，中国气象局印发《天气研究计划(2009—2014 年)》《气候研究计划 (2009—2014 年)》《应用气象研究计划(2009—2014 年)》《综合气象观测研究计划(2009—2014 年)》。"四项研究计划"主要明确了 2009—2014 年天气、气候、应用气象和综合气象观测领域内气象应用研究和技术开发的总体目标、重点领域、优先主题和主要研发任务。

2010 年 5 月 11 日，人力资源和社会保障部、财政部印发《关于同意提高艰苦气象台站津贴标准的函》(人社部函〔2010〕145 号)，对一至六类艰苦气象台站津贴标准进行了相应调整。

2010年7月21日，中国气象局组织开展《国务院关于加快气象事业发展的若干意见》(国发〔2006〕3号)贯彻执行情况评估工作，针对文件五年来的贯彻落实情况，特别是第一阶段奋斗目标的完成情况开展评估。

2010年7月29日，国家旅游局、中国气象局联合印发《关于做好旅游气象服务工作的通知》(旅办发〔2010〕108号)。通知指出，要尽快建立旅游、气象部门常态化的沟通合作机制。各级旅游、气象部门要加强联系和沟通，促进双方合作交流和信息共享。加强旅游景区气象灾害防御，加强和规范旅游气象信息的发布，加强旅游气象专业服务产品研发，在建立旅游气象服务示范区等方面开展深入的合作。

2010年8月31日，交通运输部、中国气象局联合印发《关于进一步加强公路交通气象服务工作的通知》(交公路发〔2010〕108号)。通知要求各地公路交通、气象部门围绕公路交通气象服务需求，在高速公路、国省干线公路以及由公路部门管养的重点旅游公路沿线，积极推动建立专门的交通气象观测站网和视频实景观测系统，使公路交通气象服务更智能化、人性化。

2010年9月21日，中央机构编制委员会办公室批复，同意海南省气象局实行中国气象局与海南省人民政府双重领导、以中国气象局领导为主的管理体制。

2011年1月12—14日，2011年全国气象局长会议在广东东莞召开。会议指出，《国务院关于加快气象事业发展的若干意见》(国发〔2006〕3号)文件确定的第一步奋斗目标已顺利实现，"十一五"规划确定的任务业已完成。"十二五"时期，气象部门要以转变发展方式为主线，坚持公共气象的发展方向，坚持把提高气象服务水平放在首位，不断深化改革和扩大开放，大力推进气象科技创新，加强"四个一流"建设，不断提高"四个能力"，构建整体实力雄厚、初具世界先进水平的气象现代化体系，为经济发展、社会进步、保障民生和国家安全提供一流的气象服务。

2011年3月11日，日本发生里氏9级地震，引发海啸并导致福岛核泄漏。中国气象局首次启动世界气象组织和国际原子能机构北京区域环境紧急响应中心的核应急响应系统，向国务院及相关部门提供核事故环境影响服务材料。

2011年3月15日，在中国气象卫星事业40周年之际，中共中央政治局常委、国务院总理温家宝对气象卫星工作做出重要指示。温家宝总理指示，我们国家一定要成为世界上卫星探测的先进国家。有了风云气象卫星，我们才能够掌握先进的科学技术，在国际上才能够有话语权，才能够更好地为气象服务。有了风云气象卫星，我们在应对气候变化方面才能够有准确的科学数据，才能够为国家经济社会可持续发展服务。下个十年，风云气象卫星还要有更大发展，必须保证风云气象卫星研制的资金，必须保证气象卫星有备份并稳定运行。中共中央政治局委员、国务院副总理回良玉向中国气象局发来贺信。回良玉副总理在贺信中表示，气象卫星是气象现代化水平的重要标志。希望广大航天和气象科技工作者继续以服务国家、支撑发展为己任，发扬“两弹一星”精神，大力推进科技创新，不断提升我国气象卫星现代化水平，不断提高气象卫星应用能力和效益，不断增强气象防灾减灾、应对气候变化和开发利用气候资源的能力和水平，为全面建设小康社会、加快推进社会主义现代化作出新的更大贡献！

2011 年 3 月 17 日，世界气象组织秘书长米歇尔·雅罗发来贺信，赞扬中国气象卫星事业 40 年取得的成就以及为全球气象事业做出的贡献，期盼中国气象局保持高水平发展和成绩，造福中国乃至世界各国人民。

2011 年 5 月 13 日，中国气象局完成《国务院关于加快气象事业发展的若干意见》(国发〔2006〕3 号)文件中期评估工作，将《中国气象局贯彻实施〈国务院关于加快气象事业发展的若干意见〉评估报告》上报国务院。

2011 年 5 月 16 日—6 月 3 日，第 16 次世界气象大会在瑞士日内瓦召开。中共中央政治局委员、国务院副总理回良玉向大会致信，表示中国政府高度重视气象事业发展，作为最大发展中国家，中国将积极参与世界气象组织的各项计划和活动，并为这些计划的实施做出力所能及的贡献。

2011 年 7 月 11 日，国务院办公厅印发《关于加强气象灾害监测预警及信息发布工作的意见》(国办发〔2011〕33 号)，提出以保障人民生命财产安全为根本，以提高预警信息发布时效性和覆盖面为重点，进一步完善气象灾害监测预报网络，加快推进信息发布系统建设，积极拓宽预警信息传播渠道，着力健全预警联动工作机制。

2011 年 8 月 1 日，中国气象局、国家发展改革委、财政部、国家能源局向国务院呈报《关于全国风能资源详查和评价工作情况的报告》。自 2008 年起，由中国气象局牵头组织实施的全国风能资源详查和评价工作，首次获得了全国150米高度下每间隔10米、水平1000米分辨率的风能资源详查成果，详细掌握了我国风能资源的立体分布特征及开发潜力，提出了我国未来风能资源开发的重点区域。

2011年9月23—26日，2011年全国气象局长工作研讨会在北京召开。会议提出，要牢牢把握科学发展主题和转变发展方式主线，努力推动气象现代化体系建设。

2011年12月5日，中国气象局、国家发展改革委联合印发《气象发展规划(2011—2015年)》(气发〔2011〕100号)，以科学发展为主题，以转变发展方式为主线，全面落实《国民经济和社会发展第十二个五年(2011—2015年)规划纲要》、《国务院关于加快气象事业发展的若干意见》(国发〔2006〕3号)相关部署。7日，国家发展改革委与中国气象局在京联合召开工作会议，发布《气象发展规划(2011—2015年)》，对协同推进实施工作进行部署，各省(区、市)及计划单列市发展改革委、气象局代表参加会议。

2012年1月4日，中国气象局党组印发《关于推进气象文化发展的意见》(中气党发〔2012〕1号)。这是中国气象局党组贯彻落实《中共中央关于深化文化体制改革推动社会主义文化大发展大繁荣若干重大问题的决定》精神、全面推进气象文化发展、增强气象软实力的重要举措。

2012年5月22—23日，第三次全国人工影响天气工作会议在北京召开。中共中央政治局委员、国务院副总理回良玉出席会议作重要讲话，强调各地区、各有关部门要把人工影响天气工作纳入经济社会发展规划，纳入政府公共服务体系和目标管理体系；强化投入保障，抓好人工影响天气发展规划的落实，持续加大公共财政的投入。

2012年5月24日，中国气象局印发《关于推进率先基本实现气象现代化试点的指导意见》(气发〔2012〕44号)，决定开展率先基本实现气象现代化试点，提出了试点工作目标要求、主要任务和保障措施。

2012年5月31日，中共中央政治局委员、国务院副总理回良玉在安徽省寿县听取气象为农服务工作汇报时指出，气象工作不仅对农业生产有直接影响，而且与人民群众日常生产生活息息相关，受到各级党委、政府的高度重视和广大老百姓的高度关心和支持。安徽地处江淮分水岭，气象灾害频发，做好气象工作尤为重要。

2012年8月24—27日，2012年全国气象局长工作研讨会在北京召开。会议总结党的十七大以来气象事业发展的成就和经验，深入研讨气象现代化、县级气象机构综合改革等事关全局发展的重大问题。

2012年8月26日，国务院办公厅印发《关于进一步加强人工影响天气工作的意见》(国办发〔2012〕44号)。文件要求到2020年，建立较为完善的人工影响天气工作体系，基础研究和应用技术研发取得重要成果，基础保障能力显著提升，协调指挥和安全监管水平得到增强，服务经济社会发展的效益明显提高。

2012年8月29日，国务院公布《气象设施和气象探测环境保护条例》(国务院令第623号)。该条例为保护气象设施和气象探测环境，确保气象探测信息的代表性、准确性、连续性和可比较性，从人员责任、建设方式、行为规范等方面提供了明确的要求，自2012年12月1日正式施行。

2012年12月26日，中国气象局印发《气象科普发展规划(2013—2016年)》(气发〔2012〕110号)。文件提出面向发展公共气象服务需求，面向未成年人、农民、城镇劳动者、社区居民、领导干部和公务员等重点人群，大力普及气象科学知识。到2016年，基本实现气象科普业务化、常态化、社会化和品牌化发展，实现气象科普融入气象业务服务，形成科学有效的气象科普业务流程，构建"政府推动、部门协作、社会参与"的气象科普工作社会化格局，着力打造一批较有影响力的气象科普品牌，使气象科普成为提高全民科学素质和公共气象服务效益的重要内容。

2013年1月14—15日，2013年全国气象局长会议在辽宁沈阳召开。会议强调坚持公共气象发展方向，深化改革开放，着力提高发展质量。紧紧依靠科技进步，全面推进气象现代化，大力提升气象业务、基层基础工作和区域协调发展能力。紧紧围绕经济社会发展需求，全力做好防灾减灾、促进经济社会发展和生态文明建设的气象服务，为全面建成小康社会作出新的更大的贡献。

2013年3月30日，中共中央政治局委员、国务院副总理汪洋到中国气象局调研时强调，党中央、国务院历来关心气象工作，尤其是从中央几代领导同志对气象工作的重要指示中，可以反映出气象工作的重要性不断提升、作用日益凸显。这些年来，在党中央、国务院坚强领导下，广大气象工作者勤奋工作，共同努力，开创了人民群众基本满意，党中央、国务院认为十分得力，在国际社会上拥有一席之地的格局，这非常难得。广大气象工作者要进一步提高气象服务水平，保障经济社会发展，为中华民族伟大复兴作出新的更大贡献。

2013年5月31日，中国气象局公布《关于修改〈防雷减灾管理办法〉的决定》（中国气象局令第24号）、《关于修改〈防雷工程专业资质管理办法〉的决定》（中国气象局令第25号）。

2013年6月5日，中国气象局印发《关于全面推进气象现代化工作的通知》（气发〔2013〕48号），提出建立适应需求、结构完善、功能先进、保障有力的气象现代化体系，建立与气象现代化体系相适应的新型事业结构，全面提升气象保障全面建成小康社会的能力。

2013年7月26日，中共中央政治局委员、国务院副总理、国家防汛抗旱总指挥部总指挥汪洋到吉林省气象局天气预报预警中心了解汛情和天气形势，对气象防灾减灾、为农服务等工作提出明确要求。

2013年9月10日，中国气象局、国家标准化管理委员会联合印发《中国气象局、国家标准化管理委员会关于印发〈气象标准化管理规定〉的通知》（气发〔2013〕82号）。该规定从组织分工、标准的制修订、标准的实施与监督、奖励与处罚等方面提出了具体要求，对规范气象标准化工作的统一管理与协调，促进气象事业科学发展起到重要作用。

2013年10月31日，全球气候观测系统（GCOS）中国委员会审议通过了《中国气候观测系统实施方案（2013修订）》。《中国气候观测系统实施方案（2013修订）》与《全球气候观测系统实施计划（IP10）》高度统一、紧密衔接，具体行动计划贴合我国"十二五"发展规划。

2013年11月18日，国家发展改革委、财政部、中国气象局等9部委联合印发《关于印发国家适应气候变化战略的通知》（发改气候〔2013〕2252号）。这是我国第一部专门针对适应气候变化方面的战略规划，指导了我国各省、自治区、直辖市及新疆生产建设兵团编制省级适应气候变化方案，对提高国家适应气候变化综合能力意义重大。

2013年12月11日，中共中央政治局委员、国务院副总理汪洋在《河南省人民政府关于加快推进气象现代化的意见》上作出批示，指出河南省重视气象这种基础性的公益事业，是正确的政绩观的表现，也必将既利当前又利长远。

2014 年 1 月 15 日，中国气象局印发《关于印发加强城市气象防灾减灾和公共气象服务体系建设指导意见的通知》（气发〔2014〕5 号），提出建设城市“两个体系”，进一步提高城市气象灾害防御能力，让城市生活更安全。

2014 年 1 月 21 日，国家级气象现代化暨深化气象改革第一次推进会在北京召开，明确全面推进国家级气象现代化的核心业务、技术，制定合理的攻关措施和评价指标。

2014 年 4 月 23—24 日，中国气象局与欧洲中期天气预报中心（ECMWF）首次双边会议举行并签署合作协议。

2014 年 5 月 8 日，国家级气象现代化暨深化气象改革第二次推进会在北京召开，强调各责任单位要强化责任担当意识，积极兑现承诺，在核心技术上实现突破。

2014 年 5 月 13 日，2014 年全国气象局长工作研讨会在北京召开。会议深入学习贯彻习近平总书记系列重要讲话精神，围绕全面推进气象现代化，深入研讨全面深化气象改革重大问题。

2014 年 5 月 20 日，中共中国气象局党组印发《关于全面深化气象改革的意见》，对全面深化气象改革进行了全面部署。同日，中国气象局印发《省级气象现代化指标体系和评价实施办法（试行）》，要求各省（自治区、直辖市）气象局结合各地实际情况，制定、完善适用于政府主导的气象现代化指标体系和评价办法，推动地方政府开展气象现代化指标评价工作。

2014 年 8 月 31 日，第十二届全国人民代表大会常务委员会第十次会议审议修订了《中华人民共和国气象法》，将第二十一条修改为“新建、扩建、改建建设工程，应当避免危害气象探测环境；确实无法避免的，建设单位应当事先征得省、自治区、直辖市气象主管机构的同意，并采取相应的措施后，方可建设”。

2014 年 9 月 3—30 日，国家质量监督检验检疫总局、国家标准化管理委员会颁布《气象探测环境保护规范·地面气象观测站》（GB 31221—2014）、《小型水力发电站汇水区降水资源气候评价方法》（GB/T 31153—2014）等 4 项强制性国家标准和 13 项气象领域国家标准，并于 2015 年 1 月 1 日实施。

2014 年 10 月 14 日，中国气象局印发《国家级气象业务现代化目标任务和评价方案(2014—2020年)》。文件明确了国家级气象业务现代化目标任务，建立了监测评价体系，以指导和推进国家级业务科研单位现代化建设。

2014年10月30日，中国气象局印发《国家气象科技创新工程(2014—2020年)实施方案》(气发〔2014〕98号)，围绕国家级气象业务现代化重大核心技术突破，明确高分辨率资料同化与数值天气模式、气象资料质量控制及多源数据融合与再分析、次季节至季节气候预测和气候系统模式等攻关任务。

2014年10月31日，第六次全国气象服务工作会议在北京召开。会议总结了6年来气象服务的成绩与经验，明确了新时期气象服务体系的内涵、特征，提出了气象服务体系建设思路以及目标任务。

2014年11月25日，国家级气象现代化暨深化气象改革第三次推进会在北京召开，强调认真贯彻落实好《国家级气象业务现代化目标任务和评价方案(2014—2020年)》和《国家气象科技创新工程实施方案(2014—2020年)》(气发〔2014〕98号)和中国气象局党组关于全面深化气象改革的各项决策部署，扎实推进国家级气象现代化和深化改革工作。

2014年12月17日，国家发展改革委、中国气象局印发《全国人工影响天气发展规划(2014—2020年)》(发改农经〔2014〕2864号)，提出了人工影响天气的组织管理体制和业务运行机制。该规划是此后一段时期内全国人工影响天气发展的行动纲领。

2014年12月31日，风云二号G星在西昌卫星发射中心发射成功。至此，中国共有极轨气象卫星风云三号A星、B星、C星，静止气象卫星风云二号D星、E星、F星、G星，七星同时在轨运行，实现了"多星在轨、统筹运行、互为备份、适时加密"的观测格局，大大地提高了中国气象监测预报预警的水平。

2015年1月8日，国家级气象现代化暨深化气象改革第四次推进会在北京召开，就落实好国家级气象现代化目标任务和国家气象科技创新工程攻关任务、突破重大核心技术、带动全国气象现代化发展等问题进行研讨，并研究部署推进国家级气象现代化相关工作。

2015年1月22日，2015年全国气象局长会议在陕西西安召开。会议强调，要主动适应经济发展新常态，坚持公共气象发展方向，坚持以提高气象事业发展质量和效益为中心，加快转变气象事业发展方式，狠抓改革攻坚，突出创新驱动，强化法治建设，全面推进气象现代化，全面提升气象保障全面建成小康社会的能力和水平。

2015 年 2 月 3 日，中国气象局、教育部联合印发《关于加强气象人才培养工作的指导意见》（教高〔2015〕2 号）。文件深入贯彻《国务院关于加快气象事业发展的若干意见》（国发〔2006〕3 号）相关要求，创新气象人才培养机制，围绕人才结构、培养标准、实习实训等方面给予政策指导和支持。

2015 年 4 月 13 日，中国气象局印发《气象科技骨干海外培养项目实施办法（试行）》（气发〔2015〕23 号）。该办法按照“管理更规范，服务更到位，效益更突出”的总体要求，围绕让更多科技人才走出去、有成果、出效益，为出国访问进修提供更好的服务和管理保障。

2015 年 4 月 20 日，气象教育工作座谈会暨中国气象人才培养联盟成立大会召开。21 日，中国气象人才培养联盟理事会第一次会议在北京召开，表决通过《中国气象人才培养联盟章程》。

2015 年 5 月 18 日，国家预警信息发布中心正式启动，标志着我国突发事件预警信息发布工作进入常态化运行阶段。国家预警信息发布中心承担国家突发事件预警信息发布系统建设任务，对接社会媒体信息传播资源，为相关部门提供预警信息综合发布渠道，实现突发事件预警信息的权威统一发布，提高预警信息发布时效性和覆盖面。6 月 30 日，国务院办公厅印发《国家突发事件预警信息发布系统运行管理办法（试行）》（国办秘函〔2015〕32 号）。

2015 年 5 月 25 日—6 月 12 日，第 17 次世界气象大会在瑞士日内瓦召开。中共中央政治局委员、国务院副总理汪洋向大会致贺电，表示中国政府将继续把气象事业置于优先地位，贯彻“公共气象、安全气象、资源气象”的发展理念，坚持需求导向，坚持深化改革，依靠创新驱动，不断提高气象防灾减灾能力、应对气候变化能力和生态文明建设能力，为推动经济发展、社会进步、保障民生和国家安全提供优质的气象服务。

2015 年 8 月 11 日，中国气象局印发《〈国家级气象业务现代化指标体系和监测评价实施办法（修订版）〉和〈省级气象现代化指标体系和评价实施办法（修订版）〉》（气发〔2015〕55 号），进一步修订完善了国家级、省级气象现代化指标体系和评价实施办法，提高气象现代化评价体系的科学性、合理性和可操作性。

2015 年 8 月 11 日，风云卫星组网观测业务布局调整工作顺利完成。风云二号 G 星在东经 105°、E 星在东经 86.5°正式业务运行，风云二号 D 星在东经 123.5°在轨备份，实现了风云二号汛期加密观测模式下卫星业务切换无缝衔接的目标。

2015 年 8 月 13 日，中共中央政治局委员、国务院副总理汪洋赴西藏那曲气象局调研指导工作指出，西藏气象事业正处于大有作为的发展机遇期，要努力提高气象预报服务能力，加强基层气象基础建设，不断拓宽服务领域，为把握气候规律、服务经济社会发展大局作出更大的贡献。

2015 年 8 月 31 日，中美大气科技合作联合工作组第 19 次会议在美国马里兰州举行，中国气象局和美国国家海洋与大气管理局签署了《中美大气科技合作议定书》延长协议，并确定了双方在气候与季风、开发性研究、数值天气预报、气象现代化、卫星气象、培训等六个领域的合作项目。

2015 年 8 月 31 日，中共中央政治局常委、国务院副总理张高丽同志视察中国气象局，重点检查指导"9・3"纪念活动期间气象保障服务、大气污染防治和空气质量保障工作，强调要密切跟踪监测空气质量变化形势，加强联防联控和督查检查，扎实落实保障工作方案要求。

2015 年 9 月 3 日，中加气象科技合作联合工作组第 14 次会议在加拿大举行，双方共同签署了《中加气象科技合作联合工作组第 14 次会议会谈纪要》。双方将继续在健康与安全、地球观测、气候变化、可持续发展及高级管理和业务培训等五个领域展开合作。

2015 年 9 月 29 日，中国气象局印发《基本气象资料和产品共享目录》。目录所列的 5 类 17 种基本气象资料和产品正式提供共享服务，公众可以免费获取和使用目录所列的气象资料和产品。

2015 年 11 月 26 日，中国气象局与国家林业局合作框架协议签署，协议双方将协同推进森林防火、沙尘暴监测、林业有害生物防治、应对气候变化等工作，提高林业与气象的科学化、现代化、信息化水平。

2015 年 12 月 6 日，第七次全国气象预报工作会议在北京召开。会议总结 2010 年以来气象预报业务发展的成就和经验，研究部署"十三五"时期全面推进气象预报业务现代化的重点任务。

2015 年 12 月 21 日，中国气象局党组印发《关于防雷减灾体制改革的意见》（中气党发〔2015〕53 号）。文件以防雷减灾安全为主线，从防雷减灾的管理、业务、服务以及体制机制等方面通盘考虑，明确提出了构建防雷减灾安全责任体系、强化防雷减灾行政审批管理、开放防雷减灾服务市场、强化防雷减灾服务市场监管、提升防雷减灾业务能力与公共服务水平、完善防雷减灾工作机制等六项改革任务。

2015 年 12 月 31 日，我国自主研发的新一代全球数值预报系统（GRAPES-GFSV 2.0）通过业务化评审。2016 年 6 月 1 日，该系统正式业务运行。

2016 年 1 月 26 日，中国气象局印发《关于现代气象预报业务发展规划（2016—2020 年）》（气发〔2016〕1 号），规划用五年时间建成"预报预测精准、核心技术先进、业务平台智能、人才队伍强大、业务管理科学"的现代气象预报业务体系，推进气象预报业务向无缝隙、精准化、智慧型方向发展，不断提高气象预报准确率和精细化水平。

2016 年 6 月 24 日，国务院印发《关于优化建设工程防雷许可的决定》（国发〔2016〕39 号），根据简政放权、放管结合、优化服务协同推进的改革要求，减少建设工程防雷重复许可、重复监管，切实减轻企业负担，进一步明确和落实政府相关部门责任，加强事中事后监管，保障建设工程防雷安全。

2016 年 8 月 26 日，中国气象局、国家发展改革委联合印发《关于印发全国气象发展"十三五"规划的通知》（气发〔2016〕62 号），明确提出"十三五"时期全国气象事业发展的指导思想、发展目标、主要任务和重点工程。

2016 年 9 月 10 日，中国气象局与印度尼西亚气象、气候和地球物理局气象和气候领域合作联合工作组第一次会议在广西南宁举行。讨论确定中印尼气象、气候领域合作联合工作组的工作机制，审议批准未来合作计划。

2016 年 9 月 13 日，中国气象局印发《中国气象局气象现代化领导小组关于推进气象现代化"四大体系"建设的意见》（气办发〔2016〕20 号），对建设以信息化为基础的无缝隙、精准化、智慧型的现代气象监测预报预警体系，建设政府主导、部门主体、社会参与的现代公共气象服务体系，建设聚焦核心技术、开放高效的气象科技创新和人才体系，建设以科学标准为基础、高度法治化的现代气象管理体系提出指导性意见。

2016年10月28日，中国民用航空局、中国气象局、中国香港特别行政区政府香港天文台联合举行关于联合建设亚洲航空气象中心协议的签字仪式。

2016年11月15日，中国气象局等11部委联合印发《关于贯彻落实国务院关于优化建设工程防雷许可的决定的通知》（气发〔2016〕79号），进一步深化防雷减灾体制改革，强化防雷安全监管。

2016年12月11日，风云四号01星的成功发射，正式拉开中国静止轨道气象卫星升级换代的序幕。它是我国首颗静止轨道上三轴稳定的定址遥感卫星，在多方面实现重大技术突破。风云四号01星观测数据可广泛应用于数值天气预报、气候变化分析、生态环境监测等。

2016年12月20日，全国综合气象信息共享系统（CIMISS）投入业务运行，实现了国家级、省级数据同步和实时历史数据一体化管理，标志着统一数据环境正式建立，标准、统一支撑气象核心业务系统的数据生态初步形成。

2017年5月2日，国家发展改革委正式批复《气象雷达发展专项规划（2017—2020年）》，明确了规划期内气象雷达的发展目标、总体布局和建设任务，对气象雷达实现全行业共建共用共享做出要求。

2017年5月14日，"一带一路"国际合作高峰论坛召开，中国气象局与世界气象组织签署了《中国气象局与世界气象组织关于推进区域气象合作和共建"一带一路"的意向书》。双方将通过加强区域气象交流合作，积极推进"一带一路"建设的气象服务保障工作，开展减轻灾害风险、气候服务、综合观测、研究与能力发展等多领域的合作，提升区域气象灾害监测预测预警和应对气候变化能力。

2017年5月17日，世界气象组织执行理事会第69次届会通过并公布首批60个世界气象组织百年气象站名单，呼和浩特、长春、营口气象站和香港天文台成功入选。

2017年5月25日，中国气象局印发《关于印发"十三五"生态文明建设气象保障规划的通知》（中气函〔2017〕114号），围绕提升生态系统气象灾害防御、生态保护与修复、大气污染防治、适应气候变化等重点领域气象保障能力，明确七大任务、六大工程，到2020年，初步建成保障生态文明建设和生态安全、气候安全的现代化气象观测、预报、预警、服务综合体系。

2017年6月30日，中国气象局与中国电子科技集团公司签订了深化合作框架协议。

2017年9月26日,《中国气象发展指数报告(2017)》首次公开发布。报告由新华社和中国气象局联合编制,全面客观地评估了中国气象事业发展质量和效益,展示了气象发展的“中国贡献”。

2017年12月12日,中国气象局印发《关于加强生态文明建设气象保障服务工作的意见》(气发〔2017〕79号),认真落实党中央、国务院关于推进生态文明建设的重大决策部署,指导各级气象部门统一思想,大力提升生态文明建设气象保障服务能力和水平,更好地履行气象部门职责。

2017年12月19日,中国气象局印发《气象“一带一路”发展规划(2017—2025年)》(气办发〔2017〕36号),贯彻落实《推动共建丝绸之路经济带和21世纪海上丝绸之路的愿景与行动》,加强与“一带一路”沿线国家在气象领域的交流与合作,充分发挥气象在推进“一带一路”建设中的重要支撑保障作用。

2017年12月26日,中国气象局印发《气象信息化发展规划(2018—2022年)》(气发〔2017〕86号),提出2018—2022年全国气象信息化发展的指导思想、目标、任务、建设工程。

2017年12月27日,中国气象局、农业部联合印发《关于认定第一批特色农业气象服务中心的通知》(气办发〔2017〕36号),针对苹果、设施农业、甘蔗、烤烟、橡胶、茶叶、柑橘、都市农业、枸杞和棉花生产建立10个特色农业气象服务中心,大力提高农业气象灾害监测预报预警水平,服务特色农产品优势区建设,助力乡村振兴和打赢脱贫攻坚战。

2017年12月29日,中国气象局印发《关于加强气象防灾减灾救灾工作的意见》(气发〔2017〕89号)。文件贯彻落实《中共中央国务院关于推进防灾减灾救灾体制机制改革的意见》要求,指导各级气象部门做好新时代气象防灾减灾救灾工作,更好地发挥气象在国家综合防灾减灾救灾中的作用。

2018年1月6日,世界气象中心(北京)正式挂牌运行。全球共有9个世界气象中心,即美国华盛顿、俄罗斯莫斯科、澳大利亚墨尔本、欧洲中期天气预报中心、英国埃克塞特、加拿大蒙特利尔、日本东京、中国北京和德国奥芬巴赫。中国是发展中国家中唯一一个世界气象中心。6月,世界气象组织执行理事会第70次届会批准认定中国的国家气象中心为“海洋气象服务区域专业气象中心”。

2018年4月10日，中共中央政治局委员、国务院副总理胡春华来中国气象局视察。

2018年4月24日，中国风云卫星国际用户防灾减灾应急保障机制发布，为“一带一路”沿线国家防灾减灾救灾提供信息保障。

2018年5月10日，中国气象局印发《智能网格预报行动计划(2018—2020年)》，提出以无缝隙、全覆盖、精准化、智慧型为发展方向，建成“预报预测精准、科技支撑有力、核心技术自控、系统平台智能、人才队伍优化、管理科学高效”的从零时刻到月、季、年的智能网格预报业务体系，初步具有“全球监测、全球预报、全球服务”能力。

2018年6月5日，风云二号H星发射升空，其观测范围西至中非，东至大洋洲，可24小时不间断为“一带一路”沿线国家开展专属服务，提供天气预报、防灾减灾救灾所需数据支撑。同时，国防科工局、中国气象局与亚太空间合作组织签署风云气象卫星应用合作意向书，正式确定将风云二号H星定点位置西移7.5°。

2018年6月22日，中国气象局和世界气象组织“一带一路”气象合作会议在瑞士日内瓦世界气象组织总部召开，落实习近平主席在上海合作组织青岛峰会上做出的“中方愿利用‘风云二号’气象卫星为各方提供气象服务”承诺，促进国际和区域气象合作，加强地区气象交流。

2018年8月11日，中国气象局印发《全面推进气象现代化行动计划(2018—2020年)》(气发〔2018〕65号)，提出提升信息化水平、推动核心技术攻坚、推动智慧气象业务发展、提升国家战略举措气象保障能力、提升科学管理水平、加强基层建设6大类28项重点任务。

2018年9月4日，气象卫星合作被列入《中非合作论坛——北京行动计划(2019—2021年)》，将在“一带一路”沿线国家搭建国际用户应急保障机制、提高国际用户遥感应用水平、开展多层次的科技人才交流与合作等方面发挥作用。

2018年9月14日，全国人工影响天气工作座谈会在京召开，中共中央政治局委员、国务院副总理胡春华出席会议并讲话。胡春华指出，要顺应经济社会发展对人工影响天气工作提出的新要求，大力推进科学作业、精准作业、安全作业，全面提升人工影响天气工作质量和效益；要加强基础研究和应用技术研发，加快科技成果转化应用，提升创新驱动发展水平；要强化安全监管，提高事故应急处置能力，确保不发生责任事故；要完善投入机制，健全法规规范，优化机构队伍，强化对人工影响天气工作的组织保障。

2018年9月19日，全国气象现代化推进会在北京召开，进一步明确新时代全面推进气象现代化的总体目标和要求，研讨细化各领域气象现代化工作思路和落实举措，形成全国上下思想统一、思路清晰、贯彻到位、落实得力的气象现代化工作新局面，推动气象现代化高质量发展。

2018年11月2日，中国气象局印发《全国地面气象观测自动化改革方案》（气发〔2018〕83号），将地面气象观测项目优化调整为39项，取消台站日常守班、人工定时观测等7项任务。通过配备自动观测设备以及应用卫星遥感等技术，逐步实现人工观测项目自动化。同时，建立健全与地面气象观测自动化相适应的标准规范规章。2019年6月15日，地面气象观测自动化改革在全国试运行。

2019年1月29日，国产"派"曙光高性能计算机系统建成并投入业务运行。系统峰值运算速度达8000万亿次每秒，完成了GRAPES全球模式和"睿图"模式等移植。

2019年2月15日，中国气象局与应急管理部签署关于建立应急管理与气象监测预报预警服务联动工作机制的框架协议。

2019年6月3—14日，第18次世界气象大会召开。中国代表团提出包括"全球监测、全球预报、全球服务"的发展理念和人道主义援助以及加大多灾种早期预警系统和服务人道主义项目等系列方案，为促成大会达成历史性成果做出重要贡献。中国气象局分别与莫桑比克、阿曼气象部门签署风云气象卫星应用合作协议，并与南非、纳米比亚气象部门商谈深化合作，深入推进"一带一路"气象合作。

2019年9月19日，中共中央政治局委员、国务院副总理胡春华到中国气象局考察庆祝新中国成立70周年活动气象保障服务工作。胡春华副总理强调，成功举办庆祝新中国成立70周年活动，离不开高效有力的气象保障服务，并提出强化精准预报、提高气象信息服务的质量和水平、牢固树立底线思维、进一步开展演练演习等四方面的要求。

2019年10月1日，气象部门充分应用各项气象现代化建设成果，准确及时提供主动高效的精细智能预报，圆满完成新中国成立70周年庆祝活动气象保障任务。

2019年10月11日，中国气象局印发《人工影响天气“耕云”行动计划（2020—2022年）》（气发〔2019〕73号）。文件提出要坚持人工影响天气基础性、公益性工作定位，完善体制机制，以建立人工影响天气研究型业务、趋利型服务、减灾型保障为主攻方向，以提高科学作业、精准作业、安全作业能力为重点，实施人工影响天气国家重大战略实施和重点领域保障行动、现代化提升行动、安全提升行动等“三项行动”，强化人工影响天气服务保障作用。

2019年11月11日，中国气象局印发《气象观测技术发展引领计划（2020—2035年）》（气发〔2019〕90号），明确将实施创新驱动发展战略，构建以企业为主体，产学研用协同促进的气象观测技术装备发展体系，加快现代信息技术与气象观测深度融合应用，破解气象观测核心和关键技术难题，重点提升观测业务智能化、协同化和社会化水平。

2019年11月15日，中国气象局、国家航天局召开首届风云气象卫星国际用户大会。会议围绕推进风云气象卫星全球综合应用，更好地服务“一带一路”沿线国家用户等展开讨论，进一步促进了风云气象卫星应用水平的提升，并为世界气象组织相关能力建设提供了支持。

2019年11月16日，中国气象局印发《全球气象业务发展工作方案》（气办函〔2019〕227号），提出到2025年，以“监测精密、预报精准、服务精细”为标志的全球气象业务能力有效提升，气象信息支撑全球气象业务能力有效提升，建成体系完整、技术先进、服务高效、科创有力的全球气象业务服务新格局。围绕全球气象业务能力建设目标，制定了6方面共31项重点任务。

2019年12月9日，新中国气象事业70周年座谈会在北京召开。习近平总书记专门作出重要指示，指明了新时代气象事业发展的根本方向、战略定位、战略目标、战略重点和战略任务，为推动新时代气象事业高质量发展提供了根本遵循和行动指南。中共中央政治局常委、国务院总理李克强作出批示，对新发展阶段推动气象高质量发展、加快气象现代化建设提出明确要求。中共中央政治局委员、国务院副总理胡春华出席会议并讲话。

2019年12月31日，中国气象局印发《乡村振兴气象服务专项实施计划（2020—2022年）》（气办发〔2019〕26号），从突出能力建设、夯实农业气象发展基础，服务现代农业发展、提升气象服务供给水平，服务美丽乡村建设、提升灾害风险服务能力等3个方面提出12项建设任务。

2020年1月9日，中国气象局印发《关于推进气象业务技术体制重点改革的意见》(气发〔2020〕2号)，以“强基础、调结构、优管理”为思路和目标，坚持目标导向和问题导向，通过“抓两头，促中间”，强化国家级、省级大数据基础，优化拓展市、县两级气象服务，提升气象业务管理运行的整体效能，通过试点示范建设，用五年左右时间分阶段、分步骤平稳有序推进。

2020年1月19日，中国气象局印发《加强气象服务供给体系和供给能力现代化工作的指导意见》(气发〔2020〕3号)，明确三方面具体任务，提出到2022年，基本形成服务技术支撑有力、趋利避害服务并重的气象服务供给结构，气象服务供给能力基本满足新时期经济社会发展对气象服务的新需求，气象服务效益显著提升。到2035年，建成气象服务核心业务技术世界领先、气象服务供给体系世界一流、有效的服务辐射全球的气象服务供给体系。

2020年3月13日，中国气象局印发《粤港澳大湾区气象发展规划(2020—2035年)》(中气函〔2020〕39号)，全面推进内地气象同香港、澳门协同发展、互利合作，推动粤港澳携手提升气象对大湾区生命安全、生产发展、生活富裕、生态良好等方面的基础性保障作用。

2020年9月2日，中国气象局印发《全球气象业务发展行动计划(2020—2022年)》(气发〔2020〕85号)，提出了全球气象业务发展的基本原则和到2022年的发展目标，从夯实全球气象业务发展基础、加快科技创新、发展全球气象预报预测业务、提升全球气象服务能力、深化国际合作交流等5方面制定了19项重点任务。

2020年9月27日，中国气象局印发《气象现代化建设指标体系及评价管理办法(试行)》(气发〔2020〕91号)，建立健全气象现代化建设指标体系，客观评价气象现代化建设工作进展，补短板、强弱项，推动气象事业高质量发展，提升建设社会主义现代化强国的气象保障能力。

2020年10月10日，风云气象卫星事业50周年座谈会在北京召开。中共中央政治局常委、国务院总理李克强作出重要批示。批示指出，风云气象卫星是我国重要的空间基础设施，是气象现代化的重要标志。要坚持以习近平新时代中国特色社会主义思想为指导，认真贯彻党中央、国务院决策部署，始终践行服务国家、服务人民宗旨，聚焦国家重大战略和经济社会发展新需求，不断开拓创新、勇攀科技高峰，实施好气象卫星规划，深化成果运用，加强国际合作，加快建设气象强国，进一步提升防灾减灾救灾能力，为保护生命安全、服务生产发展、促进生活富裕、建设生态文明提供有力支撑，为推动高质量发展作出更大贡献！中共中央政治局委员、国务院副总理胡春华出席会议并讲话时强调，要深入贯彻习近平总书记重要指示精神，落实李克强总理批示要求，大力推进风云卫星气象事业高质量发展，加快建设气象强国，为全面建设社会主义现代化国家提供更加有力的气象服务保障。

2020 年 12 月 1—2 日，第八次全国气象预报工作会议在北京召开。会议总结“十三五”期间发展成就，系统谋划“十四五”时期预报业务发展，坚持改革创新提升精准预报能力，积极构建气象预报新业态，推进气象事业高质量发展，为现代化气象强国建设贡献力量。

注：2021 年 12 月 3 日，中国气象局完成《国务院关于加快气象事业发展的若干意见》(国发〔2006〕3 号)文件贯彻落实情况评估工作，将《中国气象局贯彻落实〈国务院关于加快气象事业发展的若干意见〉评估报告》上报国务院。

附录二　气象事业发展“十一五”规划

(2006—2010年)

《气象事业发展“十一五”规划(2006—2010年)》是国家专项规划中重要的公共事业和公共服务规划，是落实《国民经济和社会发展第十一个五年规划纲要》(简称《纲要》)、《国家中长期科学和技术发展规划纲要(2006—2020年)》(简称《科技发展纲要》)和《国务院关于加快气象事业发展的若干意见》(简称国务院三号文件)的相关部署，全面贯彻中国气象事业发展战略和全国气象科技大会精神，确定今后五年气象事业发展、改革与创新工作的指导性文件。

第一章　加快气象事业发展的关键时期

第一节　发展的新起点

“十五”时期，在党中央、国务院高度重视和正确领导下，气象事业长足发展，在防灾减灾、经济建设、社会发展和国防建设中发挥了重要作用，作出了重大贡献。

气象服务效益显著。五年间，面对日趋复杂的全球气候变暖形势，以及各类极端天气气候事件的严重威胁，我国天气预报准确率不断提高，气候预测、气候变化预估、大气成分、人工影响天气等业务服务全面发展，气象服务领域不断拓宽，服务时效性逐渐增强，国家防御和减轻气象灾害的能力显著增强。

气象科技水平大幅提升。气象现代化建设成绩显著，大气监测自动化、新一代天气雷达组网、风云气象卫星和短期气候预测业务系统等重点工程顺利实施，气象基础设施建设得到加强，业务现代化总体水平大幅度提升，中央和地方的财政投入分别是“九五”时期的2.26和1.97倍。气象科技创新不断加强，重大科技成果不断涌现，创新体系改革取得显著成效，气象科技人才队伍不断壮大，科技基础条件平台建设取得重大进展。

气象事业发展方向更加明确。坚持把发展作为第一要务，确立了率先基本实现气象现代化的奋斗目标，进一步明确了科技型、基础性社会公益事业的战略定位，与时俱进地提出了公共气象、安全气象、资源气象的发展新理念；以改革促发展，适时启动了构建新型业务技术体制和加强国家气象科技创新体系建设的战略任务；牢牢将创新作为发展与改革的灵魂，提出了建设创新型气象事业的战略部署。通过以上实践，新时期气象事业发展、改革、创新的思路和理论正在逐步形成。

我国在国际气象领域的影响力和地位日益提高。通过不懈努力，我国气象科学技术总体水平在发展中国家处于领先地位，某些领域已达到发达国家水平，为世界气象事业的发展做出了贡献。

这些成就为“十一五”时期的发展奠定了良好的基础。面向未来，中国气象事业站在新的历史起点上。

第二节　发展的新机遇

“十一五”期间，在全面贯彻落实科学发展观和构建社会主义和谐社会重大战略思想指引下，我国将加快全面建设小康社会宏伟目标的进程，《纲要》、《科技发展纲要》和国务院三号文件对气象事业发展提出了新的要求，作出了新的部署，气象事业已经迎来重要的战略机遇期。

——我国经济保持平稳较快发展，必将为全面推进气象现代化建设提供有力支持。国家将气象列入中央重点支持的公共服务领域，提出建设先进气象业务服务系统的紧迫要求，公共气象发展方向和科技型、基础性社会公益事业的定位将得到进一步强化。

——国家大力推进和谐社会建设，对加强气象灾害预警，积极促进气候系统、自然生态和人类社会的和谐发展提出了新要求，不断强化公共服务职能，推进气象灾害应急体系建设，积极应对气候变化，充分发挥气象基础保障和综合保障的作用，是气象事业发展的必然选择。

——国家加快经济增长方式的转变，提出建设资源节约型、环境友好型社会的战略任务，并对合理开发利用气候资源做出重要部署。气象事业在大力开发利用风能、太阳能以及空中云水资源，做好气候资源普查、规划以及气候可行性论证等领域将面临巨大发展空间。

——国家把提高自主创新能力作为提升核心竞争力的决定因素，可持续发展、地球系统科学以及相关高新技术领域的创新和跨越，必将推进气象事业在关键科学技术领域的原始创新、集成创新和引进消化吸收再创新，把加快建设国家气象科技创新体系、增强自主创新能力作为发展的战略基点。

——国家推进城乡区域协调发展，提出建设社会主义新农村的重大历史任务，农村防灾减灾和农业气象服务必将进入历史发展的新阶段，气象工作将继续坚持以农为重，不断深化为“三农”服务的内涵，增强气象为城乡区域协调发展的服务能力。

——国家将进一步深化改革开放，通过建立更具活力更加开放的体制环境不断提升发展的能力。新的形势必将加快气象事业以改革促发展的步伐，积极推进以气象科技创新体系建设和业务技术体制改革为重点的各项改革，在气象科技、业务、服务、管理的关键环节取得突破。

第三节　发展的新挑战

面对新的发展需求，必须清醒地看到，我国气象事业在较长时期内仍将面对发达国家在科学和技术上继续占据优势的严峻挑战，气象科技业务服务水平与国家经济社会发展、人民生产生活日益增长的需求不相适应这一根本矛盾将长期存在。未来气象事业面临的压力突出表现在：落实科学发展观，全面建设小康社会对气象发挥基础保障和综合保障作用提出了更高的标准；构建社会主义和谐社会、应对重大气象灾害和突发性事件，赋予了气象工作更大的责任；构建资源节约型、环境友好型社会和建设社会主义新农村对气象服务提出了更高的要求；国际气象科技的日新月异，综合实力的竞争日趋激烈，对加快我国气象科技创新提出了更加艰巨的任务；国家推进政府职能转变、深化事业单位改革等举措，对加强气象行业管理，实现气象事业集约化发展提出了新的课题。

同时，气象事业在发展道路上还面临不少困难和问题：气象精细化预报和服务水平不高，经济社会发展急需的业务领域发展缓慢，气象公共服务能力亟待增强；气象灾害监测预警体系还不健全，特别是农村、近海、主要江河流域等灾害防御仍较薄弱；全国综合气象观测体系尚未形成，信息应用及共享能力亟待提高；气象整体科技自主创新能力不强，关键领域的创新性科研成果严重不足；队伍整体科技素质不高、结构不合理，高层次领军人才缺乏；气象基础设施与事业蓬勃发展的要求不适应，尤其是西部台站亟待摆脱落后局面。

在战略机遇和矛盾问题并存的关键时期，我们要立足经济社会发展全局谋划气象事业发展，加速推进气象现代化建设，加强气象保障能力建设，着力自主创新，完善体制机制，实现气象事业又快又好发展，为后十年实现气象大国向气象强国跨越打下坚实基础。

第二章　指导思想和总体目标

第一节　指导思想

未来五年，中国气象事业发展的指导思想是：以邓小平理论和“三个代表”重要思想为指导，以科学发展观统领事业发展全局，积极落实《纲要》、国务院三号文件和全国气象科技大会以及业务技术体制改革的有关精神，全面推进新时期气象事业发展、改革和创新。坚持公共气象的发展方向，按照一流装备、一流技术、一流人才、一流台站的要求，进一步强化观测基础，提高预报预测水平，加强自主创新，建设具有世界先进水平的气象现代化体系，提升气象事业对经济社会发展、国家安全和可持续发展的保障与支撑能力，为构建社会主义和谐社会，全面建设小康社会提供一流气象服务。

——必须树立公共气象理念，坚持公共气象发展方向，紧紧依托气象现代化建设，充分发挥气象事业对经济社会发展的基础性、前瞻性和现实性作用。

——必须树立安全气象理念，紧紧围绕国土、生态、环境、能源、食物、空间和水资源安全，大力提升气象信息对国家安全的保障能力。

——必须树立资源气象理念，紧紧围绕建设资源节约型和环境友好型社会，开展气候资源普查，加强风能、太阳能和云水资源的开发利用，提升气象资源为可持续发展的服务能力。

——必须坚持以改革促发展，加快建立国家气象科技创新体系和多轨道、集约化、研究型、开放式气象业务技术体制，不断增强气象事业发展的动力和活力。

——必须大力提高自主创新能力，深入实施科技兴气象和人才强业战略，不断增强气象事业发展的核心竞争力，把增强自主创新能力和提高气象队伍整体科技素质作为实现向气象强国跨越的核心环节。

第二节　总体目标

“十一五”期间气象事业发展的总体目标是：初步建成结构合理、布局适当、功能齐备的综合气象观测系统、气象预报预测系统、公共气象服务系统和科技支撑保障系统，使气象整体实力达到20世纪末世界先进水平。

——实现农业气象业务服务新突破。明显提高气象为建设社会主义新农村的保障能力，提升农村防灾减灾、农业生产和国家粮食安全的气象服务能力。

——实现灾害性天气监测预报新突破。气象灾害监测率达到85%，突发气象灾害预警时效半小时以上，准确率达70%，台风、暴雨等短期预报质量在现有基础上提高5%～10%。

——实现气候预测和气候变化影响评估新突破。年季旱涝、冷暖气候预测水平在现有基础上提高3%～5%，提出气候变化对敏感区域和敏感行业的影响评价和适应对策，提供适应和减缓气候变化、保障国家安全的科学支撑。

——实现气候资源开发利用新突破。全国人工增雨年均达到500亿吨，防雹面积达到45万平方公里，完成全国5公里分辨率的风资源评估，显著提高风能、太阳能开发利用量占总能源消费的比重。

——实现气象服务的新突破。气象灾害对GDP的影响率在现有基础上减少25%，气象预报警报公众覆盖率达到90%，气象服务公众满意率达85%以上，初步实现对农业、水利、海洋、交通、航空等行业的专业化、精细化服务。

专栏1　具体发展目标

- 完善气象灾害监测网，完成多普勒天气雷达网和100部风廓线仪建设，全国自动气象站达到30000个，实现风云二号静止气象卫星双星运行和风云三号极轨气象卫星的业务运行；
- 高性能计算机峰值计算能力达到每秒100万亿次浮点运算；
- 全球数值天气预报时效平均达到6.5天，制作并发布7天天气预报；

> ➢ 台风登陆预报平均时效达到 24 小时，平均路径误差 24 小时小于 120 公里，48 小时小于 220 公里，72 小时小于 320 公里；
> ➢ 暴雨 24 小时预报准确率达到 15％，48 小时预报准确率达到 10％，降水和温度短期预报准确率在现有基础上提高 5％～10％；
> ➢ 为国家参与制定和履行有关气候、环境国际公约和议定书提供科学支撑。
> ➢ 在气象综合观测仪器特别是关键传感元器件、资料处理利用、短时临近预报技术、天气气候模式系统、气候资源开发利用等科研和技术开发领域取得突破，整体科技实力达到世界先进水平。

第三章　加强气象现代化建设，完善气象业务服务体系

第一节　健全综合观测体系

按照集约化和一站多能的原则，在提高观测质量基础上，逐步建立天基、空基、地基相结合，自动化遥感、遥测一体化，现代化、立体化综合观测体系，实现高时空分辨率、全方位和高精度观测。

推进静止、极轨气象卫星和降水测量雷达卫星工程建设，实现高、低轨道卫星相结合的星座和多遥感仪器观测，建立全球、全天候、多光谱天基综合观测系统和全国卫星遥感应用体系。建立由气球、飞机、火箭合理配置的空基遥感遥测系统，全面提高高空探测精度，适时调整敏感区观测密度、频次和内容，推进综合飞机探测体系建设，开展火箭探测业务，建立我国标准大气廓线。加快天气雷达、加密自动站、风廓线仪、闪电监测、地基全球定位系统（GPS/MET）的建设步伐，完善城市、农村和重点林区、重点江河流域和水旱灾害频发区、高速公路以及海域气象监测站网的建设。加强重点区域中小尺度气象观测系统，在经济较发达地区再加密布设部分新一代天气雷达。加强移动应急观测系统建设。

大力加强中国气候观测系统建设。调整站网布局，建设 260 个左右国家气候观象台，2400 个左右国家气象观测站，3 万个左右区域气象观测站，逐步构建国家气候监测网、国家天气观测网、国家专业气象观测网和区域气象观测网（以下简称“三站四网”）。

第二节　完善预报预测体系

以提高天气、气候预报预测准确率为核心，构建无缝隙、精细化气象预报预测体系，做好灾害性、关键性、转折性重大天气预报警报和旱涝趋势气候预测。

重点发展和完善我国全球数值天气预报模式、气候系统模式和相应的业务系统，建立和完善中尺度天气模式、区域气候模式和各类专业模式体系。加强资料同化技术研究，卫星、雷达、风廓线仪和全球定位系统(GPS)等资料在数值预报同化资料中所占比例达到85%以上。发展和建立集合预报系统。完善数值模式产品的检验评估及其解释应用系统。

完善精细化预报、短时临近预报和农业气象、城市气象、水文气象、海洋气象、交通气象、航空气象等专业气象预报业务系统。加强气象灾害预报能力，建立灾害性天气和农林业病虫害、地质灾害、沙尘暴灾害、森林草原火灾等自然灾害和有毒有害气体及核泄漏扩散、区域环境污染、生态破坏、公共卫生等突发公共事件的气象预警和应急体系。建立滚动气候预测业务系统，提高气候变化预估水平，加强气候应用服务能力建设。

第三节　构建公共气象服务体系

通过改善服务手段、拓展服务领域、增加服务产品、提高服务质量，构建现代化的公共气象服务体系。

加强各级政府组织协调、各部门分工负责，建立气象灾害应急响应机制，完善气象灾害预警和应急气象服务保障体系。完善政府决策气象服务体系，推进决策服务向直接提供决策建议转变，形成以气象灾害预警信号为政府启动应急等级标准的气象防灾减灾体系。加强为国家安全、可持续发展以及重点工程建设、重大社会活动等的决策气象服务，积极做好北京奥运会和上海世博会的气象保障服务。加强气象灾害普查、调查和影响评估工作。

扩大气象信息的公众覆盖面，建设气象信息发布系统，特别要加强对沿海以及农村、社区、企业的气象信息发布与服务，引导有关部门积极配合气象主管机构做好气象信息的播发工作，进一步完善气象影视服务系统、手机短信气象服务系统建设。构建面向各行业需求、针对性强的专业气象服务系统，构建军民一体化的气象保障体系。坚持气象科技服务的科技型、集约化发展方向，不断开拓新的增长点，建立健全气象科技服务投入机制、运行机制和财务监管制度。

第四节　强化技术支撑保障体系

综合应用先进的数据处理、数据通信、信息网格等技术和方法，依托高性能计算机、宽带通信、标准数据库等，建立资源共享、保障有力的技术支撑保障体系。

依托国家公共通信网建成联通全国、高速可靠的气象宽带广域通信网，国家到省的传输带宽达到 34 Mbps 以上，省到地达到 8 Mbps 以上，地到县达到 2 Mbps以上。国家、区域级计算机局域网由千兆位升级至万兆位以太网。升级北京国际气象通信系统，使之成为世界气象组织（WMO）全球信息系统中心之一。

建立健全适应各种观测系统的数据处理业务流程、标准和质量控制体系。建立高度共享的数据库和国家级海量存储系统。构建国家级与省级之间和省际之间的信息共享系统。推进气象及水文、海洋、环境、生态等行业探测资料的共享建设与信息应用。

加强高性能计算机能力建设。建立国家级和区域级高性能计算共享系统，国家级计算机峰值总量达到每秒 120 万亿次以上、区域级达到 5 万亿次以上，总体气象网格计算能力达到 200 万亿次以上。

加强各级保障中心能力建设，增强及时有效的维护维修与技术支持保障。建立国家级、省级气象计量基（标准）组与现代化检定和标校设施，完善标准传递体系。加快国家和省级探测设备实时运行监控系统建设。加强国家级综合探测试验基础条件建设，提高各种气象技术装备的综合试验考核能力。

第五节　大力推进重点工程建设

“十一五”期间重点实施国家级六个重大气象工程建设，积极推进、协调地方经济发展紧迫需求的配套工程。

——实施气象灾害监测预警与应急工程。在国家应急体系建设统一规划下，建立由指挥、监测、传输、预警、保障、备份等系统组成的气象监测预警和应急系统，形成与各级政府应急体系相适应的气象应急响应体系，达到实时监测，提前预警，及时发布，快速响应，进一步增强对气象灾害和突发公共事件应急处置的气象服务能力，最大限度减少人民生命和财产损失，为促进经济社会全面协调可持续发展和社会主义和谐社会建设提供有力的气象保障服务。

——推进气候变化应对（一期）工程。加强气候变化综合影响评估与应对业务服务能力建设，建设和完善我国大气成分观测与预报服务系统，建成世界气象组织亚洲区域气候中心（WMO-RCC），完善风能、太阳能开发保障业务系统，开展风能、太阳能等新能源的开发利用，支持我国政府参与气候变化环境外交谈判提供依据。

——加快空中云水资源化工程建设。建立国家人工影响天气指导业务系统，健全和完善以地方为主的飞机和高炮、火箭相结合的增雨防雹作业系统和省、市、县三级协同指挥业务系统。加强重点区域、流域的人工增雨作业，实现全国年均人工增雨量 500 亿吨。

——完成新一代天气雷达工程。完成 158 套新一代多普勒天气雷达系统建设，同期建设国家级和区域级雷达技术保障中心、高速实时传输系统、雷达资料海量存储检索和共享服务系统和国家级天气雷达培训系统。大力推进各部门天气雷达组网拼图，实现资料共享。在气象服务重点地区和突发性天气灾害频发的经济发达地区再增加一批天气雷达补充站点，并根据人工影响天气等需求开展 X 波段雷达建设。

——继续实施气象卫星工程。加快发展具有我国知识产权的气象卫星体系，建立满足业务需求的气象卫星遥感应用体系，实施风云二号 D、E、F 三颗气象卫星工程建设，完成风云二号 02 批应用系统扩建工程、风云三号 01 和 02 两颗卫星及其应用系统建设，开展风云二号 03 批、风云三号 02 批、风云四号综合探测卫星和降水测量雷达卫星研制及应用系统建设。开展微波遥感辐射校正场的建设。

——实施北京高性能计算机应用中心建设工程。引进、购置国内外高性能计算机，实施主机系统、外围系统、监控系统和软件系统以及配套基础设施与环境建设，全面提高北京高性能计算机应用中心计算能力，实现军工、气象、石油、航空航天、生物医药、材料研究等经济建设和研究领域的共享使用。

积极推进各地与国家重大项目配套的项目建设，统筹区域共建与共享，紧密结合地方需求，协调推进省级重点工程建设，重点实施灾害预警与应急、重点区域人工增雨、防灾减灾安全保障、气象资源开发利用、海洋等专业气象监测预警、城市气象监测与灾害应急预警、农村气象警报系统、奥运会气象保障等地方气象工程建设。

专栏2　未来十五年重大工程体系建设

- **公共气象服务工程体系**：建立我国新一代公共气象服务体系和服务平台，向全社会提供生动、丰富、科学、可视化和精细化的公共服务产品，实现集多种服务于一体，多层次、全方位的综合性服务。
- **气象防灾减灾工程体系**：建设气象灾害监测、预警、评估和应急系统，制定气象灾害防御规划，完善相关法规体系，开展全社会气象灾害防御培训，全面提高气象防灾减灾能力。
- **气候预测工程体系**：发展短期气候数值模式和多模式超级集合预测系统，建立滚动的气候预测业务系统，加快北京区域气候中心建设，进一步提升我国气候变率与气候变化诊断预测和影响评价及应用服务的整体水平。
- **气候变化应对工程体系**：紧密围绕适应和减缓两个主题，建立并完善气候变化预测、预估、评估、应对和技术支持系统，重点开展气候变化对我国能源、水资源、农业、沿海经济带、生态与环境影响的综合评估，制定国家适应、减缓气候变化的对策建议。
- **航空航天气象保障工程体系**：建立北京航空气象中心，建设具有先进水平的国家空间天气监测预警中心，提升我国航空气象的国际竞争力以及我国航天气象和空间环境保障能力。
- **综合观测和信息网络工程体系**：对现有系统进行科学评估，整合资源，优化站网布局，主要建设由地基、空基和天基气象观测系统构成的一体化观测体系，建立与上述体系相适应的信息收集传输和保障系统。
- **人工影响天气工程体系**：紧密围绕防灾减灾、缓解水资源短缺、生态建设的需求，实施人影趋利避害作业，构建各级人影业务和系统建设，建设重点区域人影作业基地。
- **气象科技创新和教育培训工程体系**：加强气象科技条件和教育培训能力建设，完善科技、教育培训体系，构建气象科技创新和人才培养平台，使之成为全国气象科学研究和技术开发的支柱。

第四章　发展现代气象业务，发挥综合保障作用

第一节　显著提高天气预报准确率

发展资料同化技术，加快数值模式发展并提高其应用水平。发展集合预报技术，建立多模式产品集成方法。加强数值模式释用技术研发，制作多要素精细化预报产品。完善以雷达等监测为基础的短时临近预报系统和以数值预报为基础的短期预报系统，提高中期预报技术水平，发展延伸期预报业务。开展中国的观测系统研究和可预报性试验（THORPEX-China），提高重要天气事件数值预报的准确率。加强灾害性天气预报警报系统建设，促进气象灾害预报和定量降水预报的突破，提高突发性天气预报时效。大力发展农业气象、城市气象、水文气象、海洋气象、交通气象、航空气象预报警报系统，建立城市气象灾害监测预警系统和气象环境变化对疾病发生发展影响的业务服务系统。

第二节　提升气候业务和气候资源开发利用能力

加强气候系统各圈层监测，建立地球/气候系统模式和多模式超级集合预测系统，开展月、季、年的气候预测和年代际乃至世纪尺度的气候变化预估，实现针对气候系统的无缝隙预测预估，开发更有针对性的业务产品，争取建立地球系统联合观测预测计划（COPES）亚洲中心，全面推动该计划在中国乃至亚洲区域的实施。开展干旱监测影响评价和预警业务。开发气候定量化评估模式，建立定量化气候影响评价系统。拓宽气候应用服务领域，组织对城市规划编制、重大基础设施建设、大型工程建设、重大区域性经济开发项目进行气候可行性论证，确保项目建设与生态、环境保护相协调。

加强气候区划和气候资源开发利用的服务工作。开展气候和农业气候区划，更新中国气候图集。开展气候资源普查工作，形成完整的气候资源数据集，重新进行气候资源区划。组建太阳辐射、风力强度监测网，在全国范围内开展风能、太阳能资源的多层次普查和可利用资源的评估，积极参与制订和修订风能、太阳能资源开发利用规划，开展大型风电场和太阳能电站勘察、选址技术支持，为风

电场、太阳能电站的建设、运行、调度提供实时气象监测和预报服务。开展城市气候环境调控及城市气候资源开发利用服务。建立气候资源开发利用示范基地。

第三节 积极应对气候变化

联合各部门力量，建立并完善以国家和区域两级为主，集气候变化预估、评估、应对和技术支持于一体的气候变化业务体系，不断提高适应与减缓气候变化的能力。建设气候变化基础信息数据库及共享系统。开展当前和历史气候变化事实的检测和原因分析，重点发展多圈层耦合的气候系统模式，预估中国气候变化趋势。深入开展气候变化对经济、社会、国防和能源、水资源、农业、生态环境等的影响评估以及人类活动对气候系统的影响研究，制定科学应对的政策措施。进行我国应对气候变化的对策分析，评估《京都议定书》生效后对我国政治、经济、社会和外交的影响，为气候变化国际外交谈判和重大决策提供科学依据和对策建议。

第四节 强化为新农村建设的气象服务

建立和完善农村气象监测体系，调整农业气象观测站网，加强生态与农业气象试验站建设。以县级为单位建立农村公共气象服务体系，完善重大农业气象灾害预报警报、评价系统，建立畅通的农村气象信息发布渠道，开发推广农业气象适用技术，开展新型农民气象科技培训。根据新的气候区划指导农业科学调整种植结构。加强天气、气候和气候变化对我国粮食安全的影响研究和应对工作，建立粮食安全气象预警系统。开展特色农业和设施农业气象保障服务。积极开发空中云水资源，加强农业抗旱增雨、人工防雹作业服务。

专栏3 建设社会主义新农村气象服务

- **农村防灾减灾：**建成覆盖90%以上农村地区的乡镇气象观测站网，加快预报预测精细化进程，实现每个行政村和相对集中的居住点配备气象警报接收系统，加强对乡村减轻气象灾害的规划，开展人工防雹、抗旱增雨作业。
- **农业生产服务：**建立农业气象情报预报业务服务系统，做好农作物重大病虫害发生趋势的气象条件分析预报。制作气候对农业生产影响的定量化评价报告，监测我国粮、棉、油、牧草种植面积和长势，建立作物气候适应性指标体系，开发针对性的农业气象适用技术并实现转化，建设推广应用示范基地。

➢ **粮食安全保障**：完善粮食产量预报业务，实现分作物按月滚动预报，发布我国及全球主要产粮区产量预报。

➢ **农业气候资源开发利用**：开展精细化农业气候资源普查，针对不同作物和气候条件开展专题农业气候资源区划，开展农村风能、太阳能开发利用服务。

逐步建立以卫星遥感为主、地面监测为辅的典型生态系统监测体系，完善相应预测和评估业务服务系统，重点开展对土地利用、植被覆盖、荒漠化程度、水土流失、沙尘暴、酸雨等重大生态问题的监测分析，开展退耕还林（草）等生态工程建设、重大工程和重大基础设施建设以及区域开发对生态系统的影响评估，发布“生态状况分析预测报告”，为制订生态建设与保护规划提供依据。

第五节　发展大气成分业务

建立由大气气溶胶、温室气体及相关微量成分、反应性气体、臭氧和紫外辐射 UV-B 观测、干湿沉降、长波和短波辐射等构成的大气成分观测网，积极推进相关研究工作，建立和完善各类大气成分分析系统。建立以数值模式为基础的大气成分数值预报业务，完善全球大气结构和成分的综合预报系统和中国区域大气环境质量预报业务系统，开展相关大气成分的监测分析、预报和评估，形成多样化产品和服务，为最大限度减缓与大气成分有关的各种直接和间接的污染与灾害的影响提供科学建议。建立以数值模式为基础的沙尘暴综合预报方法和相应预报业务流程，开展酸雨监测公报、预报业务服务。

第六节　提高人工影响天气科技水平和效益

加快建设国家和地方四级人影业务体系，建设空中水资源立体监测网，建立科学作业指挥和效果评估系统，改进催化技术，提高作业科技水平。开展人工增雨抗旱、河流和水库增水、防雹减灾、机场和公路消雾、森林草原防火服务、军事活动和重大社会活动的保障工作。建设人工影响天气重点作业区域。加大城市供水和工农业用水紧缺地区的水源地及其上游地区人工增雨作业力度。建立应对扑灭大规模森林草原火灾、严重空气污染、城市高温天气等事件的人工影响天气应急作业机制。

专栏 4　人工影响天气重点作业区

- **华北海河流域京津冀蒙地区：** 包括北京、天津、河北北部和中西部、内蒙古锡林郭勒盟南部。通过增蓄型人工增雨作业缓解该地区生产生活用水的短缺。
- **西北"三江源"地区：** 包括青海的果洛、玉树、海南、黄南藏族自治州的部分地区。重点增加黄河、长江、澜沧江水资源量，逐步缓解该地区生态环境的恶化。
- **西北祁连山地区：** 包括甘肃河西走廊（张掖、武威、酒泉）、青海海北藏族自治州北部。重点开展山区积雪和降水调蓄型增雨雪作业，增加该地区降水量和黑河水资源，缓解河西走廊、阿拉善地区严重缺水状况。
- **新疆天山地区：** 该区位于新疆天山东部。通过人工增雨（雪）作业，增加天山地区降水量和高山积雪。
- **东北松、辽河中上游地区：** 包括辽宁东部、吉林中东部、黑龙江东南部。以增加松花江、辽河水资源和水库蓄水量为重点，逐步缓解城市供水和工农业用水的紧张。
- **西南特色农业、水电作业区：** 包括云南滇中地区、贵州黔西南和四川川西南地区。通过开发利用空中水资源和防雹作业，增加该地区水电资源，缓解季节和局地干旱，更好地服务于新农村的建设。
- **赣粤东江水库集水区：** 包括江西赣州地区和广东河源市及周边附近地区。重点确保为香港行政区的供水服务。
- **华中丹江口水库集水区：** 包括陕西安康、河南南阳和湖北十堰地区。以增加南水北调中线工程源头丹江口水库蓄水量为作业重点。
- **豫、鲁、皖产粮区抗旱增雨示范区：** 包括河南中东部、山东中西部、安徽北部。主要开展以地方为主的抗旱型人工增雨作业。

第七节　增强空间天气监测预警能力

针对航天、国防、通信、石油、电力、航运等重点领域国家战略需求，建立和完善空间天气监测预警业务服务体系，开展空间天气监测、分析研究、预报警报和服务。加强空间天气地基和天基观测，制定空间天气警报和预报业务的标准，逐步完善空间环境变化预警业务，开展太阳、地磁活动的短期预报、警报、现报服务，电离层背景状态的趋势预报，耀斑电离层扰动和电离层暴的预报服务，中高层大气密度的中期、短期预报和警报，以及空间碎片、卫星环境和特殊空间活动的预报警报和专报。

第八节　加强雷电灾害防御

逐步完善由雷电监测、预警预报、研究与技术开发、防雷检测与防护技术服务组成的业务体系。新建或改建闪电探测站点和资料处理中心，在重点区域建设大气电场监测网，建立全国雷电预报预警平台，逐步开展高精度雷电的监测分析及雷电强度、落区和危害等级的预报警报业务。依法加强雷电管理工作，加强各类检测设备管理、检定和标定工作。重点提高国家级雷电预报、防护技术开发和指导能力，大力加强省级雷电业务、科研和服务的有机结合和业务体系建设。不断提升各级气象台站雷电天气预警预报水平，积极推进雷电业务机构的科技服务和其他业务工作。

第五章　深入实施科技兴气象战略，提高自主创新能力

坚持“自主创新，重点跨越，支撑发展，引领未来”的科技发展方针，以全国气象科技大会精神为指导，深化气象科技体制改革，建立国家气象科技创新体系，突出原始创新、集成创新和引进消化吸收再创新，通过重点领域的突破，带动气象科学技术水平整体的跃升。

第一节　加快建设国家气象科技创新体系

以社会公益类气象科研机构、高等院校、国家重点实验室、部门开放实验室、各级气象业务单位以及相关企业为主体建设国家、区域和省三级气象科技创新体系，重点加强气象科学研究与技术开发、科技成果转化与应用体系建设，不断完善气象科技管理体系。国家级气象科技创新体系瞄准国际前沿和未来业务发展方向，着重解决影响气象事业发展的重大科技问题，为业务发展提供科技支撑，重点培养一批创新型领军人才；区域级气象科技创新体系重点加强本区域天气气候关键技术研究和业务转化，培养一批创新型科研业务带头人才；省级气象科技创新体系以科研与应用技术开发项目为牵引，为省级业务发展提供科技支撑，培养省级科技创新人才。

第二节　大力推进科技创新和跨越

鼓励原始创新，强化集成创新，加快引进消化吸收再创新。对一些涉及国家安全战略的关键和核心技术，增强原始创新能力。对我国具有技术优势的领域，要坚持以我为主，对国内外差距较大又有可能引进的先进技术，要在引进的基础上加大消化吸收再创新的力度。围绕重大气象装备、关键传感器件及观测技术方法、气象信息技术及应用、现代气象业务和服务等领域的瓶颈问题落实重大科技创新任务，切实加强气象基础性研究工作，大力发展高新技术，积极推进应用研究与开发工作，开展新的大气科学试验。建立气象科技成果知识产权保护制度。切实加大对气象领域技术研究、开发的支持力度，建立健全稳定增长的投入机制，在实施国家重大科技计划中要重视气象领域的科学研究，在国家重大气象工程建设中要设立气象科技研发专项资金。

专栏5　科技创新重点方向

- **基础性研究：**气候系统观测原理及其方法，高影响天气物理、动力与可预报性理论，气候系统与气候预测理论及气候变化机理，大气化学与大气环境研究，大气边界层以及陆-气、海-气交换过程研究，云物理和辐射过程机理研究，中高层大气理论研究，太阳风暴对空间天气和天气影响研究。
- **高新技术研发：**气象卫星有效载荷和地面资料应用技术开发，新型气象观测设备研发，关键传感器研发，空间天气探测技术与设备研制，大气成分观测、分析与标校系统研发，人工影响天气专用探测和作业设备研发。
- **应用技术研发：**新观测技术及综合观测网布局组网技术研究，气象资料处理及综合应用技术研发，数值模式系统及其应用关键技术研发，高影响天气的监测预警研究，气候影响及气候资源开发利用技术，气候变化检测、归因、预估技术，农业及生态气象监测、预测与评价技术，气象服务及其效益评估技术，高性能计算机和网络管理与应用研究等。
- **大气科学试验：**高影响天气观测与可预报性试验，中小尺度强对流天气现场观测科学试验，台风综合观测外场试验，东亚季风关键区科学试验，重点经济圈城市群落大气环境综合观测科学试验，典型生态区生物-陆-气相互作用观测试验，陆地、海洋和冰冻圈关键区观测试验，人工影响天气外场科学试验，空间天气协同监测试验。

第三节　加强科研能力建设

整合全行业资源，大力建设气象科技基础条件平台，加快科研仪器、设备、数据等资源共享工作。有重点、有步骤地建设具有国际先进水平的开放实验室、研究试验基地和研究中心。加强科研机构、重点实验室、重点野外科学台站专用研究和试验仪器、设备、设施、数据库等建设。加强灾害天气国家重点实验室建设，积极改善部门重点实验室基础条件。推进大气综合探测飞机实验室工程的进展。建立中国天气雷达试验基地，并开展相应的试验研究。整合中国气象局与相关高校的地球科学信息资源，共同搭建地球科学信息资源平台。积极改善科研及局校合作的基础条件，联合基金委、教育部争取设立联合研究基金。

第六章　着力推进人才强业战略，全面提高队伍素质

第一节　加强人才资源能力建设

把高层次人才队伍建设摆到重要战略位置，加大高层次人才和一线高级专门人才的引进和培养。针对事业发展的关键领域和薄弱环节，加大“323 人才工程”中第一层次人才选拔培养力度，每年引进 3～5 名具有世界先进水平的科技领军型人才。抓紧选拔培养业务科技带头人以及“百名首席预报员”和“百名优秀专家”等重要和关键岗位上的业务科技骨干。在国家级和部分省级业务和科研单位建立 15 个左右博士后科研工作站。每年选送 30 名左右管理和业务骨干到国外学习进修。重点支持、培育若干有创新能力的气象科技创新团队。培养造就一支能够高质量完成北京奥运会和上海世博会气象服务的团队。

狠抓基层、青年和西部气象人才队伍建设，加强基层台站一线高级专门人才的培养、选拔工作，抓好青年人才的引进和培养，重点选派一批青年骨干到国家气候观象台承担重要岗位工作。继续推行西部优秀人才项目，加大对西部地区人才访问进修的支持力度。深入做好吸引气象相关专业优秀毕业生的工作。

通过干部教育培训和实践锻炼两个主要环节，努力造就一批具有世界眼光

和战略思维能力、能够不断开创新局面的高素质领导人才。建立司处级主要负责人定期培训制度，推进领导干部挂职锻炼制度化。

第二节　建立健全气象教育培训体系

加快构建由气象教育培训机构、有关高等院校、社会培训机构、国际教育培训机构共同组成的开放的气象教育培训体系。建立健全国家、区域、省三级气象培训体系，重点建设国家级培训机构和若干少而精的区域级培训机构。大力发展气象远程教育培训。把气象部门一院八所、国家级业务单位、区域气象中心等作为高层次人才培养的重要实践基地，选择有条件的气候观象台和新一代天气雷达站等建成一线高级专门人才培养的重要实习基地。推进国家级培训机构现代化基础设施、师资力量和教育培训教材建设。搭建气候系统监测和气象预报预测培训共享平台、气象远程教育培训与资源共享平台、气象科技信息与情报共享平台等教育培训平台。

切实开展大规模全员培训，逐步推行持证上岗制度。实施台站基本业务岗位人员的新知识、新技术更新轮训，每 5 年轮训一次全国业务技术和业务管理人员。用 3 年左右时间，完成对预报预测业务和服务专业技术岗位人员的新一代天气雷达、卫星和数值模式等产品应用的轮训。做好新拓展业务和水文气象、海洋气象等专业培训。积极开展面向气象行业的培训。引导科研机构和相关院校重视加强气候系统相关专业的研究生教育培养。

第三节　改善人才成长机制和政策环境

积极营造鼓励人才干事业、支持人才干成事业、帮助人才干好事业的良好环境。重点完善通过创新实践造就人才的培养方式和机制，建立科研、开发和业务建设带动人才培养和流动的机制，在多岗位实践和联合科技攻关中培养造就科技人才。加强气象现代化建设、教育培训、人才使用的结合，强化大中型现代化建设项目中硬件建设、软件开发和人才培训的有机结合。用创新的思路推进人才队伍建设，针对缺乏领军人才的领域，建立人才引进、培养“特区”，根据不同情况分类制定和落实人才培养、引进等特殊政策。建立健全人才标准、评价、选拔任用和激励机制。

第七章　推进法制、体制和机制建设，增强事业发展活力

第一节　健全气象法规与标准化体系

建立和完善以《气象法》为主体的气象法律法规体系，抓紧制定《气候资源法》、《气象灾害防御条例》、《防雷管理条例》、《气象探测环境和设施保护条例》等法律法规，完善配套规章，出台气候系统资料共享以及促进多轨道研究型业务发展的相关部门规章和规范性文件。积极推动地方气象立法。建立健全以气象仪器与观测方法、气象信息、气象预测预报与气象服务、气象防灾减灾与应急管理等为重点的气象技术标准体系。加快国家、行业、地方和企业气象标准制定步伐。建立和完善标准化管理体系。加大国际标准的采标率，加强气象标准的自主创新，力争在3～5年有一批气象标准上升为国际标准，在某些领域占领国际标准的主导地位。

第二节　加强气象社会管理职能

健全专兼结合以专为主的气象行政执法体系，减少行政执法层次，切实加强地（市）级气象法制工作机构和执法队伍的建设。全面推行气象行政执法责任制，加强气象执法监督。切实履行气象及相关法律、法规赋予的社会管理职能，实现部门管理向社会管理的转变。全面推进依法行政，保护好气象设施及探测环境，依法管理和规范气象探测、气象灾害监测预警、人工影响天气、雷电灾害防护、气候资源开发利用和气象信息发布等活动，加强对施放气球的管理，维护社会公共安全。

强化规划引导，统筹编制气象行业重要气象设施建设和布局规划，推进资源的合理配置和有效共享。加强行业台站建设，积极支持民航、兵团、农垦、森工、盐业等行业气象工作，创新气象行业管理体制。

第三节　深化各项改革

大力推进气象业务技术体制改革，力争在3年内，建立一个基本满足国家需求、功能先进、结构优化的“多轨道、集约化、研究型、开放式”业务技术体制。完善轨道运行机制，提升轨道的科技含量和业务水平。建立资源高度共享、相互支

撑的综合观测、预报预测、公共服务、科技支撑保障体系，优化各级业务布局、分工，实现集约化发展。“十一五”后期，不断丰富业务内涵，提升环境气象、航空气象、海洋气象、水文气象、交通气象等业务水平，积极探索区域中心的发展模式和运行机制，进一步发挥区域中心的功能和作用。

以强化公共服务职能为目标，积极探索事业单位改革思路。推进全员聘用，实现由身份管理向岗位管理的转变。进一步深化气象行政管理体制改革，实现部门行政向公共行政的转变。配合《中华人民共和国公务员法》及相关配套政策的实施，加强参照公务员法管理的相关工作。积极推进财政体制改革，逐步推行部门预算、非税收入、国库集中支付、政府采购等为重点的各项改革。

第四节　扩大合作与开放

积极推进区域间、部门间、部门和地方、部门和企业、科研机构和高校间的合作，不断深化气象与国防、地质、海洋、交通、水利、农业、卫生、环保、航空、体育、安监、林业、旅游等部门合作领域和层次，充分发挥气象的综合保障作用。集中相关领域的人员、技术、资源优势，加快多部门相互配合的综合观测、预报预测以及共享平台建设，联合组织相关重大工程、科研计划和人才培养。积极参加气候系统及其相关领域国际组织的有关科研、业务计划，发起和参与全球性、区域性气象科学、资源环境、可持续发展等领域的国际合作计划，在国际多灾害早期预警系统建设中发挥重要作用。广泛开发利用国际气象科技资源，完善双边科技合作机制，加强智力引进和人才送外培养力度。

第八章　加强领导，营造良好发展环境

第一节　加强组织领导和协调配合

气象行业各部门要充分认识发展气象事业、加快气象科技创新的重大意义，按照《纲要》、《科技发展纲要》和国务院三号文件的有关要求，推进本规划各项任务的落实。加快制定气象事业现代化建设、科技创新、人才培养、投资保障等相关政策措施的出台，形成支持气象事业发展的合力。

建立本规划与国家级、省级和行业相关规划之间的衔接和协调互动机制，统

筹规划探测站网、信息资源共享、专业预警服务系统等现代化建设。从实际出发，细化加快气象事业发展的目标和任务，分层次、有侧重地将气象事业发展纳入各类规划以及投资计划中。

第二节　增强投资保障能力

逐步完善以政府投入为主、社会和单位自筹等多元化投资渠道，完善气象科技服务对事业的反哺机制，增强自我发展能力。调配好“十一五”重点支撑项目的配套投资及其他投资。通过政策倾斜、财政保障等措施统筹东、中、西部地区气象事业的协调发展。继续加大对“三站四网”建设和改善基层台站条件的投入，形成长效、稳定的投入机制。选择有代表性的基层台站推进综合现代化台站建设，制定切实可行的实施方案，逐步改善艰苦台站，尤其是西部艰苦台站职工工作生活条件。

第三节　强化综合管理

健全和完善科学民主决策工作机制，实施气象行政管理创新工程。建立健全应急管理指挥体系，建设国家及省级气象应急管理指挥平台。加快推进气象电子政务系统建设步伐。建立目标管理信息平台。

推行综合财政预算管理，规范支出行为，加强项目、财务控制、监督和绩效考核，完善对企业实体和经营活动的财务监督和规范管理。建立国家、省、地、县四级国有资产管理体系，完善管理制度，促进国有资产合理配置和有效使用。

第四节　加强党风廉政和精神文明建设

建立健全教育、制度、监督并重的惩治和预防腐败体系。全面推行政务公开制度。以领导干部经济责任审计为重点，对重大经济活动进行实时审计和整改落实情况的督促检查。建设学习型部门，丰富职工的精神文化生活，不断创新气象文化，积极推进精神文明和廉政文化建设，加强理论和职业道德教育，增强全部门凝聚力。强化现代化宣传手段建设，构建“大宣教”工作新格局。关心离退休职工的精神文化生活和身体健康。制定并实施全国气象“五五”普法规划，加强各级科普基地建设，强化气象法律法规和科学知识宣传教育工作。建设一批高质量的“全国文明单位”和“全国气象部门文明台站标兵”。

附录三　气象事业发展“十二五”规划

(2011—2015 年)

一、“十一五”时期的主要成就

“十一五”时期，气象整体实力明显提升，气象为经济社会发展和人民福祉安康做出突出贡献，圆满完成了“十一五”规划确定的各项任务。

气象发展思路更加清晰。树立了“公共气象、安全气象、资源气象”发展理念，确立了建设具有世界先进水平的气象现代化体系，实现“一流装备、一流技术、一流人才、一流台站”(以下简称“四个一流”)的战略目标，明确了不断提高“气象预测预报能力、气象防灾减灾能力、应对气候变化能力、开发利用气候资源能力”(以下简称“四个能力”)的战略任务，形成了现代气象业务体系、气象科技创新体系、气象人才体系构成的气象现代化体系新格局。

气象防灾减灾取得重大成效。《气象灾害防御条例》、《国家气象灾害防御规划(2009—2020 年)》、《国家气象灾害应急预案》、《关于进一步加强气象灾害防御工作的意见》等先后发布，“政府主导、部门联动、社会参与”的气象防灾减灾机制进一步健全，国家、省、地、县气象灾害专项预案体系初步建立。气象灾害监测预警和防范应对能力明显增强，气象信息发布手段和制度不断完善，公众防范气象灾害意识不断增强。有效应对了 2006 年“桑美”超强台风、2007 年淮河流域特大暴雨洪涝、2008 年南方低温雨雪冰冻、2009 年冬麦区特大干旱和初冬北方大范围暴雪、2010 年西南地区特大干旱等重大气象灾害。农村防灾减灾、农业生产和粮食安全气象保障水平明显提升，气象为我国粮食连续增产做出了积极贡献。人工影响天气服务能力和整体效益不断提升。公众气象服务满意度保持在 80%以上，气象信息公众覆盖率达到 90%以上。

应对气候变化科技支撑作用日益突出。发起并组织成立了国家气候变化专家委员会，参与编制并实施《中国应对气候变化国家方案》，编制完成第一、第二次《气候变化国家评估报告》，牵头协调政府间气候变化专门委员会国内工作，组织参与政府间气候变化专门委员会第四、第五次评估报告编写，积极参与《联合国气候变化框架公约》国际谈判。气候业务系统日益完善，初步建成了中国气候观测系统和多圈层耦合的新一代气候系统模式，开展了气候变化对粮食安全、水资源安全、生态安全和重大工程等影响评估，为国家制定应对气候变化政策和战略提供了一系列重要科学依据。完成了全国陆地和近海高分辨率的风能资源评估和区划。广泛开展了应对气候变化专题科普宣传。

重大活动和突发事件气象保障水平大幅提高。圆满完成了北京奥运会、新中国成立 60 周年庆祝活动、上海世博会、广州亚运会等重大活动的气象保障任务。与世界气象组织联合建设的世界气象馆首次以气象主题独立参展世博会，获得了国际展览局颁发的上海世博会评委会特别奖。圆满完成了三峡工程、南水北调、青藏铁路、载人航天等重大工程以及四川汶川特大地震、青海玉树强烈地震、甘肃舟曲特大山洪泥石流等重大突发灾害抢险救灾和恢复重建的气象保障任务。

气象现代化建设取得显著成就。实施了气象卫星、新一代天气雷达、气象监测与灾害预警等重点工程。成功发射 4 颗气象卫星，实现了极轨气象卫星技术升级换代和上下午卫星组网观测、静止气象卫星双星观测和在轨备份。新建新一代天气雷达 73 部，形成了由 164 部新一代天气雷达组成的雷达观测网，基本形成风廓线雷达局部观测业务试验网，全面实现高空观测技术换代。地面气象基本要素实现观测自动化，自动气象站覆盖全国 85%以上乡镇，建成了 400 座风能观测塔、1210 个自动土壤水分观测站、485 个全球定位系统气象观测站、10 个空间天气观测站。温室气体实现在线观测。启动了海洋气象观测系统建设。建立了全国基本观测业务设备运行监控系统和适应现行观测系统稳定可靠运行要求的气象技术装备保障体系。国内气象数据收集、分发能力分别提高 6 倍和 16 倍。国家级高性能计算机总运算能力达到 50 万亿次/秒，自主研发的全球/区域多尺度通用同化预报系统实现了准业务运行。全国 24 小时晴雨预报准确率达到 85%以上，24 小时暴雨预报准确率比 2006 年提高 2%，台风路径预报达到世界先进水平。

气象科技创新和人才队伍建设稳步推进。组织实施了公益性行业(气象)科研专项,启动实施了天气、气候、应用气象和综合气象观测四项研究计划。气象科技投入稳步增长,科研基础条件明显改善,科研与业务紧密结合的气象科技创新体系初步形成,自主创新能力不断提升。“风云二号C星业务静止气象卫星及地面应用系统”获国家科技进步一等奖,“我国梅雨锋暴雨遥感监测技术与数值预报模式系统”、“我国新一代多尺度气象数值预报系统”、“人工增雨技术研发及集成应用”、“奥运气象保障技术研究及应用”、“气象防灾减灾电视系列片《远离灾害》”等五项成果获国家科技进步二等奖。实施“双百计划”、“强基工程”等人才工程,气象队伍学历层次、职称结构、专业分布逐步优化,继续教育和大规模岗位培训成效显著,队伍整体素质显著提高。

气象发展环境明显改善。初步形成了以《中华人民共和国气象法》为主体、以《气象灾害防御条例》和《人工影响天气管理条例》等法规规章为补充的气象法律法规体系,注重依法行政能力建设,增强了公共气象服务和气象社会管理职能。广泛推进开放合作,积极开展气象科技国际多边和双边合作,国际影响力和地位日益提高。

二、“十二五”时期面临的形势

“十二五”时期是建设气象现代化体系、实现国务院三号文件第二步奋斗目标的关键时期,是加快转变气象发展方式、推进科学发展的重要时期,是提升“四个能力”、实现“四个一流”的攻坚时期。在新的经济社会发展背景下,围绕提供“一流服务”的发展宗旨,气象发展面临诸多挑战和机遇。

气象防灾减灾提出新需求。在全球气候变化背景下,极端天气气候事件影响日益加剧。随着经济社会的发展,气象灾害及其次生、衍生灾害对经济社会造成的损失越来越大,对人民福祉安康造成的威胁越来越严重。各级党委和政府将更加重视气象防灾减灾,社会公众将更加关注气象灾害监测预警和有效防范。气象发展面临加强全社会灾害风险管理和增强公众防灾意识的新需求。

应对气候变化面临新任务。国际社会围绕全球气候变化等问题的博弈将更加激烈,由此引发的能源安全、粮食安全、生态安全、水资源安全等全球性问题成为各国关注的焦点。未来五年,我国将制定适应气候变化总体战略,加强适应气候变化能力建设，加强气候变化领域国际交流和战略政策对话，积极参与国际谈判，推动建立公平合理的应对气候变化国际制度。加强气候变化科学研究、观测和影响评估，提升极端气候事件监测预警能力，提高适应气候变化科技水平，强化气候变化问题国家外交、内政决策支撑作用，将赋予气象发展新任务。

世界科技竞争带来新挑战。当前世界正处于大发展大调整大变革之中，各国都把加强科技创新和发展新兴产业作为突破口，竞相实施新的科技和人才战略，力争重塑国家竞争优势。发达国家加快推进地球环境观测、地球综合模拟预测、气候系统模式和高性能计算机网络等领域的技术研发和能力建设。积极参与国际合作与竞争，打破少数发达国家在气象科技方面长期占据优势的不利局面，将对气象发展带来新挑战。

加快转变经济发展方式赋予新使命。我国处于加快经济发展方式转变、推动科学发展的关键时期，在以推进城镇化建设、加强节能增效等为主要内容的经济结构调整中，在以壮大战略性新兴产业、加强传统产业技术改造等为主要内容的产业结构调整中，在以加快构建现代农业产业体系为主要内容的农业发展方式转变中，在以大规模发展绿色经济、循环经济和低碳经济为主要内容的生态文明建设中，以及在加快发展服务业、服务市场开放的进程中，蕴涵着大量的气象服务需求，气象发展将面临加快转变经济发展方式带来的新使命。

构建和谐社会提出新要求。保障和改善民生，要求政府加快建立和完善符合国情、比较完整、覆盖城乡、可持续的基本公共服务体系。加强和创新社会管理方式，提高政府公共服务能力，推进基本公共服务均等化，为公众提供贴近实际、贴近生活、贴近生产的公共气象服务，迫切要求创新和完善体制机制，进一步加强公共气象服务能力建设，切实履行公共气象服务职能。构建社会主义和谐社会、保障人民生命财产安全，对气象发展提出了新要求。

"十一五"期间，气象发展虽然取得了辉煌的成就，但是面对新机遇、新挑战，仍然存在着一些亟待解决的突出问题。气象业务服务能力与经济社会发展和人民生产生活日益增长的需求不相适应仍然是气象发展的根本矛盾，气象防灾减灾和应对气候变化能力不强、科技支撑不足、体制机制不完善等依然是气象发展的薄弱环节。"十二五"期间，应进一步采取有效措施，切实破解气象发展难题。

三、指导思想和发展目标

（一）指导思想

以邓小平理论和“三个代表”重要思想为指导，深入贯彻落实科学发展观，以科学发展为主题，以转变发展方式为主线，坚持公共气象的发展方向，把提高气象服务水平放在首位，大力推进气象科技创新，着力加强“四个一流”建设，着力提高“四个能力”，构建整体实力雄厚、初具世界先进水平的气象现代化体系，为经济发展、社会进步、保障民生和国家安全提供一流的气象服务。

（二）基本原则

坚持科学发展，争创一流。服务科学发展、推动科学发展，加快推进气象发展方式转变。把建设“四个一流”作为战略目标，把提高“四个能力”作为战略任务，把提供一流服务作为根本出发点和落脚点，注重气象现代化建设的速度规模结构和质量效益相统一，促进气象现代化体系布局更加优化、功能更加完善，不断增强气象发展的全面性、协调性和可持续性。

坚持面向需求，服务引领。以需求为牵引，充分发挥公共气象服务的引领作用，促进气象更好地融入经济社会发展全局。统筹好气象现代化体系各部分的协调发展，更加注重现代气象业务体系建设，促进气象业务技术更加适应需求，业务领域更宽、服务功能更强、业务流程更合理，显著提升保障人民生命财产安全、国家安全、经济社会可持续发展的能力。

坚持科技创新，人才强业。充分发挥科技第一生产力和人才第一资源作用，促进科研与业务结合更加紧密，队伍素质显著提高，科学管理明显加强，科技和人才保障作用更加突出。加快国家气象科技创新体系和气象人才体系建设，力争在一些重要科技领域取得新突破，努力造就一支适应气象发展的高素质人才队伍。

坚持统筹集约，协调发展。落实国家区域发展战略，推进西部气象跨越发展，促进中部气象快速发展，支持东部气象率先发展。加大支持西藏、新疆等民族地区气象事业发展力度，落实东部率先实现气象现代化的战略部署。推动国家与地方气象事业、气象行业协调发展。注重强化气象在经济社会发展和公共服务中的地位和作用，使气象在政府工作中做出更加突出的贡献。

坚持深化改革，扩大开放。以改革开放作为事业发展的强大动力，进一步调动各方面积极性，以更大的勇气和决心推进公共气象服务、科技创新和人才队伍建设等重点领域和关键环节的改革，不断拓展合作开放领域，注重建立和完善有利于气象科学发展的体制机制，促进气象信息得到更加充分的利用和共享。

（三）发展目标

到2015年，基本建立满足国家需求、结构完善、布局合理、功能齐备的公共气象服务系统、气象预报预测系统、综合气象观测系统，建成较完善的气象科技创新体系和充满活力的气象人才体系，显著提升气象现代化水平，进一步优化气象法制、文化、管理等发展环境，为实现国务院三号文件确定的2020年奋斗目标奠定坚实的基础。

气象防灾减灾能力明显增强。气象灾害监测预警、预报服务、应对准备、应急处置能力显著增强，“政府主导、部门联动、社会参与”的气象防灾减灾机制进一步完善，气象灾害造成的经济损失占国内生产总值的比例逐步降低。

应对气候变化能力不断提高。气候变化科学研究水平进一步提升，适应气候变化的对策更加科学，气候变化影响评估和气候资源开发利用取得显著进展，为国家应对气候变化内政外交问题的科技支撑能力明显提高。

气象现代化体系更加完善。公共气象服务业务能力明显增强，气象预报预测水平进一步提高，综合气象观测系统更加完善，气象资料应用和信息支撑能力显著提升，科技创新和人才队伍支撑能力进一步增强，公共气象服务质量和效益更加显现。

公共服务和社会管理职能进一步强化。气象法律法规及标准体系建设符合气象发展要求，气象依法行政能力和标准化整体水平明显提升。初步实现基本公共气象服务均等化，显著推进气象服务社会化进程，气象信息产业得到进一步发展。

“十二五”时期气象发展主要指标

- 气象信息公众覆盖率达到95%以上，公众气象服务满意度保持在85%以上。
- 灾害性天气预警信息提前15～30分钟发出。
- 人工增雨(雪)作业效率提高10%。

> ➢ 24 小时晴雨和暴雨预报准确率分别保持在 85%和 22% 以上,温度 24 小时预报准确率达到 70%以上,台风路径 24 小时预报误差减小到 100 公里以内。
> ➢ 短期气候预测水平在本世纪前 10 年基础上提高 3%～5%。
> ➢ 实现单颗静止气象卫星每 15 分钟获取一次云图,卫星全球资料获取时效提高到 2 小时以内。天气雷达观测覆盖率提高 10%左右。自动气象站乡镇覆盖率达到 95%。
> ➢ 国家级高性能计算机运算能力达千万亿次,卫星、雷达资料占同化资料总量的 85%以上。

四、强化公共服务,提高经济社会发展气象保障水平

围绕全面建设小康社会、加快转变经济发展方式对气象服务的需求,把提升公共气象服务能力作为重点任务,着力加强气象防灾减灾、应对气候变化、气候资源开发利用、气象为农服务、气象为城市运行服务以及江河流域、海洋、交通等重点领域的气象服务,不断提升公共气象服务水平。

(一)加强气象防灾减灾

强化气象灾害监测预报预警。加强关键性、转折性、灾害性天气和极端气候事件预报预警和实时监测分析,做好旱涝、冷暖等气候趋势预测,重点加强台风、暴雨(雪)、大雾、沙尘暴等气象灾害的中短期精细化预报服务和雷电、龙卷风、冰雹等强对流天气的短时临近预报服务。建立和完善跨地区跨部门联动、区域流域联防的气象灾害监测预防体系,重点做好大中城市、人口密集地区、重点保护部位和边远山区等气象灾害易发或防御薄弱区域的监测预警。

加强气象灾害预报预警信息发布。完善气象灾害预报预警信息发布制度。充分利用已有资源,完善预报预警信息发布手段,积极拓宽预报预警信息传播渠道,加快推进预报预警信息发布系统建设,形成国家、省、地、县四级相互衔接、规范统一的预报预警信息发布体系,提高预报预警信息的覆盖面、有效性和时效性。加强预报预警信息发布规范管理。

加强气象灾害风险管理。深入推进气象灾害风险普查,重点加强公共场所、人群密集场所等高风险区的气象灾害隐患排查,完善气象灾害风险管理数据库,开展气象灾害和极端天气气候事件风险评估和区划,提高全社会气象灾害风险管理水平。

强化气候可行性论证工作。建立气象灾害风险评估制度和气候可行性论证制度，面向城乡规划编制、重大区域性经济开发、农（牧）业结构调整、重大工程建设等开展气候可行性论证，充分考虑气候变化因素，努力减轻气象灾害影响。

加强气象灾害防范应对。推动各级政府编制和实施气象灾害防御规划，完善气象灾害应急预案体系和气象灾害防御信息共享平台，健全气象灾害防御社会动员机制。加强气象灾害防御基层队伍建设。强化军地和部门联防互动的应急联动机制。加大气象防灾减灾科普宣传力度，深入推进气象防灾减灾知识进农村、进学校、进企业、进社区、进厂矿、进工地，提高全社会气象防灾减灾意识和公众自救互救能力。

（二）积极应对气候变化

强化应对气候变化服务。积极落实国家适应气候变化总体战略，加强气候变化影响评估尤其是重点区域和行业风险评估。推动提高国家适应气候变化能力。发挥国家气候变化专家委员会的作用。针对粮食安全、能源安全、生态安全、水资源安全、灾害风险管理等国家应对气候变化热点问题，提供高质量的咨询服务。加强面向政府部门、专业人员和广大公众的应对气候变化知识培训和素质教育，提高全民应对气候变化意识。

加强气候变化科技支撑。加强气候变化监测服务，稳定获取并提供具有代表性、准确性和均一性的气候资料。加强温室气体的网络化观测，为温室气体排放源和吸收汇监测评估提供依据。探索气候变化和极端气候事件发生规律，研究人类活动、自然变化对全球气候变化影响，研发气候系统模式关键技术，完善高分辨率气候系统资料数据集和极端气候事件数据库，推进中国气候观测系统数据共享和气候资料质量控制标准化，提高气候模拟和气候变化预估水平。

加强气候资源开发利用服务。发展现代气候资源调查评估技术，开展空中云水资源、风能、太阳能资源和农业、林业、山地、海洋等气候资源调查评估，完成第三次全国气候区划。发展风能、太阳能预报技术，完善风能、太阳能资源专业观测网，为风电场、太阳能电站选址、建设、运行和电网调度提供气象服务。加强农业、海洋、旅游等气候资源开发利用服务，为能源结构调整提供科技支撑。

加强应对气候变化国际合作。加强科学研究、技术开发和能力建设等方面的务实合作。加强对政府间气候变化专门委员会开展科学评估及国内工作的组织协调，科学分析和应用评估结果，积极参与气候变化领域国际谈判并提供有力的科技支持。积极参与制定国际适应气候变化的相关制度。推进南南合作，为发展中国家提供应对气候变化的技术支持。

（三）强化气象为农服务

形成气象为农服务整体合力。发挥政府对气象为农服务的主导作用，将气象为农服务纳入农村公共服务体系，推动建立政府统一领导、综合协调，相关部门各负其责、有效联动的气象为农服务组织体系。探索气象为农服务的提供方式，充分利用各种农村公共服务机制和社会资源，拓展气象为农服务领域，努力形成气象为农服务的社会整体合力，提升气象为农服务的整体效益。

健全农业气象服务体系。提高农业气象观测自动化水平，加强农业气象观测和试验，强化农业气象监测预报，提高干旱、低温冷害、高温热害等重大农业气象灾害的预测预报能力。开展精细化农业气候区划，加强气候变化对我国农业生产力布局、种植结构、农业生态环境和农业气候资源的影响评估。加强粮食产量动态监测、预报和综合评估，发展与我国粮食进出口有关的国外主要粮食作物产量预报业务。大力发展气象兴农网。积极推进农村气象信息服务站建设。

健全农村气象灾害防御体系。完善农村气象灾害监测预报预警体系和农村气象灾害防御组织体系。健全以预防为主的农村气象灾害风险管理机制，开展农业气象灾害风险区划。积极推动农村气象灾害应急准备认证。强化涉农部门气象灾害信息交换共享机制。

（四）深化城市气象服务

强化城市气象灾害监测预警和应急防御。完善适应城市精细化、网络化管理的气象灾害监测预警体系，加强突发强降水、高温、雾/霾、内涝等城市气象灾害监测预报预警服务，推进城市社区气象灾害应急准备认证。加快构建国家重点城市群的气象灾害监测防御体系。

加强城市生命线运行保障气象服务。加强城市高影响天气的气象预报预警服务，完善与交通、市政公用、电力、水务等部门的气象灾害响应联动机制，为有关部门的调度、指挥、联动提供优质气象服务，保障城市安全有序运行。

加强城市公众气象服务。优化城市气象观测布局，加强适应城市居民生活多样化需求的精细化气象服务，完善多种手段互补的城市气象信息发布体系，及时发布城市空气质量气象等级预报和紫外线辐射、花粉、人体舒适度等影响城市居民生活的各类气象信息。

加强重大活动气象保障。推广应用北京奥运会、新中国成立60周年庆祝活动、上海世博会、广州亚运会等重大活动气象服务经验和技术成果，推进重大活动气象服务体系的常态化建设，不断完善重大活动气象服务管理运行机制和业务服务体系，为重大活动提供优质气象服务保障。

（五）加强重点领域气象服务

加强江河流域和山洪地质灾害气象服务。强化江河流域和山洪地质灾害气象预警服务，提升覆盖江河流域和山洪地质灾害多发重发区域的综合气象观测能力和预警信息发布能力。加强水文气象业务服务，着力提高灾害易发区的强降水精细化监测分析和短时临近预报、定量降水估测和预报、降水落区预报、流域面雨量预报和强降水洪涝气象灾害风险评估能力。

加强海洋气象服务。加强海洋气象监测服务，推进海上大风、海雾和台风等海洋气象灾害预警预报技术研发，提高海洋气象灾害影响区域和强度的预警预报水平。加强面向港口作业、海洋油气生产、海上旅游、海洋渔业、海盐和盐化工业等领域的海洋经济气象服务。

加强交通气象服务。加强对能见度、强风、积雪、强降雨、路面结冰等高影响气象条件监测分析和交通气象灾害预警预报服务。建立完善交通沿路多种手段互补的预报预警信息发布系统。加强对机场、铁路、公路、港口等交通工程建设的气象影响评估。开展远洋运输、海上搜救等气象服务。

加强电力气象服务。联合电力部门和电网企业加强电力气象监测服务，发展电力设施覆冰监测预警技术，开展气象灾害对电网安全运行影响评估。提升保障电网安全运行的气象灾害监测预警水平和信息共享能力。加强输电线路工程设计、电力生产基地选址气候论证。加强电力生产调度专业气象服务。

加强生态气象服务。加强森林、草原、荒漠、湿地等典型生态系统的气候监测。发展生态气象灾害监测预警、重大生态环境问题和典型生态系统监测评估、生态气候适应性评价等生态气象业务服务，为保护生态环境、建设生态文明提供科学依据。

加强旅游气象服务。联合相关部门加快推进旅游气象服务试点，完善旅游景区气象观测系统，开展旅游景区特殊气象景观和旅游气象指数预报，开展旅游气候资源普查和重点旅游景区气象灾害风险评估，发展中国旅游天气网，完善节假日旅游安全气象服务联动机制。

(六)强化人工影响天气能力

优化人工影响天气业务布局。完善“政府主导、部门合作、社会参与”的工作机制，充分发挥国家人工影响天气协调会议制度的作用。依托气象基本业务系统，优化国家、区域、省、地、县各级人工影响天气业务布局，加快国家级人工影响天气中心建设，初步建立东北等5个区域人工影响天气中心，完善跨区域作业调度运行决策机制，建设全国统一协调、上下联动、区域联防、逐级指导的业务技术体系。

增强人工影响天气作业能力。完善各级人工影响天气业务技术系统，优化以雷达、卫星、飞机等多种探测手段构成的作业监测网，更新火箭、高炮等地面作业催化系统，建立作业效果检验区。提升人工增雨抗旱、防雹减灾、水库和河流增水、生态环境建设与保护、森林草原防火、机场和公路消雾、重大社会活动保障以及应对严重空气污染、城市高温天气等事件的作业能力。

提高人工影响天气科技支撑能力。加强国家级人工影响天气科研能力建设，强化对地方人工影响天气工作的科技支撑和技术示范。开展国家级重大科学实验，加强人工影响天气基础研究和新技术开发应用研究，加快科研成果业务转化，提高我国人工影响天气技术自主创新能力。

(七)大力发展气象信息产业

广泛吸引全社会积极参与气象信息产业市场的培育与开拓。引导和集聚社会有关创新主体、创新要素从事气象装备研发，重点发展气象技术装备高科技产业，提高装备制造国产化能力。调动各种社会资源发展壮大气象信息与工程技术服务，发展气象敏感行业和领域的气候风险咨询服务、专业化和个性化的气象信息增值服务。提高气象业务系统运行保障的社会化水平。

五、加强业务体系能力建设，提升气象现代化水平

建设和完善以提高气象信息覆盖率和公众气象服务满意度为目标的公共气象服务业务，以提高预报预测准确率和精细化水平为核心的气象预报预测业务，完善地基、空基、天基观测有机结合，布局合理、自动化程度高、运行稳定、保障有

力的综合气象观测业务,全面提升气象现代化水平和气象服务能力。

(一)提升公共气象服务能力

加强决策、公众和专业专项气象服务。加强面向防灾减灾、应对气候变化、新农村建设等重点领域的决策气象服务,提高决策气象服务的针对性和影响力。加强面向农业、交通等重点行业的专业气象服务,提升专业专项气象服务的科技含量和精细化水平。加强面向全社会的公众气象服务,满足公众对气象服务的个性化需求。充分利用各种社会资源和传播载体,实现气象服务信息的广覆盖。

提升气象服务业务技术支持能力。加强气象服务产品加工技术、气象资料与社会经济资料分析融合技术、气象灾害风险评估技术等关键服务技术的研发。完善公共气象服务产品库、气象服务产品制作系统和气象信息发布平台,推进气象灾害风险评估和气象服务效益评估。加强与高校合作共建,推进气象服务学科和专业建设。

(二)提高气象预报预测水平

提高数值预报业务能力。发展数值预报模式动力框架、物理过程和资料同化等核心技术,升级数值预报业务系统,完善数值预报模式检验评估和解释应用业务,发展短期气候预测模式和气候系统模式,提高数值预报对预报预测业务的技术支撑能力。

强化中短期、短时临近和精细化预报。发展基于天气雷达、气象卫星、自动气象站等多种资料的融合分析与外推预报技术,高分辨快速分析预报产品的解释应用技术,提升灾害性天气的短时临近预报水平。发展集合预报产品释用和概率预报技术,提高中期预报可用时效和短期天气预报能力。发展基于数据融合技术和高分辨数值模式产品释用的精细化预报技术,提高精细化预报能力。

发展现代气候业务。提升面向亚洲区域和全球的气候监测、预测业务能力。加强多模式集合、动力与统计等客观气候预测方法、气候预测检验技术和气候业务平台的研发。完善短期气候预测业务。发展定量化气候影响评价评估技术,完善气候影响评价业务平台。加强气候区划技术研发,推进精细化气候区划系统建设。发展气候服务新技术,完善中国气候服务系统。

(三)强化综合气象观测能力

完善气象观测布局。完善国家级地面和高空气象观测站网。调整优化天气雷达和风廓线雷达布局。统筹农业、海洋、林业、交通、电力、空间天气、风能、太阳能等专业气象观测站网布局。健全站网观测标准体系。

加快推进气象观测自动化。加快实现云、能见度、天气现象、固态降水及酸雨等观测自动化，推动气压、湿度、辐射等传感器技术研发及设备生产国产化，加强高空气象自动化观测，实现国家级地面气象观测站自动化观测。发展卫星全球观测技术，实现对温度、降水、辐射等主要气候要素的高精度自动观测。

增强综合气象观测能力。增强气象观测资料稀疏区、灾害性天气频发区、气候敏感区、气象服务重点区气象观测能力。提升气候关键区基准辐射、边界层通量、气候系统多圈层观测能力。推进中国气候观测系统观测计划的实施。统筹新一代天气雷达、常规天气雷达、移动雷达、风廓线雷达及应用系统建设。加强空间天气观测和全球定位系统气象观测站建设。提高空间天气监测分析能力。发射静止和极轨气象卫星，确保双星观测稳定运行。发展气象遥感遥测技术，积极参与高分辨对地观测工程及其在气象行业的应用。开展臭氧、辐射、中高层大气探测等探空试验。

增强观测系统稳定运行能力。完善各级技术装备保障运行监控平台，建设观测设备远程故障诊断系统、维修测试平台和移动维修系统以及气象装备供应储备库房。加强气象雷达标定和卫星辐射校正场建设，更新和扩充气象计量标准器和配套设施，完善气象计量检定实验室、计量检定自动化系统和移动计量检定校准系统。强化气象专用技术装备考核、定型、使用许可、部门列装、质量检验测试等工作。

(四)增强资料应用和信息支撑能力

加强多种资料的综合应用。加强资料管理，制定完善数据标准，规范资料传输、处理、应用。建立健全现代气象资料业务流程，强化各类观测资料的质量保障体系建设。加快推进历史气象资料拯救，构建均一化气候资料序列，着力提升数据产品研发能力，加强气象数据产品的应用与共享。建立并完善基础、专题、综合数据库系统，加强气象资料档案管理。

完善气象通信网络系统。完善气象通信网络，提升信息传输能力，提高气象数据传输时效和质量。推进气象信息实时共享，增强国际数据交换与服务能力。完善气象应急通信系统，加强统一管理与调度。着力提升边远台站数据传输能力。发展气象数据卫星广播系统。升级国家、省、地、县四级视频会商系统。

增强高性能计算机能力。升级国家、区域和省级高性能计算机系统，改善高性能计算机系统应用支撑环境，推进计算资源集中共享和精细化管理，开展气象云计算服务系统应用试验。

加强气象信息系统安全与备份。强化气象信息系统安全管理，建立气象通信、高性能计算机、数据存储管理与服务等核心实时业务应急备份系统，推进省级通信业务应急备份系统建设。

六、积极推进重点工程建设

围绕"十二五"期间的发展目标、战略任务，按照统筹集约、突出重点、有序衔接、持续发展的原则，统筹协调中央、地方建设需求和投资能力，积极推进国家级重点工程项目，带动实施一批地方重点工程项目。

（一）气象卫星系统工程

为确保气象卫星系列化发展、业务化运行，稳步进行更新换代，继续实施风云二号03批卫星、风云四号试验和业务卫星、风云三号02批卫星和风云三号降水测量雷达试验卫星工程建设，显著提高遥感仪器定量探测精度。完善卫星地面应用技术设施，建设覆盖国家、省、地、县四级的遥感应用业务体系，提高卫星资料应用水平和效益。

（二）天气雷达工程

以进一步提高对气象服务重点区域和突发性气象灾害频发地区的覆盖率、显著提升雷达应用水平为目标，完成《新一代天气雷达建设增补站点布局方案》的建设任务及已建雷达技术升级和保障、培训体系建设，强化雷达网运行监控、质量控制、资料应用能力建设，推动雷达建设带动地县级预警服务能力提高。完善常规天气雷达布局，开展新型天气雷达试点建设。

（三）气象监测与灾害预警工程

完善农业、林业、城市、江河流域、交通、电力、旅游等重点领域气象灾害应急监测预警服务系统，推进雷电监测网和农村中小学校雷电防御系统建设，加快推进气象观测自动化和技术装备保障系统建设，建立国家级综合气象观测试验基地、气象专用技术装备质量检验测试中心和应急物资储备库。带动实施各省

(区、市)气象监测预报预警等相关气象工程。

(四)气候变化应对决策支撑系统工程

以提升我国应对气候变化的科技支撑能力为目标,强化气候系统监测能力,发展气候系统模式,建设气候资料共享平台,完善应对气候变化影响评估、预测服务等决策支持系统,建设太阳能资源观测网,建设风能、太阳能开发利用气象保障业务系统。带动实施各省(区、市)应对气候变化及气候资源开发利用等相关气象工程。

(五)山洪地质灾害防治气象保障工程

建成山洪地质灾害防御气象监测预报预警服务体系,在山地和沟谷等易灾区建设自动雨量站、乡镇自动站、移动气象观测站、天气雷达、风廓线雷达、雷电探测仪和生态环境气象观测站,升级改造部分天气雷达和自动气象站,提高观测系统自动化水平,基本消除气象监测盲区。建设和改进易灾区的气象信息传输与管理、技术装备保障、资料档案、信息安全保障系统,建设强降水的精细化监测分析、质量控制与评估、定量降水估测和预报以及短时临近预报系统,建设和改进气象监测预警信息发布系统。带动各省(区、市)和新疆生产建设兵团实施地方山洪地质灾害防治气象保障工程。

(六)新增千亿斤粮食生产能力气象保障工程

在800个产粮大县和三大种子繁育基地建立省、地、县三级人工影响天气业务系统和农业气象观测、技术装备保障、信息传输及预报预警服务系统,建成上下协调、分级服务、快速响应的粮食生产气象保障服务业务。带动地方实施粮食增产气象保障工程。

(七)突发事件预警信息发布系统工程

广泛利用社会资源,充分利用现代媒体技术,完善国家突发事件预警信息发布手段,扩大预警信息发布范围,提高预警信息发布时效。带动实施各省(区、市)突发事件预警信息发布系统工程。

(八)人工影响天气工程

以提升人工影响天气技术开发与业务指导能力为目标,依托现有气象业务布局,加快国家和区域人工影响天气中心建设,建立国家人工影响天气业务系统和综合试验基地,完善人工影响天气作业监测网、作业指挥系统、作业和探测平台、效果评估平台、国家技术支撑平台、业务运行保障平台。带动未纳入新增千亿斤粮食生产能力气象保障工程的新疆、西藏、青海、甘肃、北京、天津、福建、海南、广东等地区的人工影响天气工程项目建设。

(九)海洋气象综合监测预报预警工程

针对我国海洋交通航线、责任海区气象观测服务薄弱环节,结合国家海洋经济发展试点,充分利用已有海洋气象业务建设成果,建设近海海洋气象观测网及其配套技术装备保障系统,发展海-气耦合数值预报模式系统、海洋气象灾害监测分析和预警预报系统,建立海洋气象灾害预警平台及海洋气象预警信息发布系统。加快推进《南海海洋气象业务发展专项规划》及相关工程项目的实施。带动渤海、黄海、东海、南海沿海各省(区、市)实施海洋气象监测预报预警工程。

(十)国家气象业务应急备份系统工程

以提高应对重大自然灾害和其他重大突发事件的气象业务服务能力和行业支撑能力为目标,积极推进国家气象业务异地应急备份系统建设,实现实时业务技术支撑系统的连续运行。

(十一)数值预报和高性能计算机系统工程

进一步发展全球/区域同化数值天气预报系统,研发新一代短期气候预测模式系统。加强国家级、区域中心和省级高性能计算机能力建设,建立基础数据与专题数据管理和服务系统,推进多种气象资料的管理、共享、备份等综合应用。带动实施区域和省级数值预报和高性能计算机系统工程。

(十二)基层气象台站能力建设工程

按照建设"一流台站"要求,以提高基层气象台站业务保障水平和改善工作生活条件为出发点,加强基层气象台站业务服务能力建设,改善台站探测环境,优化配套设施环境,营造气象文化氛围。加强西部和艰苦地区基层台站基础设施及值班公寓等设施建设。带动各省(区、市)实施气象台站综合改善配套工程。

(十三)区域和省级重点工程

充分发挥中央和地方的积极性,加快提升各地气象灾害防御能力、应对气候变化能力和气象为地方经济建设和社会发展的服务水平,按照地方投入为主的原则,结合地方需求,在气象灾害防御、应对气候变化、突发事件预警信息发布、气象为农服务、城市气象服务、人工影响天气、海洋气象保障、基层台站能力建设等重点领域，协调推进区域和省级重点工程建设（具体项目见附表）。支持西藏、新疆及四川云南甘肃青海等四省藏区跨越式发展的气象保障工程建设。支持新一轮西部大开发、东北地区等老工业基地全面振兴、中部地区崛起、东部地区率先发展等国家区域发展总体战略的配套气象工程建设。

七、保障措施

(一)加强组织领导

各单位要加强对规划实施工作的组织领导，强化气象事业发展的统筹协调，按照职责分工，落实目标责任，积极推动各项任务落实。建立本规划与中央、地方以及相关行业规划之间的衔接机制。加强领导，科学组织，推动各层次、各领域、各区域气象事业协调发展。完善对规划实施的监测评估制度，建立规划实施评估与动态修订机制，适时开展规划的修编和调整工作。

(二)加大投入力度

进一步完善双重管理体制和相应的资金渠道，建立健全稳定增长的财政投入机制，把增强气象能力建设纳入各级财政预算。各级政府要切实加大对气象事业的投入力度，积极创造条件支持气象发展，逐步完善以政府投入为主、社会投入和单位自筹为辅的多元化投入机制，逐步增加中央投资规模，加大向中西部地区和革命老区、民族地区、边疆地区、贫困地区的倾斜力度。加强气象工程项目建设管理，健全管理体制机制，发挥工程效益。

(三)推进科技创新

坚持“自主创新、重点跨越、支撑发展、引领未来”的方针，建设布局合理、特色鲜明、优势互补、均衡协调的气象科技创新体系，充分发挥气象领域科研、业务以及高校等单位在气象科技创新体系中的功能和作用。稳定和发展科技创新团队。发挥重点实验室创新平台作用。加强重点领域科学研究，积极推动大型气象科学试验。加强科技创新基础能力建设，推进野外观测能力和科学试验平台、气象科技成果转化平台建设，加快气象科技资源共享平台建设。完善气象科技创新体制机制，改革气象科研和技术开发组织管理方式。加强原始创新、集成创新、引进消化吸收再创新，不断增强科技创新支撑气象发展的能力。

（四）加强人才队伍建设

坚持“服务发展、人才优先、以用为本、创新机制、高端引领、整体开发”的人才工作指导方针，确立在气象发展中人才优先发展的战略布局，充分发挥人才的基础性、战略性作用，做到人才资源优先开发、人才结构优先调整、人才投入优先保证、人才制度优先创新，以高层次领军人才和学科带头人建设为重点，统筹推进各类人才队伍建设，加快人才发展体制机制和制度创新，加强气象教育培训，推进高等院校气象类专业和相关学科建设，加强气象应用型、复合型专业人才培养，着力建设一支规模适度、结构优化、布局合理、素质优良的气象人才队伍，为气象发展提供人才保障和智力支撑。

（五）深化改革扩大开放

全面落实国家各项改革措施，着力完善气象发展的体制机制。推进各级气象机构业务调整，优化中央和地方气象业务布局。积极推进事业单位分类改革，建立符合不同类型事业单位特点和不同岗位特点的分类管理运行机制和人事制度。继续深化业务技术体制改革，建立和完善公共气象服务、预报预测和综合观测相互牵引、相互支撑的现代气象业务发展互动机制。积极开展国际交流与合作，建立全方位、宽领域、多层次的气象国际交流与合作新格局，扩大话语权，提高国际影响力。统筹气象行业协调发展，整合和合理配置行业资源，形成气象事业发展新格局。全面推进气象部门与相关部门及地方政府之间的合作与交流，不断优化气象发展环境。

（六）坚持依法行政

完善以《中华人民共和国气象法》为主体，行政法规、部门规章、地方性气象法规、政府规章和重要规范性文件相配套的气象法规体系。完善气象标准体系，加快气象社会管理和公共服务等重点领域的气象标准制修订工作。健全标准化工作机制，制定配套激励和考核措施，提升气象标准的社会参与程度和实施应用水平。健全气象行政执法体系，推行气象行政执法属地化管理。强化气象部门公共服务与社会管理职能，推进气象社会公共事务管理，加强气象信息安全和使用管理。

附表：

各省(区、市)、计划单列市重点项目

省(区、市)、计划单列市	重点项目
北京市	1. 气象灾害应急防御服务工程 2. 突发事件预警信息发布中心建设工程 3. 人工影响天气工程 4. 气候变化监测、评估与应对工程
天津市	1. 国家气象科技园工程 2. 城市交通与水文气象灾害应急保障系统工程 3. 设施农业气象服务示范工程 4. 应对气候变化科技支撑工程
河北省	1. 农村气象灾害防御与农业气象服务工程 2. 人工影响天气工程 3. 海洋气象灾害监测预警工程 4. 应对气候变化气象科技支撑工程
山西省	1. 气象为农服务工程 2. 山洪地质灾害防御气象监测预警服务工程 3. 水生态系统保护与修复人工影响天气工程 4. 粮食增产气象保障工程 5. 应对气候变化和气候资源开发利用服务工程
内蒙古区	1. 气象灾害预警评估服务工程 2. 气象为农牧服务工程 3. 天气预报预警业务体系建设工程 4. 短期气候预测与气候变化业务体系建设工程 5. 人工影响天气工程
辽宁省	1. 辽宁沿海经济带气象监测预报预警服务工程 2. 沈阳经济区城市气象服务工程 3. 人工影响天气工程 4. 第十二届全运会气象保障工程 5. 气象为农服务工程
吉林省	1. 空中云水资源开发工程 2. 突发气象灾害监测预警与应急响应工程 3. 粮食安全气象服务保障工程 4. 应对气候变化气象科技支撑工程
黑龙江省	1. 粮食增产气象保障工程 2. 森林防火气象服务工程 3. 公共气象服务工程 4. 流域和水文气象服务能力建设工程 5. 黑瞎子岛新一代天气雷达系统建设工程

续表

省(区、市)、计划单列市	重点项目
上海市	1. 多灾种预警中心建设工程 2. 重点区域公共气象服务系统建设工程 3. 精细化现代气象探测和预报系统建设工程 4. 应对气候变化决策支撑系统建设工程 5. 海洋气象暨台风预警中心(二期)建设工程
江苏省	1. 气象灾害预警和应急指挥中心工程 2. 应对气候变化气象科技支撑工程 3. 气象为农服务体系建设工程 4. 江苏沿海发展战略气象保障工程 5. 江苏城市群及“南京青奥会”精细化气象服务工程
浙江省	1. 山洪地质灾害防御气象保障工程 2. 海洋经济发展气象保障工程 3. 基本公共气象服务均等化工程 4. 气象防灾减灾中心建设工程
安徽省	1. 中尺度气象灾害监测预警及应急工程 2. 粮食增产气象保障工程 3. 农村信息化综合服务体系建设工程
福建省	1. 多要素自动气象站网建设工程 2. 突发公共事件预警信息发布系统建设工程 3. 海西气象监测预警体系工程 4. 气象防灾中心建设工程
江西省	1. 鄱阳湖生态经济区气象灾害应急示范工程 2. 气象防灾减灾综合保障工程
山东省	1.“两区一圈一带”区域发展气象保障工程 2. 人工影响天气能力提升工程
河南省	1. 气象灾害监测预警工程 2. 应对气候变化科技支撑工程
湖北省	1.“两圈一带”气象综合监测预报预警工程 2. 公共气象服务工程 3. 粮食增产和农业气象保障工程 4. 应对气候变化科技支撑工程
湖南省	1. 山洪地质灾害防御气象监测预警服务工程 2. 空中云水资源开发利用工程 3. 突发公共事件预警信息发布系统建设工程 4. 长株潭城市群公共气象服务体系建设工程 5. 气象为农服务工程

续表

省(区、市)、计划单列市	重点项目
广东省	1. 珠江三角洲中小尺度气象灾害监测预警中心建设工程 2. 海洋气象服务工程 3. 为农气象服务工程 4. 低碳发展保障工程
广西区	1. 北部湾经济区气象监测预警服务系统建设工程 2. 西江流域致洪暴雨监测预警系统建设工程 3. 农业气象服务和灾害监测防御系统建设工程 4. 应对气候变化科技支撑工程 5. 人工影响天气工程
海南省	1. 南海气象预警工程 2. 海口气象预警中心建设工程 3. 西沙气象保障海口基地建设工程 4. 旅游农业航天气象保障工程
重庆市	1. 气象监测与灾害预警(二期)工程 2. 山洪地质灾害防御气象监测预警服务工程 3. 三峡库区气候变化及极端天气气候事件应对科技支撑系统 4. 现代农业和农村防灾减灾及粮食增产气象保障工程
四川省	1.“一极一轴一区块”气象监测预警工程 2. 粮食增产气象保障工程 3. 民族边远地区跨越式发展气象保障工程 4. 公共气象服务工程 5. 应对气候变化科技支撑工程
贵州省	1. 气象防灾减灾工程 2. 空中水资源开发和防雹工程 3. 气象为农服务工程 4. 农村综合经济信息传播服务工程
云南省	1. 人工影响天气工程 2. 天气雷达系统建设工程 3. 区域气象观测网建设工程 4. 农村气象综合信息服务体系建设工程
西藏区	1. 青藏高原(西藏)气候变化监测服务系统建设工程 2. 气象防灾减灾能力建设工程 3. 农牧业等特色产业气象服务系统建设工程 4. 综合气象观测系统自动化建设工程
陕西省	1. 农业气象服务体系和农村气象灾害防御体系建设工程 2. 关中—天水经济区气象防灾减灾工程 3. 应对气候变化科技支撑工程 4. 防雹增雨跨区域协同作业体系建设工程 5. 突发公共事件气象应急体系建设工程

续表

省(区、市)、计划单列市	重点项目
甘肃省	1. 祁连山人工增雨(雪)体系工程 2. 农村气象灾害防御体系工程 3. 甘肃藏区气象防灾减灾体系建设工程
青海省	1. 气象监测与灾害预警工程 2. 山洪地质灾害防御气象监测预警服务工程 3. 应对气候变化科技支撑工程 4. 人工防雹体系建设工程
宁夏区	1. 宁夏沿黄经济区气象保障体系建设工程 2. 六盘山生态移民气象保障能力建设工程 3. 农业气象服务和农村气象灾害防御体系建设工程 4. 人工影响天气作业能力建设工程
新疆区	1. 空中水资源综合开发工程 2. 气象为农服务工程 3. 气象灾害防御系统工程 4. 新兴产业气象服务工程 5. 应对气候变化科技支撑工程
新疆生产建设兵团	1. 空中水资源综合开发工程 2. 气象为农服务工程 3. 气象灾害防御系统工程 4. 新兴产业气象服务工程
大连市	1. 城市气象防灾减灾工程 2. 海洋气象监测预警服务工程 3. 人工影响天气工程
青岛市	1. 近海海洋气象监测预报预警工程 2. 城市气象灾害监测预报预警服务系统工程 3. 新农村建设气象服务保障工程 4. 人工影响天气工程 5. 高速公路气象监测服务系统工程
宁波市	1. 气象灾害预警与应急系统二期工程
厦门市	1. 气象防灾减灾体系建设工程 2. 公共气象服务系统建设工程 3. 应对气候变化科技支撑工程

附录四　气象事业发展"十三五"规划

(2016—2020年)

前　言

气象事业是经济建设、国防建设、社会发展和人民生活的科技型基础性公益事业，在我国经济社会发展中的地位和作用日益重要。"十三五"时期是我国全面建成小康社会的决胜阶段和全面深化改革的攻坚期，也是全面推进气象现代化的冲刺期。根据《中共中央关于制定国民经济和社会发展第十三个五年规划的建议》、《中华人民共和国国民经济和社会发展第十三个五年规划纲要》和《国务院关于加快气象事业发展的若干意见》(国发〔2006〕3号)的总体部署和要求，结合"十三五"气象事业发展实际，中国气象局和国家发展改革委联合编制了《全国气象发展"十三五"规划》(以下简称《规划》)。

《规划》编制过程中充分征求了有关部门和地方意见，并与相关规划进行了衔接。2016年7月11日召开了专家论证会，听取专家意见。根据部门、地方和专家意见，对《规划》进行了修改完善。《规划》提出了"十三五"时期全国气象事业发展的指导思想、发展目标、主要任务和重点工程，是未来五年我国气象事业发展的行动纲领，是"十三五"时期气象基础设施建设的重要依据。

第一章　发展环境

一、"十二五"时期气象发展取得显著成绩

"十二五"时期，气象为保障经济社会发展和人民福祉安康作出重要贡献，气象"十二五"规划提出的总体目标成功实现，各项任务圆满完成。

气象防灾减灾能力明显提升。气象防灾减灾组织体系不断完善，“政府主导、部门联动、社会参与”的气象防灾减灾机制基本形成。国家预警信息发布中心成立运行，突发事件预警信息发布能力得到加强。农业防灾减灾、农业生产和粮食安全、产量预测、农业病虫害防治等气象保障水平明显提升，气象为我国粮食实现“十二连增”作出积极贡献。人工影响天气作业在抗旱防雹、森林草原防火等方面效益显著。有效应对甘肃岷县特大冰雹山洪泥石流、北京等大城市暴雨内涝、“威马逊”超强台风等气象重大灾害。因气象灾害死亡人数从“十一五”时期的年均2956人下降到“十二五”时期的年均1293人，灾害损失占国内生产总值(GDP)比重从1.02%下降到0.59%。气象预警信息公众覆盖率接近80%，暴雨预警准确率达到60%以上，强对流天气预警时间提前到15～30分钟。

气象监测预报水平稳步提高。与“十一五”时期相比，24小时晴雨、温度预报准确率分别提高了1.8%和13%，台风路径预报误差缩小26%，达到同期国际先进水平。我国自主研发的全球数值天气预报模式北半球可用预报时效达到7.3天。综合气象观测系统更加完善，气象卫星实现多星在轨和组网观测，181部新一代天气雷达组网运行，国家级地面观测站基本实现观测自动化，区域自动气象站乡镇覆盖率从85%提高到96%。重建1951年以来高质量基础气象数据集，1700万亿次/秒的高性能计算机系统投入业务运行。

应对气候变化支撑和生态文明服务能力不断提升。气候变化科学研究水平进一步提升，气候变化影响评估和气候资源开发利用为推动生态文明建设作出积极贡献。发布《国家适应气候变化战略》《第三次气候变化国家评估报告》和《中国极端天气气候事件和灾害风险管理与适应国家评估报告》。圆满完成政府间气候变化专门委员会(IPCC)第五次评估报告的政府评审、谈判和宣讲，为参加全球气候治理提供积极的科技支撑。加强了气候可行性论证技术体系建设，建立了论证技术集成系统。强化了全国环境气象业务，积极参与大气污染防治行动计划，为国家防治空气污染和推行节能减排行动发挥积极作用。

重大活动和突发事件气象保障水平大幅提高。圆满完成建党90周年系列庆祝、深圳大运会、APEC会议、南京青奥会、中国人民抗日战争暨世界反法西斯战争胜利70周年纪念、冬奥会申办等重大活动，以及“天宫一号”、“神舟八号”发射，“天宫一号”与“神舟九号”、“神舟十号”载人交会对接等多项重大工程的气象服务保障。为“东方之星”翻沉事件调查、天津港特别重大火灾爆炸事故等救援处置及云南鲁甸地震、尼泊尔特大地震的抗震救灾等提供优质应急气象保障服务。气象军民融合发展取得新进展。

气象科技创新和人才队伍建设稳步推进。启动实施国家气象科技创新工程。推进第三次青藏高原大气科学试验、干旱气象、南海季风强降水科学试验。推进气象科技体制改革，推动科技成果中试平台和转化机制建设，5 项科技成果获国家科技进步奖，10 项成果获气象科技成果转化奖。制定实施气象部门人才发展规划，深入实施气象人才工程，气象人才素质稳步提高。

气象发展环境明显改善。气象法律法规和标准体系逐步完善，公共气象服务和气象社会管理职能明显增强，多边和双边气象科技合作与交流活动更加活跃。气象行政审批制度改革和防雷减灾体制改革取得明显成效，气象业务科技、服务和管理等多项改革深入推进。气象财政投入机制更加完善，中央财政对气象部门的累计投入较“十一五”时期增长 81％，地方财政投入增长 110％。

二、“十三五”时期气象发展面临新的形势

“十二五”期间，气象发展虽然取得了显著的成绩，但仍然存在着一些亟待解决的突出问题。气象关键领域核心技术薄弱，科技创新能力不强，科技领军人才短缺，预报预测准确率和精细化水平有待提高，气象综合观测能力和自动化水平、气象资料标准化和共享能力仍不强，气象业务服务能力与经济社会发展和人民生产生活日益增长的需求不相适应的矛盾依然存在，气象管理体制还未达到转变政府职能和创新行政管理方式的要求，全面推进气象现代化的挑战和压力依然很大。“十三五”时期，是气象保障我国顺利实现全面建成小康社会伟大目标的关键阶段，也是我国基本实现气象现代化目标的决胜阶段。在我国经济发展进入新常态背景下，气象发展将面临新的挑战和机遇。

天气气候复杂多变对气象防灾减灾提出新挑战。我国是世界上气象灾害最严重的国家之一，灾害种类多、分布地域广、发生频率高、造成损失重，与极端天气气候事件有关的灾害占自然灾害的 70％以上，且近年来极端天气气候事件呈现频率增加、强度增大的趋势。未来，受全球气候变化影响，中国区域气温将继续上升，暴雨、强风暴潮、大范围干旱等极端事件的发生频次和强度还将增加，洪

涝灾害的强度呈上升趋势，海平面将继续上升，引发的气象灾害及次生灾害所造成的经济损失和影响不断加大。新时期，人类活动和经济发展与天气气候关系更加紧密，气候安全形势日益复杂多变，我国经济安全、生态环境安全等传统与非传统安全将面临重大威胁和严峻挑战，需要努力实现从注重灾后救助向注重灾前预防转变，从应对单一灾种向综合减灾转变，从减少灾害损失向减轻灾害风险转变，全面提升全社会抵御自然灾害的综合防范能力。这些都对我国气象防灾减灾能力提出新的更高的要求。

经济社会发展和人民生活水平提高对气象服务提出新需求。一方面，我国经济进入新常态，发展方式加快转变，结构不断优化，新型城镇化和农业现代化进程加快，社会财富日益积累，气象工作赖以发展的经济基础、体制环境、社会条件正在发生深刻变化。另一方面，气象灾害潜在威胁和气候风险更加突出，各行各业对气象服务的依赖越来越强，行业气象发展呈现蓬勃之势，人民群众更加注重生活质量、生态环境和幸福指数，对高质量气象服务的需求更加多样化，气象服务需求逐步呈现出多层次、多元化特点，这些都对气象工作的开放、多元化发展，对气象服务供给侧结构适应需求变化等提出了新的更高要求。

气象现代化跟上科技发展新步伐急需新突破。当今世界科技进步日新月异，信息化步伐明显加快。我国实施网络强国战略、“互联网＋”行动计划、国家大数据战略，加快建设智能制造工程、“中国制造 2025”等一系列重大政策举措，蕴藏着推动科技第一生产力的巨大潜能和经济发展、社会变革的巨大动力，有利于激发大众创业、万众创新的巨大活力，这是全面推进气象现代化的新机遇、新动力和新潜力。欧洲中期天气预报中心、美英德日韩等各国气象机构都在积极谋划下一轮发展战略，争夺新的气象科技制高点，我国气象科技创新实现突破面临巨大的压力和挑战。

全面深化改革进入深水区对气象改革提出新要求。随着国家各项改革举措的不断出台和深入推进，改革已进入攻坚期和深水区，要啃“硬骨头”，特别是涉及利益调整的改革，力度和深度会明显加大。改革有利于促进国家行政管理体制更加合理高效，事权与责任体系更加清晰协调，依法治国和服务型政府建设更具成效，这些都对深化气象各项改革和转变政府职能提出更高要求，同时带来提质增效的发展机遇。

第二章 “十三五”时期气象发展的指导思想和主要目标

一、指导思想

全面贯彻党的十八大和十八届三中、四中、五中全会精神，深入贯彻习近平总书记系列重要讲话精神，按照“五位一体”的总体布局和“四个全面”的战略布局，牢固树立和贯彻落实创新、协调、绿色、开放、共享的发展理念，坚持公共气象发展方向，坚持发展是第一要务，坚持全面推进气象现代化、全面深化气象改革、全面推进气象法治建设、全面加强气象部门党的建设，突出科技创新和体制机制创新的双轮驱动，以气象核心技术攻关、气象信息化为突破口，以有序开放部分气象服务市场、推进气象服务社会化为切入点，推动气象工作由部门管理向行业管理转变，加快完善综合气象观测系统，全面提升气象预报预测预警水平，不断提高开发利用气候资源能力，构建智慧气象，建设具有世界先进水平的气象现代化体系，确保到2020年基本实现气象现代化目标，不断提升气象保障全面建成小康社会的能力和水平。

二、基本原则

坚持公共气象发展方向。把增进人民福祉、保障人民生命财产安全作为谋划气象工作的根本出发点，把服务国家重大战略、气象防灾减灾、应对气候变化作为气象发展的重要着力点，坚持大力发展公共气象、安全气象、资源气象，更好地发挥气象对人民生活、国家安全、社会进步的基础性作用。

坚持气象现代化不动摇。发展是第一要务，要将气象现代化作为气象改革发展各项工作的中心，始终发挥科技第一生产力、人才第一资源的巨大潜能，持续推进气象业务现代化、气象服务社会化、气象工作法治化，加快转变发展方式，实现气象发展质量、效益和可持续的有机统一。

坚持深化改革。围绕气象服务保障国家治理体系和治理能力现代化的总目标，全面深化气象改革，发挥好改革的突破性和先导性作用，增强改革创新精神，提高改革行动能力，加快完善适应全面推进气象现代化的体制机制，破解影响和制约气象发展的体制机制难题，着力激发气象发展活力和内生动力，为气象发展提供持续动力。

坚持统筹开放。积极主动开展全方位、宽领域、多层次、高水平的国内外务实交流合作，统筹中央、地方、社会和市场的力量，加大“走出去”发展的开放力度，构建气象发展新格局，推进气象信息资源更好地共享和应用。

三、发展理念

气象发展必须遵循以下发展理念：

突出创新发展，着力激发气象发展的活力。切实把创新作为引领发展的第一动力，坚持科技引领，突出科技创新和体制机制创新的双轮驱动，以科技创新为核心带动全面创新。充分利用云计算、大数据、物联网、移动互联网等技术，大力推进气象信息化，着力构建智慧气象。更加依靠科技和人才，努力在关键科学领域及核心业务技术方面实现新突破。着力构建开放的气象服务体系，培育气象服务市场，优化气象服务发展环境。

推进协调发展，着力补齐气象发展的短板。统筹推进区域、流域和海洋气象协调发展，统筹推进东中西部气象事业协调发展，统筹协调国家、省、地(市)、县气象工作，统筹推进气象业务现代化、气象服务社会化、气象工作法治化，统筹推进气象硬实力与软实力的协调发展。强化气象服务区域发展总体战略，统筹推进行业气象协调发展，统筹推进气象与相关部门协调发展，加快形成气象服务协调发展新格局。

重视绿色发展，着力引领气象发展的新领域。把保障生态文明建设、促进绿色发展贯彻到气象发展各方面和全过程。围绕加快建设主体功能区、推动低碳循环发展、全面节约和高效利用资源、加大环境治理力度等开展工作，科学应对气候变化，有序开发利用气候资源，高度重视气候安全，为国家应对气候变化和生态文明建设提供坚实科技支撑。

坚持开放发展，着力拓展气象发展的新空间。主动适应、深度融入、全面服务国家对外开放总体战略。以战略思维和全球眼光，加强全球监测、全球预报和全球服务。深化国际双向开放交流合作，发挥科技优势，努力提升我国在气象领域的国际影响力和话语权。

强化共享发展，着力增进广大人民群众的福祉。把握公共气象发展方向，牢固树立防灾减灾红线意识，坚持发展为了人民、发展依靠人民、发展成果由人民共享，做出更有效的制度安排。全面加强气象防灾减灾，有力保障国家实施脱贫攻坚工程，加强国民经济重点领域气象服务，加大部门间气象数据共享，推进公共气象服务城乡全覆盖和均等化，让广大人民群众共享更高质量的气象服务成果。

四、主要目标

到2020年，基本建成适应需求、结构完善、功能先进、保障有力的以智慧气象为重要标志，由现代气象监测预报预警体系、现代公共气象服务体系、气象科技创新和人才体系、现代气象管理体系构成的气象现代化，初步具备全球监测、全球预报、全球服务的业务能力，气象整体实力接近同期世界先进水平，若干领域达到世界领先水平，气象保障全面建成小康社会的能力和水平显著提升。具体目标包括：

综合先进的现代气象监测预报预警。综合气象观测系统实现自动化、综合化和适度社会化。气象预报预警的准确率和精细化水平稳步提升。基于影响的预报和风险预警取得明显进展。

集约共享的气象信息化。气象数据资源开放共享程度和开发利用效益明显提高。气象信息系统集约化水平和应用协同能力显著提升。新一代信息技术在气象领域得到充分应用。

效益显著的气象防灾减灾。气象防灾减灾机制进一步完善。气象灾害预警精细化水平、及时发布能力和公众覆盖率大幅提高，气象灾害损失占GDP的比重持续下降。气象防灾减灾知识城乡普及。

高效普惠的公共气象服务。公共气象服务效益显著提高，公民气象科学素养明显增强，全国公众气象服务满意度稳中有增。气象保障国家重大发展战略能力明显提升。

功能完善的生态文明保障。环境气象观测体系和区域生态气象观测布局不断完善。生态气象灾害预测预警水平明显提升。人工增雨（雪）、防雹作业能力及效益进一步提高。

科学应对和适应气候变化。气候变化科学研究取得明显进展，极端天气气候事件应对能力和气候安全、粮食安全保障能力不断提升。气候资源开发利用效率明显提高。在适应方面深度参与全球气候治理支撑保障能力不断增强。

优先发展的科技人才体系。气象科技创新驱动业务现代化能力显著增强，重大气象科技创新取得明显突破，科技对气象现代化发展的贡献率显著提高。气象教育培训能力明显增强，气象人才素质显著提高，高层次领军人才的科技影响力稳步提升。

科学法治的现代气象管理。气象法律法规体系和标准体系逐步健全。气象标准完备率和应用率稳步提高。与气象管理体制相适应的预算和财务制度进一步健全。气象服务市场管理有序，依法管理气象事务水平明显提升。

“十三五”时期气象发展主要指标

序号	指　标		现状值	目标值
1	全国公众气象服务满意度(分)		87.3	>86
2	气象预警信息公众覆盖率(%)		83.4	>90
3	人工增雨(雪)作业年增加降水量(亿立方米)		502	>600
4	人工防雹保护面积(万平方公里)		47	54
5	全球气候变化监测水平(%)		46.9	80
6	24 小时气象要素预报精细度	空间分辨率(公里)	5	1
		时间分辨率(小时)	3	1
7	24 小时气象预报准确率	晴雨(%)	81	88
		气温(%)	72	84
8	24 小时台风路径预报误差(公里)		75.3**	<65
9	24 小时暴雨预报准确率(%)		56	65
10	强对流天气预警提前量(分钟)		15～30	>30
11	气候预测准确率	汛期降水(分)	69.4***	80
		月降水(分)	67.5***	72
		月气温(分)	77.5***	80
12	全球数值天气预报水平	可用预报时效(天)	7.3	8.5
		水平分辨率(公里)	25	10
		气象卫星资料同化量占比率(%)	70	80
13	国家人才工程人选(人次)		26	35

注：**为近三年平均值，***为近五年平均值

第三章　改革创新 提升气象现代化水平

“十三五”时期，要全面深化气象改革，强化气象技术创新，以体制机制改革激发创新活力，以科技创新为核心带动全面创新，实现气象关键领域核心技术突破，切实提升气象监测预报科技水平与服务能力，有效履行气象行政管理职能，积极培育气象服务市场，实现气象部门管理向行业管理转变。

一、全面深化气象改革

深化气象服务体制改革。以提升公共气象服务能力和效益为导向，创新气象服务体制，建立开放、多元、有序的气象服务体系，推进气象服务社会化。积极培育气象服务市场，制定气象服务负面清单，明确气象服务市场开放领域，加强基于信用评价的气象信息服务管理与监督。引导和规范气象增值服务。规范全社会气象活动，制定鼓励气象中介组织发展的政策措施，规范和引导中介组织参与气象社会管理。

创新气象业务科技体制改革。以提高气象核心竞争力和综合业务科技水平为导向，深化气象业务科技体制改革。以突破重大气象业务核心技术为主线深化气象科技体制改革，建立长期稳定的财政投入机制、有序竞争的人才保障机制、科学合理的考核评价机制，调整优化气象业务职责，建立集约高效的业务运行机制，完善科技驱动和支撑现代气象业务发展的体制机制。

推进气象行政管理体制改革。全面正确履行气象行政管理职能，推进机构、职能、权力、责任、程序法定化，实现由部门管理向行业管理转变，建立市场准入制度、负面清单制度等，提高气象管理效能。坚持和完善双重计划财务体制，进一步明确气象事权和相应的支出责任，建立完善与之相适应的财政资金投入机制。

二、实现气象核心业务技术新突破

推进数值预报自主研发实现突破。发展全球/区域数值模式动力框架等核心技术，改进全球和区域高分辨率资料同化业务系统，完善高分辨率数值天气预报业务系统。大力发展面向台风、环境、海洋和核应急响应等的专业数值预报业务系统，建成基于GRAPES的全球/区域集合数值预报业务系统。完善月-季-年预测一体化的海-陆-冰-气耦合的高分辨率气候预测模式，建立耦合物理、化学、生态等多种过程的地球系统模式。

构建无缝隙精细化气象预报业务。完善一体化现代天气气候业务，推进现代天气气候业务向无缝隙、精准化、智慧型方向发展。建成从分钟到年的无缝隙集约化气象监测预报业务体系，发展精细化气象格点预报业务，强化短时临近预警和延伸期到月、季气候预测业务，提升灾害性天气中短期预报和气候事件预报预测业务能力。提高台风、暴雨（雪）、寒潮、大风（沙尘暴）、低温、高温、干旱、雷电、冰雹、霜冻和大雾等灾害性天气的预报准确率。发展基于影响的预报和气象灾害风险预警业务，实现从灾害性天气预报预警向气象灾害风险预警转变。建立以高分辨率数值模式为基础的客观化精准化技术体系。

发展精细化气象服务技术。建立集高时空分辨率天气实况和天气预报、点对点预警推送、基于用户请求响应、自动适配、人工智能为一体的精细化气象服务系统。研发集气象灾害区划、灾情收集与监测、灾害风险预估与预警、灾害风险转移以及气象防灾增效服务效益评估为一体的灾害风险管理业务系统。研发精细化的专业气象服务数值模式、多种类数值模式产品的解释应用等核心技术，建立一体化的专业气象服务指标、模型、典型案例和相关技术方法等的知识库，实现专业气象服务的互动性、融合式和可持续发展。

发展先进高效的综合气象观测系统。构建全社会统筹气象观测、天地空一体、实现"一网多用"的综合气象观测网。建立健全观测标准质量体系，加强气象观测质量管理，推进气象观测标准化。发展智能观测，推进观测装备的智能化和观测手段的综合化，实现观测业务的信息化。增强观测业务稳定运行能力，提升观测业务运行保障能力，加强计量检定能力建设，完善观测业务运行机制，实现观测业务运行集约化。提升观测数据质量和应用水平，加强观测数据质量控制业务，完善观测产品加工制作业务，提升遥感数据综合应用能力，建立观测数据质量与应用评价制度。

三、提高气象信息化水平

加强气象数据资源整合与开放共享。统一观测设备数据格式标准，制定统一的各类观测数据传输及存储规范，建立健全覆盖气象数据全流程的标准化体系。完善气象数据资源开放机制，构建国家级数据资源共享体系。依托国家数据共享开放平台，建设面向民生的公共气象数据资源池，定期更新基本气象资料和产品共享目录，制定基础气象数据服务开放清单。建立与政府部门、科研机构、企业、社会间数据共享协作体制机制，满足跨学科、跨行业的数据融合、综合分析及信息服务的需求。

建立安全集约的气象信息系统。建设资源集约、流程高效、标准统一的信息化业务体系。按照气象信息化标准规范，构建统一架构、统一标准、统一数据和统一管理的集约化气象云平台，增强对气象业务、服务、科研、教育培训、政务和综合管理的支撑，提升气象信息化技术水平。建立符合国家要求的安全可控的电子政务内网和基于互联网的集约型门户网站群。提高气象信息网络安全性和智能化程度。

推进信息新技术在气象领域应用。积极跟踪国内外信息新技术进展，注重新技术的应用效益，落实国家“互联网＋”行动和大数据发展战略，推进云计算、大数据、物联网、移动互联网等技术的气象应用。构建数据产品加工处理流水线，实现集约发展。基于标准、高效、统一的数据环境，建立天气预报、气候预测、综合观测、公共气象服务、教育培训以及行政管理等智能化、集约化、标准化的气象业务和管理系统。以信息化为基础，满足不同用户需求，加快构建和发展智慧气象，实现观测智能、预报精准、服务高效、管理科学的气象现代化发展模式。

实施气象信息化三大战略。实施“互联网＋”气象战略，构建“云＋网＋端”的气象信息化发展新形态。实施互联网气象平台战略，为气象领域“大众创业、万众创新”提供支撑，汇聚众智实现创新发展，提升公共气象服务的有效供给能力。实施气象大数据战略，统筹布局全国气象大数据中心，加强数据安全保障体系建设，充分挖掘和发挥气象数据的应用价值，实现“用数据说话、用数据管理、用数据决策”。

四、强化科技引领和人才优先发展

完善创新驱动体制机制。把科技创新作为推进现代气象业务发展的根本动力，贯穿到气象现代化建设的全过程，加快推进适应气象现代化发展需求、支撑有力的气象科技创新体系建设。健全以科技突破和业务贡献为导向的科技分类评价体系，完善有利于激发创新活力的科技激励机制，营造良好科技创新环境。加强评价专家队伍建设，积极探索并加快实施第三方气象科技评价。着力发挥评价激励导向作用，引导和激励创新主体、科技人员通力合作、协同创新。加强知识产权创造、运用、保护和管理。建立健全科技成果认定和业务准入制度，完善科技成果、知识产权利益分享机制，促进自主创新和成果转化。推进气象重点领域科技成果转化中试基地建设，建立科技成果管理与信息发布系统，建立气象科技报告制度。打通科技成果向业务服务能力转化通道，提升科技对气象现代化发展的贡献度。

组织重点领域科技攻关。围绕气象业务发展需求聚焦主攻目标，集中资源，凝聚力量，组织协同攻关，实现高分辨率资料同化与数值天气模式、气象资料质量控制及多源数据融合与再分析、气候系统模式和次季节至季节气候预测以及天气气候一体化数值预报模式系统等重大关键技术的突破。组织台风、暴雨、强对流等高影响天气监测预报预警、中期延伸期预报、极端天气气候事件监测预测等关键领域研发。开展气候变化影响、农业气象灾害防御、人工影响天气、气候资源开发利用、环境气象监测预报、空间天气监测预警等重点领域研发，形成一批集成度高、带动性强的重大技术系统。

实施气象人才优先发展战略。以高层次领军人才和青年人才建设为重点，统筹推进各类人才资源开发和协调发展。优化人才队伍结构，引进和培养在气象现代化建设关键领域急需的人才，着力加强科技研发、业务一线和基层人才队伍建设。造就高水平科技创新团队，发挥好团队集中优势攻关和人才培养的作用，激发人才创新活力。根据气象现代化建设需要，制定人才培养规划。健全气象培训体系，加强气象培训能力建设，开展全方位、多层次的气象教育培训，推进气象教育培训现代化。深化省部合作和局校合作，加强气象学科和专业建设，推进基础人才培养。不断优化人才成长的政策、制度环境，形成尊重人才、尊重知识、公平竞争的良好氛围。加快人才发展体制机制创新，建立和完善科学的人才工作评估、人才评价发现、选拔使用、编制管理、流动配置、职称评聘、待遇分配、激励等机制，构建充满生机和活力的气象人才体系。

专栏1　气象创新发展项目

01 气象卫星探测工程 继续开展气象卫星工程建设，推进风云三号、四号系列卫星系统建设及业务应用，发展晨昏轨道气候卫星、降水测量雷达卫星以及静止轨道微波探测卫星，实现多星组网观测业务格局。统筹建设卫星地面接收站网，完善遥感卫星地面辐射校正场与真实性检验系统。发展卫星应用技术，建立卫星遥感综合应用体系，实现一星多用和资源共享，综合满足相关领域业务需求。
02 气象雷达探测工程 编制完成气象雷达发展专项规划，优化完善天气雷达网布局，实施新一代天气雷达技术升级改造，开展风廓线雷达等新型气象雷达的研发与业务应用试验。健全雷达技术支撑体系，着力提高雷达资料的应用水平和效益。建立强对流天气综合观测基地。
03 气象综合观测设备设施建设工程 建成并完善自动化、网络化、标准化、天地空一体化的现代综合气象观测系统。加快观测自动化、技术装备保障系统和仪器装备虚拟现实培训系统建设。强化气象观测仪器设备检定维护，确保气象观测系统稳定运行，提高数据质量。
04 气象信息化系统工程 构建气象信息化标准体系，基于物联网技术升级气象通信系统，建立开放互联的气象大数据平台与集约共享的基础设施云平台。建设气象管理信息系统支撑科学决策，搭建开放的应用系统吸引众智众创，构建气象与经济社会高度融合发展的智慧气象，为社会公众提供更高质量的普惠气象服务。
05 气象科技创新工程 建设高分辨率全球资料同化系统，完善全球数值天气模式，完善面向月-季-年尺度的海-陆-冰-气耦合的高分辨率气候预测模式，构建重大核心技术成果中试平台，开展气象资料质量控制及多源数据融合与再分析，在气象核心业务技术方面实现新突破。

第四章　统筹协调 促进气象可持续发展

树立协调发展理念，依法依规，统筹推进气象区域、气象行业、气象与经济社会的协调，实现气象可持续发展。

一、加快气象事业协调发展

统筹推进气象各领域协调发展。推进气象业务现代化、气象服务社会化、气象工作法治化协调发展。统筹气象业务与科研、人才队伍之间的协调发展。统筹推进业务系统内部协调发展，强化气象预报、观测、服务业务之间的协调发展，统筹天气、气候业务的协调发展。加强业务系统一体化总体设计，优化业务分工、完善业务布局、调整业务结构、整合各种资源，实现气象预报、观测、服务、资料等各业务领域的科学管理和集约高效。

统筹推进区域气象事业协调发展。根据国家区域发展战略和主体功能区规划，有计划有步骤地推进全国气象现代化。切实做好“一带一路”、京津冀协同发展、长江经济带的气象保障工作。推动东部沿海地区率先实现气象现代化，不断提高中西部地区气象现代化水平。发挥好江苏、上海、北京、广东、重庆等地在全国的现代化试点示范作用及河南、陕西两省在中西部的试点示范作用，加强试点地区经验和成果总结推广。提升东部地区预报预警能力建设，特别是高分辨率区域数值预报的研发和应用。推进中西部地区科技、人才、基础设施和财政投入等保障支撑能力建设。调整优化区域气象中心功能定位和流域气象服务内容。鼓励专项气象服务跨区域、规模化、差异化发展。合理布局各类海洋气象业务，高效集约配置气象资源，避免重复建设。

统筹推进国家、省、地（市）、县四级气象事业协调发展。国家级气象机构围绕气象核心技术突破提升气象业务综合实力，地方气象机构注重加强地区特色的气象服务保障能力建设。夯实基层发展基础，重点推进基层综合气象业务并强化实时监测和临近预警能力建设，优化基层气象机构设置和业务布局。着力加大对边远贫困地区、边疆民族地区和革命老区气象事业发展的支持力度。深化内地和港澳、大陆和台湾地区气象信息共享、气象科技发展、气象灾害联防合作发展。

二、推进气象资源统筹利用

改进气象行业管理，通过建立协调机制，将各部门自建的气象探测设施纳入国家观测网络的总体布局，由气象主管机构实行统一监督、指导。推进气象行业资源优化配置，建立完善全行业的互动合作机制，促进气象资料的共享共用。引导和激励行业部门优势资源参与气象业务重大核心任务协同攻关，强化气象部门在行业领域的技术创新与应用主体地位。健全行业间科研业务深度融合机制，强化行业间知识流动、人才培养、科技和信息资源共享，推动跨领域跨行业协同创新。

三、强化部门间协作机制

加强气象与国土、环保、住建、交通、水利、农业、林业、工信、安监、国防等相关部门间的沟通协调和数据信息共享，开展气象多部门、多学科合作，共同推进气象基础设施、信息资源、服务体系的融合发展，以多种形式完善工作机制，提高预报预测准确度和精细化水平。推进智慧气象与智慧交通、智慧海洋、智慧旅游等的融合发展，在国家智慧城市建设中充分发挥气象的支撑保障作用。进一步加强军民融合气象支撑保障，推动实施军民融合发展战略，提高气象为国防服务水平。

四、依法依规推进气象协调发展

统筹推进气象硬实力与软实力的协调发展，在强化气象基础设施建设、气象科技等硬实力的同时，重视气象法制、标准、科学素养和文化等气象软实力提升，加强气象智库建设。统筹推进气象法律法规建设，依法全面履行气象行政管理职能。依法规范全社会的气象活动，提高气象普法实效，推动全社会树立气象法治意识。推进气象标准化工作，加快制修订气象业务、服务和管理标准，加强气象数据开放共享和气象服务社会化管理等方面的规章标准建设，实现气象标准在基础业务领域的全覆盖。完善和优化气象标准修订程序，强化标准的质量控制。

专栏2　气象协调发展项目

01 区域协调发展气象保障能力建设项目

重点围绕区域协调发展战略规划、重大区域性开发建设和活动等实施气象保障能力提升工程。强化数值预报模式对区域及相邻省(区)气象科研业务的支持能力。继续推进和深化省部合作相关工作，共同提升气象服务保障能力。

02 基层台站基础设施建设项目

重点围绕贫困地区、中西部地区和边疆民族地区基层台站实施业务支撑和配套保障条件建设。建成布局合理、结构完善、功能齐全的标准化气象台站，有序推进基层气象机构现代化进程，不断夯实基层基础设施保障能力。

第五章　绿色发展 保障生态建设和气候安全

坚持绿色发展，加强环境气象与生态气象保障能力建设，强化应对气候变化科技支撑作用，提高应对气候变化能力和气候安全保障能力，有序开发利用气候资源，积极参与和保障生态文明建设。

一、加强生态建设和环境保护气象保障能力建设

服务大气污染防治行动计划。开展和完善以城镇化气候效应、区域大气污染治理、流域生态环境、脆弱区生态环境保护等为重点领域的国土气候容量和气候质量监测评估。加强极端天气气候事件风险评估，结合国家主体功能区建设布局和各地社会经济和自然条件，绘制气象灾害风险区划图。完善重点生态功能区、生态环境敏感区和脆弱区等区域生态气象观测布局，提升对森林、草原、荒漠、湿地等生态区域的气象监测能力，建立生态气象灾害预测预警系统，加强气候变化影响下的极端气候事件、水土流失和土地荒漠化、大气污染等生态安全事件的气象预警。

二、强化应对气候变化支撑

加强气候变化系统观测和科学研究，提高应对极端天气和气候事件能力。推进气候变化事实、驱动机制、关键反馈过程及其不确定性等研究，着力提升地球系统模式和区域气候模式研发应用能力，完善气候变化综合影响评估模式，集中在气候变化检测归因、极端气候事件及其变化规律、极端事件风险评估、气候承载力评估等关键技术上，形成一批集成度高、带动性强的科技成果。做好全球和区域气候变化的监测、检测、预测和预估，加强对温室气体、气溶胶等大气成分的监测分析，发布具有国际影响力的全球和区域基本气候变量长序列数据集产品，建立综合性观测业务，加强资料共享，开展华南区域大气本底观测试验，增强温室气体本底浓度联网观测能力。

三、积极应对气候变化

推进传统气候服务与各行业气候变化应对需求的融合，围绕国家适应气候

变化战略，完善以基础综合数据库和气候模式系统为支撑，以农业与粮食安全、灾害风险管理、水资源安全、生态安全和人体健康为优先领域的气候服务。加强国家、区域、省在气候服务上的分工协作。初步建成中国气候服务系统。围绕气候变化对粮食安全、能源安全、水资源安全、森林碳汇、湿地保护与恢复、生态环境、生产安全、人体健康和旅游等重点领域与特色产业的影响开展评估，完成国家气候安全评估。强化气候服务意识，积聚跨部门智库资源，围绕气候安全保障、应对气候变化战略部署提供决策支撑。

四、有序开发利用气候资源

以促进城镇空间布局合理均衡为出发点，开展气候承载力分析和可行性论证，完善论证制度和标准。建立重点领域评估报告滚动发布制度。加强风能、太阳能资源的精细评估和气候风险论证。建立较为完善的人工影响天气工作体系，全面提升人工影响天气业务能力、科技水平和服务效益，合理开发利用空中云水资源，基本形成东北、西北、华北、中部、西南和东南六大区域发展格局，提高人工增雨(雪)和人工防雹作业效率，推进人工消减雾、霾试验，加强协调指挥和安全监管。科学开展人工影响天气活动，重点做好粮食主产区、生态脆弱区、森林草原防火重点区、重大活动等气象保障服务。

专栏3　气象绿色发展项目

01 生态文明建设气象保障工程 完善生态气象观测布局，建成覆盖全国主要生态安全屏障区和生态环境脆弱区的以生态气象地面观测站为核心的气象观测网络。建立生态气象灾害预测预警系统，绘制气象灾害风险区划图，形成国家、省两级业务服务体系，建立统一共享的生态气象保障服务业务平台，强化生态气象评估和生态文明气象保障。
02 人工影响天气能力建设工程 完善全国人工影响天气业务布局，实施东北、西北、华北、中部、西南、东南6个区域人工影响天气能力建设工程，重点开展飞机作业能力建设，提高作业装备现代化水平及科技支撑能力，充分发挥人工影响天气在促进农业增产增收、改善生态环境等方面的作用。

03 应对气候变化科技支撑能力建设项目

强化气候系统监测评估及气候资源开发服务能力。紧扣气候安全,加强气候变化事实和规律的科学认识和研究。完善气候资源开发利用保护方面的法律制度,营造好的政策环境。加强基础研究,充分发挥科技进步在适应气候变化中的先导性和基础性作用,为应对气候变化、增强可持续发展能力提供强有力的科技支撑。

04 粮食生产气象保障能力建设项目

建成上下协调、分级服务的粮食气象保障服务业务体系。推进气象和农业部门联合科研攻关,强化气象为农服务适用技术研发。加强自动化农业气象观测能力建设,完善农业气象观测仪器和设备保障系统。建立完善国家、省、市、县四级农业气象服务信息处理和发布系统。加强专业化农业气象技术支撑能力建设,深化特色农业、设施农业气象服务,强化保障粮食安全和重要农产品供给气象服务。加强农业气候资源调查和精细化区划工作,合理开发农业气候资源。

第六章　开放合作 构建气象发展新格局

以战略思维和全球眼光,主动融入国家开放发展新布局,研究制定气象全球战略,深化国际双向开放交流合作,构建气象对外开放发展新格局。

一、融入国家开放发展新布局

牢固树立并切实贯彻国家开放发展理念,制定与国家开放发展战略有效对接的气象保障专项规划,主动适应、深度融合、全面服务,切实做好“一带一路”的气象保障工作,重点加强与“一带一路”沿线国家和地区的气象部门沟通协作。积极开展与中亚、西亚、南亚气象科技合作交流,推进中国-中亚极端天气预报预警合作、中国-东南亚极端天气联合监测预警合作和海洋气象联合监测、人工影响天气合作等项目建设。

二、深化国际气象合作

积极承担相关国际责任和义务,提升气象领域国际影响力和话语权。完善国际气象信息交换与共享机制,实现无缝隙获取全球综合气象观测信息,大力发展全球数值模式动力框架等核心技术,开展全球预报。积极参与全球气候治理国际标准和规则制定，参与应对气候变化谈判，提升全球规避气候风险和应对气候变化的服务能力。

加强全方位、宽领域、多层次、合作共赢的气象国际交流与合作格局，推动双向开放、信息交互、资源共享。有效扩大气象对外开放领域，放宽准入限制，积极有效引进境外资金和先进技术。加强国际赛事和活动气象服务保障交流，增强气象服务保障能力。加强气象国际合作示范项目建设，广泛开发利用国际气象科技资源，推动相关领域研究。加强智力引进、人才交流培养和国际培训力度。推动气象技术、标准、装备、服务等的输出，扩大对外合作和援助。

第七章　共享共用 提高以人民为中心的气象服务能力

把推进基本公共气象服务均等化作为实现气象共享发展的首要任务，强化气象防灾减灾，加强面向国民经济重点行业和领域的气象服务，实现气象服务共享共用。

一、提高气象防灾减灾保障能力

强化气象防灾减灾保障体系建设。进一步完善“政府主导、部门联动、社会参与”的气象灾害防御机制，建成自上而下、覆盖城乡的气象灾害防御组织体系，不断完善气象灾害应急响应体系。统筹城乡气象防灾减灾体系建设，推动气象防灾减灾体系融入式发展，突出强化“政府主导、资源融合、科技支撑、依法运行”的气象防灾减灾发展模式。健全基层气象防灾减灾组织管理体系，建立以预警信号为先导的应急联动和响应机制，扩大贫困地区气象灾害监测网络覆盖面，提高气象灾害预报预警能力，提升防范因灾致贫和因灾返贫的气象保障能力。推动气象防灾减灾融入地方公共服务和综合治理体系。依法将气象防灾减灾工作纳入公共财政保障和政府考核体系，推动气象防灾减灾标准体系建设，引导社会和公众依法参与气象灾害防御，保障气象防灾减灾工作长效发展。

提升气象灾害预警能力。建立预警信息快速发布和运行管理制度，健全横向连接各部门、纵向贯通省市县、相互衔接、规范统一的国家突发事件预警信息发布系统，扩大气象预警信息公众覆盖面。建设及时性强、提前量大、覆盖面广的气象预警业务，充分发挥新媒体和社会传播资源作用，形成气象灾害等突发事件预警信息发布与传播的立体网络，消除预警信息接收“盲区”。

强化气象灾害风险管理。加强气象灾害风险调查和隐患排查，建成分灾种、精细化的气象灾害风险区划业务，强化对台风、暴雨洪涝、干旱等主要灾种的气象灾害风险评估和预警服务，建立规范的气象灾害风险管理业务，全面实施气象灾害风险管理。充分发挥金融保险的作用，推进气象灾害风险分散机制，建立气象类巨灾保险制度。

二、推进公共气象服务均等化

完善公共气象服务供给方式。以更好地满足经济社会发展需要和人民群众生产生活需求为出发点，巩固和加强公共气象服务，优化气象服务格局。强化政府在出台公共气象服务发展政策法规、健全公共保障机制和督导考核中的主导作用，将基本公共气象服务纳入国家相关规划和各级财政保障体系。加强气象部门在公共气象服务供给中的基础作用，建成适应需求、快速响应、集约高效的新型公共气象服务业务体系。推进气象服务供给侧结构性改革，注重供给的产品、业务、渠道、主体和治理结构的改革创新，增强供给结构对需求变化的适应性和灵活性。积极培育和规范气象服务市场，激发气象行业协会、社会组织以及公众参与公共气象服务的活力，探索建设气象服务应用众创平台和气象服务技术产权交易平台。逐步形成公共气象服务多元供给格局，有效发挥市场机制作用。

推进城乡公共气象服务全覆盖和均等化。提高城市防灾减灾精细化气象服务水平，将气象服务纳入城乡网格化管理。提高城市防御内涝、雷电、风灾、雪灾、高温等气象灾害的能力，完善城市“生命线”和重大活动气象服务管理运行机制。加大农村气象基础设施建设，提高气象灾害监测预报预警水平和防御能力，完善农村气象服务，加强“幸福家园”和“美丽乡村”建设的气象保障，将农村防灾减灾和气象服务融入乡村治理，逐步实现城乡公共气象服务全覆盖和均等化。大力实施精准气象助力精准扶贫行动，实现贫困地区气象监测精准到乡镇、预报精准到村(屯)、服务精准到户、科技精准到产业，发挥气象服务在精准扶贫、精准脱贫中趋利避害、减负增收的作用。

加强气象文化建设，增强公民气象科学素养。弘扬气象人精神，树立气象人形象，营造团结和谐、开拓创新的良好氛围，树立科学、高效的管理理念，加强气象文化基础设施建设，促进全国气象事业持续、快速、健康发展。加强和改进气象科普工作，广泛借助社会资源提高气象科学知识社会普及程度，增强公众气象防灾减灾和应对气候变化意识与能力，促进全民气象科学素质提升。

三、加快发展专业气象服务

发展农业气象服务。加强研发统计、遥感、作物生长模拟模型相结合的作物产量集成预报与服务。推进气象为农服务信息融合与应用，深化气象为农服务“两个体系”建设。开展草地、森林生态质量的气象综合监测评估。

发展环境气象服务。建立并完善环境气象数值预报业务系统，加强霾、沙尘和空气污染气象条件，以及光化学烟雾等环境气象中期预报和气候趋势预测业务。

发展交通气象服务。开展高影响天气交通气象预报和灾害风险预警，逐步实现以“点段线”为特征的高分辨率交通气象预报。加强交通气象服务与交通管理、调度的联动，提高道路、内河等综合交通气象服务能力。

发展海洋气象服务。建立全球海洋气象监测分析业务，实现全球关键海区海洋气候要素的实时监测，重点关注全球关键海区海温异常监测。建立 1～7 天全球 10 公里分辨率、我国责任海区 5 公里分辨率的海洋气象格点预报业务，建立责任海区海上大风、海雾概率预报业务和全球海域 8 级以上大风概率预报业务。提高海洋气象灾害监测预警的精度和覆盖度，建立多手段、高时效、广覆盖的海洋气象灾害预警信息发布系统，提高海上气候资源调查评估和开发利用气象服务能力。发展船舶海洋导航气象服务技术，建立海洋经济气象服务指标体系，形成海洋气象灾害应急联动服务体系。

发展水文和地质气象服务。开展流域雨情实时监测分析业务，强化流域强对流天气监测预警业务，提高流域精细化面雨量和致灾暴雨预报预测能力。发展国家级精细化水文、地质灾害气象风险预警技术与模型，建立集约化的水文、地质灾害气象风险预警上下一体化业务体系。推进山洪地质灾害防治等气象保障建设。

发展航空气象服务。完善航空气象监测和预报业务系统，建立机场和航路危险天气指导产品体系。推进亚洲航空气象中心建设，开展全球主要航路和我国机场天气指导预报业务，加强通用航空气象保障能力建设。

发展空间天气和航天气象服务。推进空间天气业务建设，发展和完善空间天气预报模式，加强太阳活动态势分析能力，提高空间天气爆发事件的短时临近预报水平，提升空间天气定量化预报能力。加强航天气象保障科研与服务。

发展能源、林业、旅游、安全生产、健康等专业气象服务。完善风能、太阳能资源预报业务。推进风能、太阳能资源利用气象服务标准体系和服务机制建设。加强森林草原火险及重大林业有害生物发生趋势气象预报服务。搭建多部门跨行业的旅游气象服务综合信息数据支持库。发展完善气象景观天气预报、旅游气象指数预报和景区气候评价等旅游气象服务。发展安全生产专业气象服务，严防重大气象灾害引发生产安全事故。加强健康气象服务。发展基于物联网技术的物流气象服务。

专栏4　气象共享发展项目

01 气象防灾减灾预报预警工程 全面实施现代气象预报业务发展规划，建成无缝隙、集约化的现代气象预报业务系统，发展客观化、精准化技术体系，完善城市、生态、环境等专业气象预报预警业务系统，进一步加强农村气象灾害防御能力建设，加大农村气象灾害防御的科普宣传力度。健全覆盖全国内陆和邻近海域的国家突发事件预警信息发布系统，显著提升气象预报预警时效、精细化水平和气象防灾减灾能力。
02 海洋气象综合保障工程 全面实施海洋气象发展规划，建设海洋气象观测站网，维护领土主权和海洋权益。发展海洋气象综合监测业务，建立责任海区海上大风、海雾概率预报业务，同时推进重要航道和大型水体的水上交通安全气象保障能力建设。发展全球海洋气象预报模式，建设海洋气象灾害防御体系，形成全球监测、全球预报、全球服务能力，显著提升远洋气象保障能力。
03 山洪地质灾害防治气象保障工程 建成山洪地质灾害防御气象监测预报预警服务体系，进一步提高观测系统自动化水平，做好防治区局地突发性强降水及其引发的中小河流洪水、山洪、地质灾害等的气象监测、预警和风险评估工作，加大地质灾害高易发区气象监测站网建设，基本消除气象监测盲区。加强气象灾害信息管理业务标准体系建设。
04 基层气象防灾减灾能力建设项目 以灾害风险预警服务建设为重点不断完善基层气象灾害防御体系。加强与地方政府部门的合作，联合推进基层防灾减灾能力建设。加强基层防灾减灾队伍建设，做好灾害信息员培训工作。

05 现代气象服务能力建设项目

构建面向不同行业和领域的专业气象服务系统。拓展气象服务领域，发展和培育气象中介和气象服务市场，扩大气象数据和模式产品服务，增强气象保障经济转型升级能力。

第八章　强化保障 为实现气象现代化提供坚强支撑

一、加强组织领导

加强规划实施的组织领导和统筹协调，建立健全规划有效实施的保障机制，采取多种有效措施，形成工作合力，确保规划发展目标和各项重点任务顺利完成。做好本规划与国民经济和社会发展规划之间的衔接，做好省级规划、专项规划、区域规划与总体规划的协调，确保总体要求一致，空间配置和时序安排协调有序，形成定位清晰、功能互补、统一衔接的规划体系。完善规划实施的监测评估制度，健全规划实施评价标准，将规划约束性指标分解到年度进行督促检查考核，加强规划实施的咨询和论证工作，规范气象工程项目的建设程序，提高决策的科学化和民主化水平。

二、建立多元化的投入机制

落实国家支持气象发展有关政策，坚持和发展气象部门与地方政府双重领导、以气象部门领导为主的管理体制，完善与之相适应的双重计划财务体制，进一步明确气象事权和相应的支出责任，破解资金要素制约，着力优化资金来源结构，建立健全与之相适应的财政资金投入机制。积极争取各级政府对气象的支持力度，推动将公共气象服务纳入各级政府购买公共服务的指导性目录，建立政府购买公共气象服务机制和清单，积极改善投资环境，创新公平准入条件，拓宽以政府投入为主、社会投入为辅的多元化投入渠道，充分利用市场机制，引导社会资本投入气象事业。继续实施重大工程和项目带动战略，以增量投资促进结构调整，加大向中西部地区和革命老区、民族地区、边疆地区、贫困地区的气象投资倾斜力度，推动气象事业均衡发展。

三、加强党的建设

以落实全面从严治党为主线，全面加强党的思想、组织、作风、反腐倡廉和制度建设，不断增强党员干部的政治意识、大局意识、核心意识、看齐意识，不断强化基层党组织整体功能，充分发挥党组织的战斗堡垒作用和党员的先锋模范作用。发挥各级党组的领导核心作用，特别要加强基层气象机构党组织建设，推动全面从严治党向基层党组织延伸。充分发挥党组织和广大党员在完成气象规划各项重点任务中的重要作用。

后记

中国气象局分别于2011年和2021年组织开展了两次国务院三号文件贯彻落实情况评估工作。评估工作由中国气象局现代化办(现为中国气象局高质量发展办)综合协调,各内设机构会同中国气象局相关直属单位参与,中国气象局气象发展与规划院(以下简称“发展规划院”)具体承担,各省(区、市)气象局配合共同完成。

国务院三号文件贯彻落实情况的评估,是对气象事业发展状况的全面跟踪、系统分析,分析结论可供分析趋势、制定决策、推动工作参考,建议措施可用于推进省部合作、地方共建、协同发展。评估结果有助于全国和各省(区、市)在推进气象事业发展中补短板、强弱项、固底板、扬优势,有助于政府决策者、社会公众了解掌握气象事业发展情况,为全面推动气象现代化建设、加快推进新时代气象高质量发展提供充分的科学依据。

在本书组织编写过程中,中国气象局党组高度重视、科学谋划;高质量发展办统筹协调,多次组织召开专题研讨会议,广泛征求各方意见;中国气象局有关内设机构、直属单位和各省(区、市)及计划单列市气象局大力支持;发展规划院认真完成本书编写和统稿等各项工作。得益于此,本书主题明确、内容完整、特色突出。本书的出版,对于深入贯彻落实习近平总书记关于气象工作重要指示精神和《气象高质量发展纲要(2022—2035年)》(国发〔2022〕11号),继续奋力推动气象高质量发展具有重要的现实意义,同时对于中国气象事业发展历程研究也具有一定的学术参考价值。

受篇幅所限,本书未能全面展示“十一五”“十二五”“十三五”期间气象事业发展风貌,也难免有不当或疏漏之处,敬请广大读者谅解和批评指正!